高等院校能源动力类

U0663504

核电与核能

（第2版）

Atomic Energy and
Nuclear Power Plants

朱 华 /编著

ZHEJIANG UNIVERSITY PRESS
浙江大学出版社

图书在版编目（CIP）数据

核电与核能 / 朱华编著. —2 版. —杭州：浙江大学
出版社，2019.11（2025.1 重印）
ISBN 978-7-308-18127-3

Ⅰ.①核… Ⅱ.①朱… Ⅲ.①核电工业—高等学校—
教材 ②核能—高等学校—教材 Ⅳ.①TL

中国版本图书馆 CIP 数据核字（2018）第 072016 号

内容简介

能源是人类生存与文明的基础，核能的发现和利用是 20 世纪科技对人类社会的最大贡献之一，为人类提供了高效率、高能流密度的新能源以及大量新技术，体现了国家的综合科技实力与水平。核电是一种稳定、清洁、规模化能源，受到世界各国的重视。本书主要介绍了世界核电工业的现状和发展情况、核电厂工作原理、核反应堆的物理及工程基础知识、压水堆核电厂的系统和设备、核电厂的控制与运行、安全性、我国的核安全法规体系、核辐射防护基础知识、各种先进压水堆核电厂、钍基熔盐堆、次临界驱动堆、聚变堆、小型堆等各种型式的核电厂和核供热厂的发展、核能的各种应用技术等。

本书内容丰富系统，体系简明扼要，图文并茂、通俗易懂，既可以作为高校能源类及其他相关专业学生的核电课程教材，也可以供专业人员及其他有兴趣的读者阅读和参考。

核电与核能（第 2 版）

朱 华 编著

策划编辑	徐　霞（xuxia@zju.edu.cn）	
责任编辑	徐　霞	
责任校对	陈静毅　郝　娇	
封面设计	春天书装	
出版发行	浙江大学出版社	
	（杭州市天目山路 148 号　邮政编码 310007）	
	（网址：http://www.zjupress.com）	
排　版	杭州青翊图文设计有限公司	
印　刷	嘉兴华源印刷厂	
开　本	787mm×1092mm　1/16	
印　张	13.5	
字　数	337 千	
版 印 次	2019 年 11 月第 2 版　2025 年 1 月第 7 次印刷	
书　号	ISBN 978-7-308-18127-3	
定　价	46.00 元	

第 2 版前言

古希腊学者德谟克利特在公元前 4 世纪提出,万物的本原是原子和虚空,原子是不可再分的物质微粒,并将其命名为 atom,意思就是"不可分割的"。16 世纪之后,这个观点得到了伽利略、笛卡儿、牛顿等著名学者的支持,开始为人们所接受。那么,我们的大千世界——太阳、月亮、空气、大地、高山、流水、植物、动物……这一切的一切,是否就是由自然界中发现的这些原子排列组合而成的呢?事情并非如此简单。

让我们穿越回 19 世纪末,一个寒冬的午后,德国物理学家伦琴(1845—1923)正在实验室里专注于阴极射线的实验,偶然间他看到了自己的手掌骨,发现了一种从未见过的极具穿透力的射线——X 射线;新年很快来到了,法国科学家贝克勒尔(1852—1908)听了伦琴的报告后,想用自己的新方法——一个更为简单的方法来产生 X 射线,却意外地发现了铀盐的放射性;贝克勒尔的论文引起了年轻的居里夫人(1867—1934)的兴趣——是否别的元素也有这样的特性,她耐心地测试了很多物质,经过几年辛苦,陆续发现了多种放射性元素,从而创立了一门新学科——放射化学。青年卢瑟福(1871—1937)是个实验能手,很快就发现了 α 射线、β 射线、质子、放射性同位素、放射性元素半衰期、核衰变产生能量以及人工核反应,他使古代炼金术的梦想成为现实,并在 1920 年预言了中子的存在;12 年后卢瑟福的助手查德威克发现了中子——一种质量与质子相近并具有较高能量的不带电粒子——这是一把可以打开核能大门的钥匙,因为它比较容易进入原子核,不会被电子和质子等带电粒子排斥。此后,好奇的科学家们纷纷用中子作为炮弹,逐一去轰击元素周期表中的元素,看看到底会发生什么。于是新的元素和同位素不断涌现,不出几年,德国科学家哈恩(1879—1968)及其助手在 1938 年年底发现了铀核裂变并且释放出 2 个左右的自由中子。这下原子不再是不可分割的了,储藏在原子核中的巨大能量被释放了出来。

核能的发现引起了科学界和技术界的一系列革命性变革,化石能源的消耗为我们带来了近两百年的工业发展和人类文明进步,但同时也产生了大量温室气体和灰霾,如目前由化石能源消耗排放的二氧化硫、氮氧化物和颗粒物(尤其是危害严重的 PM2.5)分别占了各污染物总量的 94%、60% 和 70%,已经威胁到我们赖以生存的环境,人们饱受酸雨、雾霾之苦,大声呼唤清洁能源。而核能就是一种安全、清洁、可靠的能源。

何为清洁能源?清洁能源就是没有温室气体和污染物排放的各类能源的总称。能源的利弊评估,要从功效、资源储量、供应可靠度、安全性、环保、"生命周期"内的污染与民众面对的风险等方面进行综合考量。如果我们从生命周期看能源环保：使用玉米制成清洁生物燃料，可能导致粮食短缺问题雪上加霜；太阳能可以持续供应，但太阳能板的生产过程在耗能的同时也会产生污染；风能不太稳定，还威胁稀有鸟类的生命并会造成环境污染；水力发电清洁，但有晴雨不定、水源供应不稳之忧，有些跨境河流，上游国家若筑坝建水库对下游国家就会产生一定的利益影响；煤与天然气占了全球电力来源的 70%，但每年因采煤事故就造成数千人死亡，全球变暖及煤渣的放射性等危害也不容小觑；核能清洁、价廉，但安全方面引人争议不休。

核电历史上发生过三起重大核事故：美国三哩岛核事故（1979 年）、苏联切尔诺贝利核事故（1986 年）和日本福岛核事故（2011 年）。这三起事故的教训使得我们能够采取各种更可靠的措施以得到更高的安全性，未来核电厂的设计、建造、运营及监管都从中获得教训、得到提升，在能源供应、经济性、可持续性和安全性之间取得平衡点。

相比 1kg 标准煤只能放出 29307.6kJ（7000kcal）热量，1kg 铀放出的热量为 820 亿千焦（196 亿千卡），因此核能已成为人类使用的重要能源之一，核电成为电力工业的重要组成部分。各国的核电装机容量也反映了这个国家的经济、工业和科技的综合实力和水平。

自 20 世纪 50 年代中期第一座商用核电站投产以来，核电发展日新月异，单机规模也从初代的 5000 千瓦发展到第三代超百万千瓦级核电机组，甚至全球首座第四代核电站也已商运投产。近代核电站堆型向大型和超大型转移，中小型模块化反应堆在核能综合利用方面也将开辟出更大的空间。

当前核发电量约占全球发电量的 10%，全球核电总装机容量约为 3.7 亿千瓦。碳中和、净零排放和多元化能源结构正促使核能在全球复兴，核电在未来较长一段时间内都将保持持续增长的态势，预计到 2050 年全球核电将突破 11 亿千瓦。目前拥有在运核电反应堆最多的国家为美国、法国、中国、俄罗斯和韩国，分别为 92 座、56 座、55 座、37 座和 25 座。中国是世界上核电在建规模最大、核电生产发展最快的国家，已在 2020 年超过法国，成为目前仅次于美国的世界第二大核电生产国。

21 世纪以来，核电避免了 300 亿吨温室气体的排放，提供了世界 1/4 的清洁电力。核能不产生温室气体，有助于能源安全和电网稳定，同时也有助于促进太阳能和风能的更广泛应用。积极而负责任地推进包括小型模块化反应堆在内的各项核电创新技术，使核电部署更灵活、建造更容易、成本更低，这对发展中国家尤为重要。

中国在 20 世纪 80 年代中期开始建造第一座核电站，比其他发达国家晚了近 30 年，但在党的坚强领导下，从无到有、从少到多，攻克重重难关，实现了蝶变式、跨越式发展。核发电量从 2012 年的 98TW·h 增长至 2022 年的 418TW·h，短短十年增长了 3 倍多，一跃成为世界第二大核电生产国。中国也已成为名列前茅的核技术创新大国，每千瓦核电装机的成本约为美国或法国的 1/3，发电成本也远低于美国和欧盟，全球首座第四代反应堆已于 2023 年 12 月商运投产，山东、浙江和辽宁等省正在推进小型核能供暖项目，充分发挥核能的零碳优势。据牛津能源研究所估计,到 2030 年,中国将拥有世界上最多的核电机组。

2022 年是党的二十大胜利召开之年,也是中国核工业加快发展的关键一年。在"双碳"战略背景下,党的二十大报告中再次明确了发展核电的决心,指出要"积极安全有序发展核电",报告中表扬了核电技术取得重大成果,关键技术实现突破,把核电技术列为代表我国进入创新型国家行列的关键核心技术。"十四五"以来,中国对核电发展实施了积极的政策,国家能源局数据显示,截至 2023 年 12 月,我国核电在运、在建及已核准机组共计 87 台。核电的规模化发展,有利于建设新型能源体系、保障能源安全、满足能源需求、应对气候变化、建设文明生态。在既要实现双碳目标又要保障经济增长的多目标约束下,核能作为绿色清洁能源,显示出不可替代的优势,将为我国经济社会发展提供重要的战略支撑。

中国的核电建设与运行管理已达到国际先进水平,是世界上少数几个拥有完整的核工业体系的国家之一。目前已研发形成了具有自主知识产权的三代压水堆"华龙一号"和"国和一号"、具有四代特征的高温气冷堆和快堆、多用途小型堆如模块化小型堆、低温供热堆、海上浮动堆等核电技术;建立了较为完整、自主的核燃料循环产业链,形成了每年 10 台/套左右的百万千瓦级压水堆主设备制造能力,自主三代核电综合国产化率达到 90% 以上,具备同时建造 40 余台核电机组的工程施工能力。我国建立和执行了严格的核安全管理和监管体系,核电机组的 WANO[①] 综合指数满分比例和 WANO 综合指数平均值均高于美国、俄罗斯、法国、韩国等主要核电国家,同时优于全球机组的平均水平,核电运行安全水平居世界前列。

中国核电还存在很大的发展空间,目前核电仅占中国电力结构的 5% 左右,只有世界核电平均占比的 1/2。据预测,到 2035 年,中国核电发电量占比将提升一倍,达到 10% 左右,相应减排二氧化碳约 9.2 亿吨,届时中国在运核电装机将超过 2022 年底的 3 倍,即 1.84 亿千瓦左右。到 2060 年,为实现碳中和目标,我国核电装机规模将达到约 4 亿千瓦,核发电量占比 18% 左右,接近目前全球发达国家平均水平。同时开发核能在区域供暖、工业供热(冷)、工业供汽、海水淡化、核能制氢等领域的综合利用及小型堆核电技术的研发应用,核能及核技术将以更多元的方式、更深入地贴近公众生产生活的各个方面,将极大提升核能对碳减排的贡献度。在党的二十大精神引领下,推动能源绿色低碳发展,发展高科技产业,筑牢国家安全基石,为实现中华民族伟大复兴提供战略支撑。

本书的第一版面世后,有幸得到很多同仁和学生的认可与欢迎,被很多学校作为教材使用,经过多次重印。历经十余年,世界核能技术又有了更大的发展,我国的核电规模和技术水平也已今非昔比,有了长足进步,在这种形势下,结合近几年的核能新技术发展,作者对第一版的内容进行了大量补充和修订,以飨读者。

由于作者的水平有限,本书出现缺点和错误在所难免,还望大家不吝斧正。

---

① WANO 即世界核电运营者协会(World Association of Nuclear Operators)。

　　最后,还要感谢同事和家人在本人的工作、生活中所给予的大量帮助和支持,使作者得以完成如此艰巨的写作和修订工作;感谢浙江大学出版社的大力支持和帮助,使本书得以顺利出版。非常感谢大家使用和阅读本书。

朱　华

第1版前言

经济和社会的发展使人类对赖以生存的有效能源和清洁能源的需求日趋迫切。核能是一次能源的重要组成部分,并且存量丰富、极具规模。核电作为一种安全、有效的清洁能源,已为人类所驾驭。目前全球的核发电量已占世界总发电量的1/6,有16个国家和地区的核电比例超过25%,最高接近80%,世界核电站累计运行已超过1万堆·年,掌握核电技术的国家基本上都拥有较强的工业、经济和科技实力。

我国也已经建成和正在建设多座核电站,核电规模迅速扩大,成为我国能源工业的重要支柱之一,核电已进入了发展的"快车道"。为适应这一发展形势,培养与核电相关的管理、设计、制造、生产、控制、运行等各方面人才,向能源类专业学生和其他理工类甚至人文管理类专业学生开设核电课程,使他们了解核电工业的发展情况、核电厂的工作原理、各种核发电和核供热系统的设备和运行、核安全知识、我国的核安全法规体系以及核能利用等相关知识内容,显得十分必要。

回顾1983年,我国秦山核电一期工程破土动工,我也是从这段时间开始接触核电,跟随老师多次参观秦山核电工地和建成后的核电站,从学生到教师一步步走来,与核电共同成长。1994年作者开始接手主讲核电课程,每年都有不少学生来选修,少时四五十人,多时百余人,一门小小的专业选修课即使在核电发展的困难时期也受到了学生的支持和欢迎,令人倍受鼓舞和感动。时光荏苒,一晃竟已过16年。本书是在作者多年的授课讲稿和教学讲义的基础上逐渐丰富、完善起来的,包含了近几年的一些新资料和新技术。

本书内容主要分七章:第一章介绍核电工业的地位与发展情况,包括各国核电状况、核能与核电发展史、核电站的基本原理、种类与特点等;第二章是核反应堆的物理、工程与热工基础,包括核物理基础、反应堆临界条件、功率分布、燃料燃耗、传热过程等;第三章是压水堆核电厂的主要设备与系统,包括一回路主要设备、一回路主要辅助系统、二回路主要设备与热力系统等;第四章是核电厂的控制和运行,包括反应堆控制原理、运行特性和运行模式、各种类型核电厂的控制等;第五章介绍核电厂的安全性,包括核辐射的种类、计量单位、辐射危害及其防护、安全措施与法规、保护、监测与检测系统、应急计划与事故分析、厂址选择、三废处理等;第六章介绍各种型式的核电厂和核供热厂,包括先进的压水堆、沸水堆、重水堆、高温气冷堆、快堆、供热堆和聚变堆等;第七章介绍一些核能的其他应用技术,旨在拓展学生眼界,丰富有关知识,包括一些核分析技术和应用技术,如勘探、加工、工业仪表、医用技术、农业应用、核动力和武器、核电池和微型核电站等。

在本书完成之际,我首先要感谢尊敬的老师屠传经教授,是他引导我跨入了核电的门槛,以他丰富的教学经验、专业的核电造诣、高超的学术水平以及严谨的治学态度全方位传道授业,使本人获益良多,是他开设了核电课程,经过多年讲授后又亲手将这门课的教鞭传授给我,使我在较早的时期就有幸涉入该领域。同时也要感谢浙大出版社的支持和杜希武编辑辛勤而细致的工作,使本书有机会得以出版问世。我最后还要感谢同事、家人在工作和生活各方面所给予的鼓励和帮助,使本书能够顺利完成。

因本人水平有限,书中错误与不足之处在所难免,欢迎读者批评指正。

朱 华

2009 年 7 月于浙大求是园

目　　录

1

第1章　概　　述

1.1　能源状况概述

能源是人类社会发展、生产技术进步的推动力,是人类生存与文明的基础。

世界各个发达国家的经验表明,经济发展快慢取决于能源的开发和利用,人均能耗已成为衡量一个国家生产水平和生活水平的重要标志。经济越发达,对能源的需求量也越大;机械化、自动化水平越高,对能源的依赖性也越强。因此,能源的发展与其他生产的发展是成正比的,这一点又称为"能源超前规律"。

电力是一种重要能源,但它不是从自然界直接得到的,而是从煤炭、石油、水力、核能等转换而来的,因此被称为二次能源。电力因可以集中生产、便于输送和分配、易于转换成其他形式的能量、没有污染以及使用简便等特点,在各种能源中占有特别重要的地位。

我国幅员辽阔,能源资源的总储量较大,但人均资源储量低于世界平均水平,人均占有量不到世界平均值的一半,能源资源的分布也不太均衡。我国有丰富的煤炭和水力资源,煤炭的探明储量位居世界第三,60%以上的煤矿集中在东北、华北和西北;水力资源的理论储量占世界首位,约70%分布在西南;还有较丰富的石油和天然气,核能资源也比较丰富。

我国的工业及人口主要分布在东南沿海地区,如在经济比较发达的华东、华南和东北沿海省市,这些地区的电力需求量很大,但严重缺能,资源缺乏,可开发的水力资源也不足。北煤南运、西电东送,能源输送成为制约经济发展的瓶颈。再加上一些突发的自然灾害,更加凸显了我国电煤紧张导致的供电问题。

从长远的眼光看,煤、石油、天然气、水力等资源正在逐渐减少(见图1-1)。按照现在的发展速度计算,未来几十年,石油、煤炭、天然气行将枯竭,同时煤电受到节能减排等方面的限制,风电、水电、太阳能、核电等清洁能源的发展迫在眉睫。发展核电是改善能源供应的最为有效的一条途径。

我们如今面临着使用煤炭和石油这些化石燃料带来的环境污染问题,在国际社会越来越重视温室气体排放、气候变暖的形势下,核能作为一种安全清洁能源,可以在短时期内实现大规模的生产和应用,有助于突破能源、交通、环保瓶颈,满足经济和社会发展不断增长的能源需求,保障能源供应与安全,保护环境。因此,积极推进核电事业是我国能源建设的一项重要政策,也是今后一段时期内能够切实解决能源问题的希望。

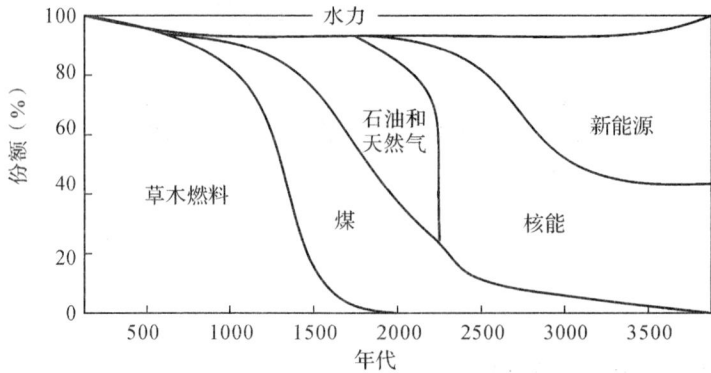

图 1-1 各个时代能源利用的变化趋势

以 2023 年 1—6 月为例，全国运行核电机组累计发电量为 2118.84 亿千瓦时，占全国累计发电量的 5.08%。与燃煤发电相比相当于减少燃烧标准煤 5963.73 万吨，减排二氧化碳 15624.96 万吨、二氧化硫 50.69 万吨、氮氧化物 44.13 万吨。

核能是一次能源的重要组成部分，核电在能源价格上有优势，而且更稳定，因此它是除化石燃料之外能够提供大规模电力的清洁能源。只有核电可在短期内实现既安全又经济的大规模工业化发电。

美国、英国、法国、日本、意大利、比利时、加拿大等很多国家在 20 世纪 50 年代就建设了大批核电厂，核电发电量超过发电总量 20% 的国家和地区共 16 个，其中包括美、法、德、日等国。截至 2019 年底，全世界核电总装机容量为 4.02 亿千瓦，分布在 30 个国家和地区，核电年发电量约占世界发电总量的 10%，我国的核电占比仅为 5% 左右，远低于世界平均水平，还有很大的发展空间。

中国是世界上少数拥有比较完整核工业体系的国家之一。从 20 世纪 70 年代起，中国政府决定发展核电，1983 年确定了压水堆核电技术路线，在压水堆核电站的设计、设备制造、工程建设和运行管理等方面都具有相当强的实力。

中国是世界上核电发展最快的国家。自 1991 年我国自行设计、建成的第一座核电站——秦山核电站运营以来，核电运行装机规模和发电量从零崛起快速增长，到 2023 年 6 月 30 日，我国大陆地区的运行核电机组有 55 台，总装机容量超过 5699 万千瓦，规模为世界第三，仅次于美国和法国；2022 年的核发电量是 4177.8 亿千瓦时，位列世界第二；我国有 37 台机组在世界核电运营者协会（WANO）综合指数达到满分，占世界满分机组的 50%。我国核电机组的满分比例和综合指数平均值均高于美、法等主要核电国家，达到了国际先进水平。

未来中国的能源构成将进一步得到优化。2018 年世界清洁能源部长级会议明确核能是清洁能源，提出 NICE Future(Nuclear Innovation:Clean Energy Future)倡议，创新下一代核能技术/可再生能源的低碳复合能源系统，服务于低碳排放。核能作为可大规模替代传统化石能源的高效基荷能源，除了电力供应，还可应用于供热、供汽、制氢、海水淡化、能量储存等许多能源密集型应用领域，在世界范围的脱碳中发挥关键作用。未来中国的核发电量仍有望大幅提升,据预测,中国的核能发电量在 2030 年前后可能超过美国,位居全球第一,并且到 2035 年核能发电量占中国总发电量的比例有望提升到 10%。在不久的将来,中国在各类新能源上均将处于全球前列。

1.2　核电的地位及优越性

能源的利用在人类历史长河中起着划时代的作用。随着生产和科技的发展,人类逐步扩大了能源利用的范围。

在远古时代,人类学会用火来供应所需的能量,开始了文明的历程。以后又懂得了用风力、水力等自然动力作为能量的来源,迈出了机械化的第一步。煤、石油、天然气的应用也较早,长期以来主要用于提供热能和照明。18 世纪中叶蒸汽机的发明,使人类开始懂得热能可以转化为机械能,进而转化为电能。随着电能的广泛应用,生产力大大提高,经济飞速发展。自 20 世纪 40 年代以来,人类又开始了核能的开发和利用,从此步入了原子能时代。

1.2.1　衡量能源优劣性的指标

能源的种类很多,目前评价一种能源的优劣性,主要从以下几个方面来衡量。

1. 能流密度

能流密度是指在一定的空间或面积内从某种能源中实际所能得到的能量或功率。能流密度较小的能源作为主力能源是不合适的。按照目前的技术水平,太阳能和风能的能流密度仍然较小,约 $100\,W/m^2$;煤、石油等各种常规能源的能流密度较大;核能的能流密度很大。

2. 开发费用和设备价格

从目前的技术水平来说,在开发费用方面,太阳能和风能几乎不需要投资;煤、石油和核能等从勘探开采到加工运输都需要一定的投资。从设备价格来看,太阳能、风能、海洋能等发电设备的初投资较大;煤、水力、核能发电的初投资是前者的十分之一或几十分之一;石油、天然气发电设备的初投资更少一些。

3. 存储可能性和供能连续性

煤、石油等各种化石燃料和核燃料在储存与连续供能方面比较容易实现。

4. 运输费用和损耗

石油、天然气比较容易运输;煤一般需要车载船运,有一定的损耗;太阳能和风能则较难运输;核能的运输量是煤和石油的几十万分之一,损耗可以忽略。实际上,远距离电力输运也存在损耗,且需要一定的基建投资。

5. 对环境的污染

太阳能和风能对环境没有污染;煤、石油等化石燃料由于会产生 CO_2 等温室气体和具有腐蚀性的酸性气体,因此,其消费量将受到限制;核能在良好的设计、制造和严格的管理下是一种安全可靠的能源;水力对生态平衡、土地盐碱及航运等也存在一定的影响。

6. 存储量

存储量是一种能源能否成为主力能源的主要条件。我国的煤炭和水力资源十分丰富,但煤炭资源 60% 集中在华北、西北,水力资源 70% 集中在西南。

7. 能源品位

一般认为,能够直接变成机械能和电能的能源品位高于要先经过热能环节再转化成机械能和电能的能源。根据热功转化原理,我们将具有较高热源温度的能源(可以较多转化为机械能和电能)称为高品位能源。

1.2.2　核电得到迅速发展的原因

核能是目前比较理想的一种能源,核电在工业发达国家已有几十年的发展历史,核电站已达到技术上成熟、经济上有竞争力、工业上可大规模推广的阶段。核电迅速发展,可归结为以下几点原因。

1. 核能是有效的替代能源

从各个时代能源利用的变化趋势情况来看,在公元 500 年时,草木燃料的消耗量占总能耗的 90% 以上;至 1965 年前后,煤、石油、天然气开始成为主要能源;至 1995 年,在一些发达国家,核电的比重一般占总发电量的 17%~30%,个别达到 76%,火电比重一般占 60%~70%,个别达到 80%。

一次能源中,煤是我国的主要能源消耗,但储量有限,而且煤的开采、运输费用都很高,对大气污染严重,还是重要的化工原料。常见的能源分类如表 1-1 所示。

表 1-1　能源分类

分类	具体形式	说明
一次能源	风能、水能、潮汐能、太阳能、草木燃料、地热、熔岩等	可再生
	煤、石油、天然气、油页岩、铀、钍、氘等	不可再生
二次能源	电、氢、各类油品、火药、甲醇、乙醇、丙烷等	加工制品

电力生产一直以来是火力发电占主导地位,由此消耗了大量的化石燃料资源,其中,石油和天然气占 60%,煤占 25%。中国内地以煤和天然气为主的火力发电占总发电量的 70% 以上,并于 2011 年 6 月超过美国。据国际能源资料统计,世界石油总资源量为 $140.9×10^9$ t;世界天然气总量为 $144.76×10^{12}$ m^3;世界煤总量为 $10.32×10^{11}$ t。按照目前的消耗水平,全世界已探明的石油和天然气可能在未来几十年内耗尽,煤炭也只能用几百年,如果将裂变堆采用铀—钚循环技术路线,发展快中子增殖堆,则世界铀资源将可供人类数千年所用。如果聚变反应堆核电技术发展成熟投入商用,将会解决人类几亿年的能源需求。

核能是一次能源的重要组成部分,核反应放出的能量与常规化石燃料相比是巨大的。1kg 铀-235 核裂变放出的能量相当于 2000t 汽油或 2800t 标煤,1kg 氘核聚变放出的能量相当于 4kg 铀。

发展核电可以节省煤、石油、天然气等大量的、日益宝贵的化石燃料,使其作为化工原料得到更有效的利用。当核聚变发电成为可能时,其将使人类的能源利用产生重大的突破。

2.核电可以缓解交通运输的紧张状况

核电厂燃料的运输量是微不足道的。一座 1000MW 电功率的压水堆核电厂,一年只需要补充 25～30t 核燃料——低浓缩铀(实际消耗 1.5t 铀-235,其余部分可回收),只需一节车皮运输。

相应地,一座 1000MW 电功率的燃煤发电厂,一年要消耗约 350 万吨原煤,平均 1 万吨原煤/天,每天要一艘万吨轮(或 30～40 节车皮的列车)来运输,同时每天还有超过 1000t 的灰渣要运走。

核电厂与燃煤发电厂相比,在运输负荷和燃料利用率上都具有优势。

3.核电的经济性具有竞争力

核电厂的基建投资较大,同容量的核电厂与火电厂相比,基建费高 50%。但如果将各自的燃料开采、加工、运输费用包括进去,其综合投资费用相近。

从发电成本分析,尽管核电厂分摊的基建费与维修费比火电厂高,但由于核电厂的燃料费比火电厂低得多,因此,最终核电厂的发电成本比火电厂低约 38%,是烧油电站的 29%、烧煤电站的 58%,而法国的核电成本只有燃煤火电的 52%。世界各国平均核电成本一般是火电的 50%～85%。表 1-2 为德国燃料链的内部和外部成本情况。

表 1-2　德国燃料链的内部和外部成本　　　　单位:欧元/(100kW·h)

能源	内部成本	外部成本
核	3.64	0.015～0.348
煤	7.08	0.225～1.202
风	11.91	0.015～0.210
太阳能	80.69	0.036～0.690

注:表中数据基于满负荷 7000 小时计算所得。

在我国,核电、水电、火电的价格基本是持平的。但核电是最稳定、受外界因素干扰最小的。初期建设成本,核电站大概是火电站的 2～3 倍,但运行后的维护和燃料费用却远远低于火电站。在火电成本中,燃料费所占比例是最高的。如今,全球经济萧条,能源问题变得越来越敏感,这对火电站来说是一个严峻的考验。而水电站是最不稳定的,全球气候变暖,水资源也越来越紧张,对水电站带来的考验也是不可避免的。表 1-3 为中国目前各类发电成本和运行情况的比较。

表 1-3　中国现有各类发电成本及运行情况比较

对比项目	煤电	天然气发电	水电	光伏	风电	核电
装机规模	GW 级	MW 级	GW 级	MW 级	MW 级	GW 级
发电成本(元/度)	0.38	0.7	0.07～0.23	1	0.5	0.23

续表

对比项目	煤电	天然气发电	水电	光伏	风电	核电
燃料成本占比	70%	70%	0	0	0	14%
年利用小时数	5000～6000	3000	3300	1000	2000	8000
排放(以煤电排放为100%)	100%	30%	0	0	0	0
可控程度	可控	可控	水量影响	日照影响	风量影响	可控

对比国内核电比投资,秦山一期300MW核电站的比投资为710美元/kW左右,相当于当时国内煤电厂比投资的1.2～1.4倍;而大亚湾2×900MW核电站比投资为2000美元/kW。其主要原因是大亚湾核电站是全套引进设备,而秦山一期为自行设计,并且设备国产化比例达到70%。但是大亚湾核电站生产的大部分电输送到香港,在香港的上网电价仍比香港同期煤电上网价低,取得了较好的经济效益。

虽然核电站初始投资高于传统火电站,但使用中核电站总发电成本低于传统燃煤火电站,考虑到未来核电机组设备国产率逐渐提高,能够实现完全国产化、标准化、系列化,预计核电站建设成本将进一步下降,2×1000MW核电站的基础价比投资预计可降至1500美元/kW以下,为煤电比投资的1.2～1.4倍,发电成本低于5美分/(kW·h)。

4.核电是安全清洁的能源

核电厂对环境的影响远小于燃煤电厂。由于核能发电过程中不产生二氧化硫、氮氧化物、烟尘和煤渣等污染物,有害气体排放量也远少于化石燃料,不会造成大气污染、温室效应,不会产生酸雨、扬尘和大量工业污染物,因此不会破坏土壤、空气、水源、森林与湖泊,从而保护了人类赖以生存的生态环境,保障了城市空气质量,对改善日益恶化的环境具有重要作用。

与同等规模的燃煤电厂相比,40GW的核电厂运行一年,相当于减少标煤消耗约1亿吨,减少向环境排放二氧化碳约2.3亿吨,减少二氧化硫约230万吨,减少氮氧化物约150万吨,相当于60万公顷森林1年的二氧化碳吸收量,而且没有烟灰。核电的排放量低于传统发电模式。

表1-4为各类发电模式的排放比较,核电链的温室气体排放系数是最小的。表1-5是核电厂与火电厂对环境影响的比较,相同发电量的燃煤电厂的排放和对健康的相对危害指数比核电厂高数千倍。

表1-4　生产每度电的排放量(按生命周期计)

产电模式	碳排放 CO_2 (g/(kW·h))	硫化物排放 (mg/(kW·h))	氮化物排放 (mg/(kW·h))	非甲烷挥发性有机物 (mg/(kW·h))	粉尘颗粒 (mg/(kW·h))
核能	2～59	3～50	2～100	0	2
水能	2～48	5～60	3～42	0	5
风能	7～124	21～87	14～50	0	5～35
太阳能	13～731	24～490	16～340	70	12～190

续表

产电模式	碳排放 CO_2 (g/(kW·h))	硫化物排放 (mg/(kW·h))	氮化物排放 (mg/(kW·h))	非甲烷挥发性有机物 (mg/(kW·h))	粉尘颗粒 (mg/(kW·h))
生物能	15~101	12~140	701~1950	0	217~320
天然气	389~511	4~15000	13~1500	72~164	1~10
现代燃煤	790~1182	700~33321	700~5273	18~29	30~663

表 1-5　每年核电厂和火电厂对环境影响的比较(电功率 1000MW)

	居民受到的 辐射剂量 (mSv)	SO_2 排放量 (kg)	NO_x 排放量 (kg)	烟灰等 排放量 (kg)	采矿面积 (m²)	危害健康 相对指数
压水堆 核电厂	0.018	0	0	0	$(20.0~28.0)×10^3$	氚、氪:1 碘:20
燃煤电厂	0.048	$(46.0~127.5)$ $×10^6$	$(26.25~30.0)$ $×10^6$	$3.5×10^6$	$806.67×10^3$	SO_2:32000 NO_x:4530 烟灰:1100

对于核电厂的放射性问题,以压水堆核电厂为例:由于采取了严密的防范措施,具有三道安全屏障,在正常运行时,其放射性排放远远低于允许标准,核电厂附近居民接受的放射性剂量很低,是天然本底放射性(自然界存在的天然放射性)剂量的几十分之一。即使在一般性事故情况下,由于严格的设计制造和规范的管理制度,其放射性污染也是很小的,对周围居民不会造成危害。

核电站不会像水电站那样占地庞大,造成大量人口迁移、水土流失、生态环境变化以及发生水坝垮塌等问题,也不会像地热能、生物能那样影响空气质量。

根据当今各种电力生产全生产链的实际统计,每百万千瓦电力每年造成不到预期寿命人员死亡数量:核电 1 人,天然气电 2 人,油电 32 人,煤电 37 人。相比而言,核电是最安全的能源。表 1-6 为煤电链和核电链影响综合比较。煤电链包括煤的开采、运输、煤电厂及其废料处置,核电链包括核电厂及其燃料循环整个过程,两者相比较的结果,核电链对工作人员和环境的危害远小于煤电链。

表 1-6　煤电链和核电链影响综合比较

影响类型	种类	煤电链	核电链	煤/核
公众健康	辐射照射	420 人 $Sv/(GW_e·a)$	8.39 人 $Sv/(GW_e·a)$	≈50
	非辐射危害	12 人 $/(GW_e·a)$	0.67 人 $/(GW_e·a)$	≈18
人员健康	辐射照射	90 人 $Sv/(GW_e·a)$	8.91 人 $Sv/(GW_e·a)$	≈10
	尘肺	21.6 人 $/(GW_e·a)$	4.4 人 $/(GW_e·a)$	≈5

续表

影响类型	种类	煤电链	核电链	煤/核
急性事故	死亡率	35 人 /(GW$_e$ · a)	0.6 人 /(GW$_e$ · a)	≈60
环境	流出物	明显	不可察觉	—
	固体废物占地	2.1×10^4 m^2 /(GW$_e$ · a)	1×10^4 m^2 /(GW$_e$ · a)	≈2
	塌陷面积	1×10^6 m^2 /(GW$_e$ · a)	1.6×10^2 m^2 /(GW$_e$ · a)	6.3×10^3

新一代核电站的开发,将使核发电更为安全,使核电产生影响环境的重大事故概率降至百万分之一以下。其共同特点是:先进仪表控制系统设计、现代化的在役检查、现代化的防火与灭火系统、改进型的燃料、非能动式安全系统、各种消除与缓解事故措施等。

在第四代核能系统国际论坛(GIF)框架下,目前共有 6 种技术路线入选最具前景的第四代核能系统选型:钠冷快堆(SFR)、铅冷快堆(LFR)、气冷快堆(GFR)、超高温气冷堆(VHTR)、超临界水堆(SCWR)和熔盐堆(MSR),它们都以可持续性、经济性、安全与可靠性、废物最小化、防扩散和实体保护为设计目标。我国的第四代先进核能技术研发在很多方面都取得了举世瞩目的进展。

化石能源是碳排放的主要能源来源,也是雾霾的重要源头之一,要解决雾霾问题,首先必须控制电煤排放总量,其中最现实有效的方法就是大力发展核电来替代火电。以我国自主核电品牌"华龙一号"为例,1 台机组 1 年清洁发电近 100 亿千瓦时,可满足 100 万人口城市的年度生产生活用电需求;同时,减少标煤消耗 312 万吨,减少的二氧化碳排放量相当于植树造林 7000 万棵。

我国在 2020 年 9 月的第 75 届联合国大会上提出"二氧化碳排放力争于 2030 年前达到峰值,努力争取 2060 年前实现碳中和"的目标与承诺,"碳达峰"和"碳中和"已成为我国新时代经济社会发展的重要方向之一。所以为了实现上述目标,我国也急需发展高效清洁能源——核电。

1.3　世界核电站发展概况

自 1896 年法国物理学家贝可勒尔发现了铀的天然放射性以后,以核物理、核化学、核辐射探测学等一系列研究成果为基础,结合核电子学、核探测器、核分析技术、加速器及反应堆等技术的发展,核能应用与核技术迅速兴起。

核技术首先被用于军事目的。1938 年,哈恩和斯特拉斯曼发现了核裂变并得到了合理的解释,许多科学家都意识到,让放射性物质大量释放能量的核弹(即原子弹)是完全有可能被制造成功的。时值第二次世界大战,为了赶在希特勒之前研制出原子弹,以便遏止可能造成的更大危害,经过爱因斯坦等一大批世界一流核物理学家的建议和呼吁,1941 年 12

月美国开始了历时 5 年的"曼哈顿工程"计划。该计划动员了 50 万人、15 万名科学家和工程师,耗资 20 亿美元。

1942 年 11 月 7 日,由美籍意大利物理学家恩里科·费米教授(1901—1954)领导的实验小组将世界上第一个反应堆(CP-1)建造在美国芝加哥大学斯塔格运动场西看台下的一个角落里,反应堆长 7.5m、宽 7.5m、高 6m,由 385t 石墨砖和 40t 天然铀短棒在一个木架栅格上堆砌而成,外层用厚度 30cm 的石墨层作反射层以防止中子泄漏,堆中放置了一些可以移动的控制棒。

1942 年 12 月 2 日下午 3 点 25 分,在对面看台上的 43 位科学家的共同见证下,镀镉的控制棒被移开,这座核反应堆首次成功达到临界,初始反应堆的功率为 0.5W,工作了 28 分钟(见图 1-2)。尽管能量很小,仅够一个小电珠发光,但 CP-1 的成功足以证明采用这种方法产生能量的可行性。不久以后,到 12 月 12 日反应堆功率就提高到了 200W,实现了受控的核能释放,为人类进入一个核能利用的新纪元奠定了基础。

图 1-2　1942 年首个核反应堆试验成功

1943 年末,在"原子弹之父"奥本海默的领导下,美国完成了原子弹的实际制造。1945 年 7 月 16 日,第一颗原子弹试验成功。1945 年 8 月 6 日和 9 日,美国先后将两颗原子弹分别投在了日本的广岛和长崎,迫使日本投降,结束了第二次世界大战。1949 年,苏联爆炸了一颗比美国投掷到广岛的原子弹大五倍的核弹。1964 年,我国也成功爆炸了第一颗原子弹,1967 年又成功爆炸了第一颗氢弹。我国是继美国、苏联、英国和法国后拥有原子弹和氢弹的国家。目前,世界上有 8 个国家具有核武器制造能力。

第二次世界大战后,科学家们开始强烈呼吁限制和消灭核武器、和平利用原子能。核能开始被用于和平事业。1951 年 12 月,美国实验增殖堆 1 号(EBR-1)首次成功利用核能发电。1954 年 6 月 27 日,世界上第一座商用试验性核电厂在苏联建成并投入运行,这是一座发电功率为 5MW(5000kW)的石墨沸水堆核电站(见图 1-3)。该核电站利用浓缩铀作燃料,采用石墨作减速剂、普通水作冷却剂。从此核电事业在世界各地迅速发展。

图 1-3　世界上最早的商用核电站
——苏联奥布宁斯克核电站(5MW)

据统计,目前世界上最大的核电站是日本东京电力公司的日本柏崎刈羽核电站(Kashiwasaki Nuclear Power Station),位于新潟县柏崎市刈羽村,现有 7 台机组,总装机容量 8212MW:1984—1989 年建成 5 台 1100MW 沸水堆机组,1990—1992 年建成 2 台先进的 1356MW 沸水堆机组。在福岛事件后,柏崎刈羽核电站也被关闭。

从世界核电发展历程来看,大致分为四个时期:初期(1954—1964 年)、高速增长期(1965—1980 年)、建设平台期(1981—2000 年)以及新一轮增长期(21 世纪以后)。

在核电发展的初期,伴随着 1954 年苏联的第一座商用核电站的成功运营,“第一代”核电站——各种类型的原型反应堆如雨后春笋般纷纷出现,真可谓“八仙过海各显神通”。1956 年,英国建成了功率为 45MW 的原型天然铀石墨气冷堆核电站,美国投入运行了第一台核电机组——电功率为 4.5MW 的沸水堆机组。1957 年,日本政府与电力公司共同组建原子力发电公司,建造日本第一座商用核电站。1957 年 12 月,美国建成了功率为 90MW 的希平港压水堆核电站。1960 年 7 月,美国建成了德累斯顿沸水堆核电站,1961 年 7 月,建成了第一座商业压水堆核电站——扬基罗核电站,电功率为 185MW。1962 年,法国建成了 60MW 天然铀石墨气冷堆核电站,加拿大建成了 25MW 的天然铀重水堆核电站。1963 年,美国通用电气公司在新泽西州建立了牡蛎湾核电站,该核电站发电成本为 0.405 美元/(kW·h),比当时的火力发电成本低 6%～7%。1954—1964 年,全世界共有 38 个机组投入运行。

1965—1980 年是核电的一个高速建设和增长期。伴随着工业生产的大幅发展,能源需求量日益增加,导致了世界性能源危机,并引发了石油战争,世界经济摇摇欲坠,核电的经济性和可靠性受到各国的普遍认可。该阶段建立核电厂的主要目的是实现商业化、标准化、系列化和批量化,以提高经济性,电功率一般在 300MW 以上。这期间,美国成批建造了 500～1100MW 的压水堆、沸水堆核电站,在国内上马并出口到其他国家;苏联建造了 1000MW 的石墨堆核电站和 440MW、1000MW VVER 型压水堆核电站;日本、法国引进、消化了美国的压水堆、沸水堆核电技术。全世界共有 242 个核电机组投入运行,基本上都属于“第二代”核电站。法国核电发电量增加了 20.4 倍,比例从 3.7% 迅速增加到 40% 以上;日本的核发电量也增加了 21.8 倍,比例从 1.3% 快速增加到 20%。核电在设备和技术方面的发展也使核发电成本进一步下降。从 1974 年起,各国核电站的发电成本普遍比火电站低 20%～50%。核电站最多的国家——美国,仅 1978 年一年就因此节省了 30 亿美元。同时,其可用率也高于同时代最新的火电站,并且在节能方面有很大的优势。到 1980 年底,全世界在运核电机组近 300 台,总装机容量已达 1.8 亿千瓦。

1981—2000 年是核电建设发展的一个平台期,这期间核电的发电量增长迅速(见图 1-4),但同时也发生了三起比较大的放射性物质外泄事故:1979 年美国三哩岛核事故、1986 年苏联切尔诺贝利核事故和 2011 年日本福岛核事故,前两起是由于运行和维修中的操作失误引起的,后一起是强烈地震引发的大海啸导致的。自切尔诺贝利核电站事故之后,有些人因此产生了恐惧,并形成了一股反对建核电站的强大势力。公众和政府对核电的安全性要求不断提高,采取了增加安全壳保障措施和实行更严格的审批制度等措施,注重发展安全级别更高的核能系统,以确保核电站的安全可靠,同时也使核电设计更复杂、政府审批时间加长、建造周期加长、建设成本上升,直接导致了世界核电发展的停滞。人们更加关注核电安全,促使世界各国在第二代技术基础上进行了改进与创新,研发出第三代核电技术。采用了改进型和革新型设计的新堆型提高了核电安全性、可靠性和经济性。

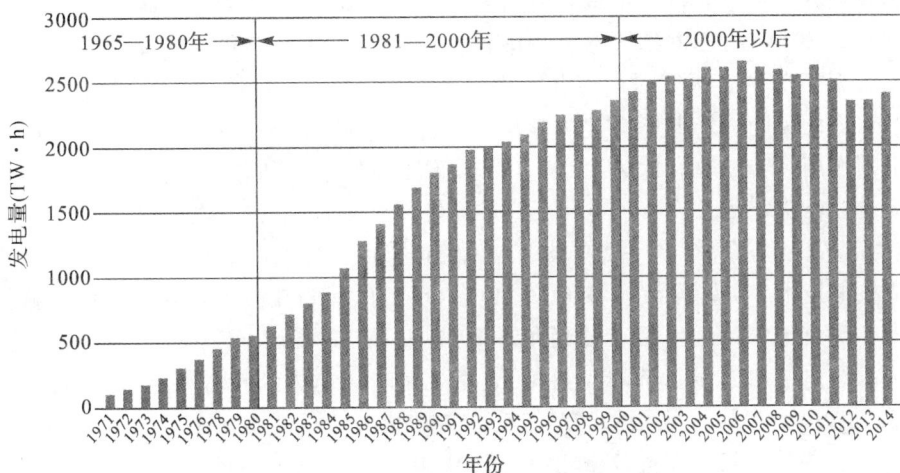

图 1-4　世界核发电量的发展历程(来源:WNA)

21 世纪以来,随着原油价格上涨和全球气候变暖等问题的出现,越来越严重的能源、环境危机促使世界各国开始重新认识核电。无论是发达国家还是发展中国家,出于对环保、生态和能源安全供应等的考虑,纷纷制定本国电力发电结构调整政策,在解决日益增长的电力需求的同时,减少石油、煤炭的消费。核电作为一种安全、清洁、低碳、可靠的能源,已被越来越多的国家所接受和采用,各国都制定了积极的核电发展计划,已有 60 多个国家正在考虑采用核能发电。同时经过多年的技术发展,核电的安全可靠性进一步提高,未来 20 年间,中国、印度、韩国与俄罗斯将带头大幅度扩建核电,成为核电复兴的新生力量,迎来新一轮的核电站建设高峰。这一趋势与这些国家在 21 世纪所扮演的新经济体角色相对应。

截至 2023 年 11 月,全球可运核电机组共 436 台,总装机容量约为 392GW,目前有 412 个反应堆在 32 个国家运行,总装机容量为 378.3GW,为全球提供 10% 的电力。全球在建的新核电机组有 58 台,分布在 18 个国家,总装机容量 58.9GW。自 1954 年全球首台核电机组在奥布宁斯克核电站并网以来,全球核电机组总共积累了 1.94 万堆·年的运行经验。

据 2022 年的统计数据,全球永久停堆的核电机组有 5 台,总装机容量为 3.86GW,分别是英国欣克利角 B 核电站 1 号和 2 号机组、亨特斯顿 B 核电站 2 号机组,比利时多伊尔核电站 3 号机组和仅有一台核电机组的美国帕利塞兹核电站。这些永久停堆的核电机组主要是装机容量低于百万千瓦的早期二代核电技术。这些二代核电技术的机组随着其设计寿命和延寿乃至二次延寿的到期,都将完成使命逐渐退役。

2022 年全球有 6 台核电机组实现首次并网,总装机容量为 7.89GW。这 6 台机组分别是我国福清 6 号机组和红沿河 6 号机组、巴基斯坦卡拉奇 3 号机组、芬兰奥尔基洛托 3 号机组、韩国新蔚珍 1 号机组和阿联酋巴拉卡 3 号机组。2022 年全球还有 8 台核电机组实现核岛浇筑第一罐混凝土(FCD),正式开工建设,总装机容量为 8.64GW。新开工的 8 台机组分别是我国田湾 8 号机组、徐大堡 4 号机组、三门 3 号机组、海阳 3 号机组和陆丰 5 号机组,土耳其阿库尤 4 号机组,埃及埃尔达巴 1 号和 2 号机组。新建机组除了一台采用具有第三代核电技术特征的技术外,其他机组都采用了标准的第三代核电技术。

美国是世界上核电装机容量最大的国家,截至 2022 年底,核电机组有 92 台,在运装机容量达到 94.72GW,约占世界核电总装机容量的 25%。美国核能发电量在国内电力结构中的占比约为 20%。美国就退役煤电厂址作为核电厂址的可行性、经济性和效益进行了研究,并发布《将已关闭燃煤电厂改建为核电厂的益处与挑战》研究报告,对全球核能产业发展具有引领作用。美国政府认为,核能作为低碳能源的地位和作用仍应受到重视,美国核电管理委员会已决定延长现有核电厂反应堆的使用执照,在役核电机组中有 76 台已获延寿到 60 年的运行许可,有 20 多座反应堆进入延长运行期。美国申请建造的 15 台核电机组均为第三代核电技术。美国与波兰签署了核电合作协议,计划在波兰卢比亚托沃-科帕利诺地区建设 3 台 AP1000 机组,首台机组预计 2026 年开工建设、2033 年投运。

法国的核电装机容量目前居世界第二,它也是全球电力结构中核电占比最高的国家,其核电占比约为 70%。截至 2022 年底,核电机组有 56 台,在运装机容量达到了 61.37GW。法国的二氧化碳排放量相对较低,每年人均排放量不足 2 吨。专家认为这与法国主要靠核能发电有直接关系。法国不仅拥有完善的核工业体系,而且拥有一批大型核电工业集团,具有强大而专业的核电站工程总承包实力和业绩,同时具有优秀的核设备制造能力。为了提高能源独立性,法国选择了闭式核燃料循环技术路线并长期坚持乏燃料处理领域的研究,从而掌握了核燃料后处理的先进工艺技术,并拥有了超过 1700 吨/年的核燃料后处理能力,成为欧洲最重要的处理核废料的国家。

德国目前有 3 台 140 万千瓦级的核电机组在运行,总装机容量为 4.06GW,最后 1 台核电机组于 1989 年并网发电。德国原有 19 座核电站,核电占全国总发电量的 1/3 左右。20 世纪 70 年代后出现了由呼吁核裁军转而抗议核能应用的反核运动,切尔诺贝利核反应堆事故和福岛核事故的发生更一次次激化了德国国内的反核浪潮,2001 年联邦政府与核能企业签署了 20 年内分阶段关闭核电站的废除核能协议。德国关闭了国内的核电机组,然后通过购买邻国法国的核电来满足电力需求,并从俄罗斯和乌克兰进口天然气来弥补能源不足。俄乌冲突爆发恶化了欧洲能源危机,使能源价格高昂,以及受法国对已较长时间服役的超过一半的机组需要进行停机检修等影响,为确保国内能源安全,德国于 2022 年 9 月正式推迟了伊萨尔 2 号机组、埃姆斯兰核电站、内卡维斯特海姆 2 号机组等 3 台机组的关闭日期。

俄罗斯目前在役核电机组 37 台,包括"罗蒙诺索夫院士"号浮动核电站,核电装机容量超过 29.5GW,在建核电机组 4 台,其中托木斯克州谢韦尔斯克的 BREST-OD-300 核电机组采用的是铅冷快堆技术。俄罗斯对在运核电机组引入了数字化运维技术,使核能发电量大大提高,其核发电量在国内电力结构中的占比超过 20%,预计到 2040 年其核电占比将提高到 25% 左右。俄罗斯开发出一系列具有自主知识产权的三代核电机型,能够满足不同国家、不同电网规模的需求。俄罗斯核电技术已经在中国、印度、伊朗、土耳其、白俄罗斯等多个国家落地,近期又先后获得越南、孟加拉、约旦、匈牙利、芬兰等多个核电项目订单,俄罗斯也重视浮动核电站开发,2007 年 4 月开始世界上第一座浮动核电站(装备 2 台 KLT-40S 堆)。俄罗斯在建机组大部分为 VVER 压水堆,除了 BN-800 和 BN-600(在役)2 台快堆外,俄罗斯还计划在 2030 年前开工建设 3 台 BN-1200 钠冷快堆。

日本核电开始于 1966 年,福岛核事故前,日本在运核电机组 60 台,装机容量为

49.0GW,核电占比达 35% 左右。福岛核事故后,日本停堆检查了所有核电机组,留存 33 台,装机容量为 33.08GW;在建核电机组 3 台,装机容量为 4.14GW。2022 年已重启 10 台机组,装机容量为 9.96GW。计划到 2030 年重启 27 座核反应堆,并进一步延长之前建设的核电机组运行寿命。考虑到核电是推动绿色转型必不可少的关键要素,为应对能源危机和减少对国外能源进口的依赖,日本一直试图重启更多核电机组,最大限度地利用现有核电站,到 2030 年核能发电量要达到日本总发电量的 20%~22%。

韩国在运核电机组 25 台,总装机容量为 24.5GW;在建 3 台机组,总装机容量为 4.2GW,核电发电量占全国总电量的 26%。韩国的核能发电成本远低于光伏发电成本,只有后者的 40% 左右。在经历了 5 年去核电历程后,韩国政府提出要"成为核电强国",承诺加强国内核电建设,并扩大核电技术出口,计划将国内电力结构中的核电占比提高到 30%,并到 2030 年获得 10 台海外核电订单。

印度国内在役核电机组 19 台,装机容量为 6.29GW;在建机组 8 台,总装机容量为 6.03GW。印度从 20 世纪 70 年代开始发展核电,运行的核反应堆堆型基本上是加压重水反应堆(PHWR),有一座 500MW 的原型快中子增殖堆。在建机组中有 3 台 PHWR 机组、4 台 VVER－1000 机组和 1 台 500MW 级原型快中子增殖堆。印度计划到 2030 年拥有 20GW 核电装机容量,到 2047 年核电目标占比将达到 9%。印度政府将核能发展作为弥补本国庞大能源缺口的重要途径,考虑大规模发展核电,并制定了"三步走"核能发展战略:第一阶段发展以天然铀为燃料的加压重水堆;第二阶段重点研发和部署铀-钍增殖堆;第三阶段发展钍-铀(U-233)增殖堆。整个计划实施周期大约为 50 年。印度有丰富的钍资源,快堆建设将为钍资源利用铺平道路。

越南拥有中等储量的铀矿资源,探明储量约为 23 万吨。2016 年越南国会以成本因素为由否决了核电建设计划。为保证能源供应安全,目前正考虑建设小规模核电项目,计划在 2040 年建设 1GW 核电装机容量,并到 2045 年建成 5GW,为 2050 年实现净零排放目标提供支持。

阿根廷目前拥有阿图查 1 号、恩巴尔塞和阿图查 2 号 3 个核电机组,均采用重水堆核电技术。2013 年,阿根廷政府决定建设第四座核电站,包括 2 台不同堆型机组,计划于 2020 年前建成。第一台机组采用 CANDU 重水堆技术,延续其国内已有的核电技术,第二台机组采用压水堆技术。中国的"华龙一号"压水堆核电技术将落户阿根廷第四座核电站。

巴西计划到 2050 年将需要 5000 万千瓦的核电装机容量,这意味着巴西在 2050 年前平均每年需要投资建造一座核电站。

2023 年 12 月 2 日在第 28 届联合国气候变化大会(COP28)上,22 个国家发起"三倍核能"宣言。保加利亚、加拿大、捷克共和国、芬兰、法国、加纳、匈牙利、日本、韩国、摩尔多瓦、蒙古、摩洛哥、荷兰、波兰、罗马尼亚、斯洛伐克、斯洛文尼亚、瑞典、乌克兰、阿联酋、英国和美国的国家元首或高级官员签署宣言。该宣言称在 21 世纪中叶前后实现全球温室气体净零排放,气温上升 1.5℃ 以内,核能产量增加两倍。"三倍核能"目标意味着 2050 年全球核电机组的装机容量要达到 1176GW 左右。

1.4 中国核电工业的发展

我国是一个能源需求很大的国家,尤其是沿海经济较发达地区对能源的需求更加迫切。近年来由于能源紧张、电力短缺,我国对进口能源资源(主要是石油)的依赖加重,但是用进口油、气大规模替代煤炭去发电亦不太合理,因此从中长期来看,核电将成为我国的主要能源之一。由于国际油价上涨、生态环境恶化、全球经济大萧条等因素,现在我国政府已调整核能发展战略,从原来的"适度发展"开始过渡到"积极发展"乃至"快速发展",充分拓宽核能的各个应用领域,以"安全第一"的方针,稳步发展核电工业,首先在沿海经济发展较快的地区发展核电,密切跟踪国际核电技术发展趋势,以我为主,中外合作,适当引进外资和技术,努力实现设计自主化和设备国产化。

早在"一五"计划期间,中国就以"两弹一星"计划为先导,开始了核能应用的科学技术研究,取得了一系列成果:1964 年 10 月 16 日 15 时,第一颗原子弹爆炸试验成功;1966 年 10 月 27 日,导弹核武器首次试验成功;1967 年 6 月 17 日,第一颗氢弹成功试爆;1969 年 9 月 23 日,进行了首次地下核试验;1971 年 9 月,第一艘核潜艇成功下水。中国的国防力量令世人瞩目,成为国家安全和和平发展的重要保障。

我国的核电工业起步于 20 世纪 80 年代,分为起步、腾飞和持续发展三个阶段:在 2000 年前为起步阶段,从 1991 年 12 月首座核电站并网发电开始,掌握了核电站设计、制造、施工技术,实现设计自主化和设备国产化,形成完整的核电工业体系;2000—2015 年为腾飞阶段,我国的核电装机容量快速增加,核电设备已经进入小批量生产,并具备了生产 30 万、60 万和 100 万千瓦级压水堆核电站燃料组件的能力;2015—2050 年为持续发展阶段。

我国从 1955 年就开始发展核工业,20 世纪 50 年代后期至 70 年代主要为国防服务。在此期间建立了相应的科研、设计、建造、教育和核燃料循环工业体系(见图 1-5),目前我国已拥有一个从地质勘察到铀矿采冶、铀纯化、铀浓缩、核燃料元件生产,一直到乏燃料后

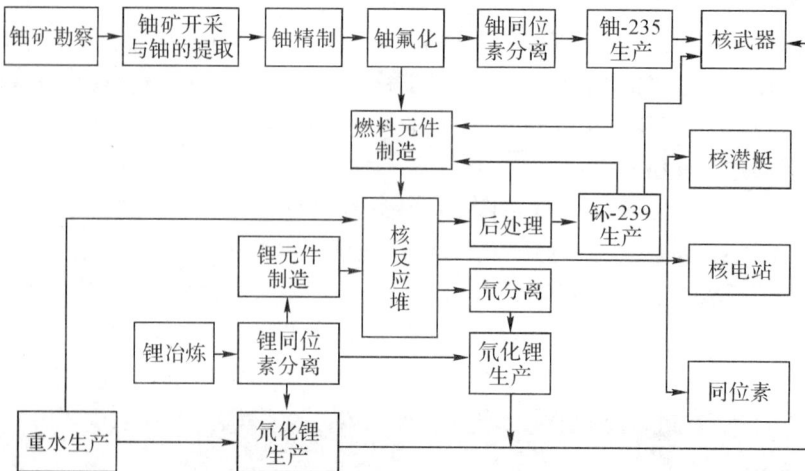

图 1-5 核工业的构成

处理等完整的核燃料循环系统,并在关键环节上实现了生产能力的跨越和技术水平的提升,在一些重要环节上已接近或达到国际先进水平。世界上能够拥有如此完整的核工业体系的只有美、俄、英、法和中国等少数几个国家。

我国十分重视核安全,明确制定了"安全第一"的方针,保护工作人员、公众和环境安全。1984 年,国务院成立国家核安全局,对民用核设施进行核安全的独立监管,建立核安全监督体系,并确定了政府有关部门和营运单位的职责。1986 年,我国开始陆续颁布核安全法规,依法监管核安全。

我国建成了多种类型的核反应堆,有多年安全管理和运行经验,拥有一支专业齐全的技术队伍。在周恩来总理的指示和关怀下,从 1970 年开始,由 728 院(上海核工院前身)设计秦山一期 300MW 核电站(见图 1 - 6)。20 世纪 80 年代初,国务院决定建造秦山核电站和广东大亚湾核电站。至此中国开始发展核电工业,成立了中国核工业集团、中国广东核电集团和中国电力投资集团等单位。

图 1 - 6　中国大陆首座核电站——秦山核电一期(300MW)

到 2023 年 12 月,中国大陆地区已有 55 台核电机组在运行,总装机容量为 57GW,位列全球第三;在建机组 24 台,装机容量为 27.8GW,持续多年保持全球第一,还有 8 台核电机组已核准待建,未来一段时间有望保持每年 6~10 台的建设节奏,还有 18 座在役民用研究堆、19 座运行核燃料循环设施在安全运行。此外,中国台湾地区有 3 台核电机组在运行,总装机容量为 2.86GW。

我国已形成百万千瓦级压水堆核电主设备成套供货能力,"华龙一号"批量化建设、"国和一号"示范工程建设、高温气冷堆核电站建设、多用途模块式小型堆示范工程建设和核能供热工程等项目都在顺利有序地推进,钠冷快堆、铅冷快堆、聚变堆等先进核能系统的关键技术研发也都获得了重要突破,标志着我国核电技术水平已跻身世界前列,核能综合利用也为城市低碳转型提供了绿色选择。

我国两大自主三代核电技术的设备整体国产化率都已达到 90%,"国和一号"的关键设备、部件和材料已基本实现自主化设计和国产化制造,将实现 100% 的设备国产化能力,已建立了较为完备的燃料供应保障体系,具备了与国际接轨的核安全法规体系,制定了核设施监管和放射性物质排放等管理条例,建立了中央、地方和企业的三级核电厂内、外应急体系,培养了大量核电人才,为实现规模化发展奠定了坚实的基础。

我国目前有四大核电集团:中广核、中核、国家电投和中国华能,共同肩负起中国核能发展、核电建设和核技术应用的使命,是我国核电领域的中坚力量。

我国核电主要设备制造厂家如表 1 - 7 所示,在运、在建核电站如表 1 - 8 所示。

表 1-7 我国核电主要设备制造厂家

主设备	主要制造厂家
蒸汽发生器	哈尔滨锅炉厂有限责任公司、上海电气(集团)总公司
反应堆压力容器	中国第一重型机械集团公司、上海电气(集团)总公司
堆内构件	上海电气(集团)总公司
控制棒驱动机构	上海电气(集团)总公司
环形吊车	大连大起大重集团公司
燃料装卸料设备	上海电气(集团)总公司
主泵	沈阳鼓风机集团有限公司
主管道	中国第一重型机械集团公司、中国第二重型机械集团公司、中国船舶重工集团公司
爆破阀	中国航天工业总公司

表 1-8 中国大陆的在建、在运和即将开工的核电机组

序号	核电站	机组	型号	堆型	状态
1	浙江秦山核电站一期	首台	CNP300	压水堆	在运
2	广东大亚湾核电站	1#、2#	M310	压水堆	在运
3	浙江秦山站二期	1#、2#、3#、4#	CNP600	压水堆	在运
4	广东岭澳核电站	1#、2#	M310	压水堆	在运
		3#、4#	CPR1000	压水堆	在运
5	浙江秦山站三期	1#、2#	CANDU6	重水堆	在运
6	江苏田湾核电站	1#、2#、3#、4#	VVER-1000	压水堆	在运
		5#、6#	M310+	压水堆	在运
		7#、8#	VVER-1200/V491	压水堆	在建
7	辽宁红沿河核电站	1#、2#、3#、4#	CPR1000	压水堆	在运
		5#、6#	ACPR1000	压水堆	在运
8	福建宁德核电站	1#、2#、3#、4#	CPR1000	压水堆	在运
		5#、6#	华龙一号	压水堆	筹建
9	广东阳江核电站	1#、2#	CPR1000	压水堆	在运
		3#、4#	CPR1000+	压水堆	在运
		5#、6#	ACPR1000	压水堆	在运

序号	核电站	机组	型号	堆型	状态
10	福建福清核电站	1#、2#、3#、4#	M310＋	压水堆	在运
		5#、6#	华龙一号	压水堆	在运
11	浙江方家山核电站	1#、2#	CNP1000	压水堆	在运
12	海南昌江核电站	1#、2#	CNP650	压水堆	在运
		3#、4#	华龙一号	压水堆	在建
		示范工程	ACP100（玲龙一号）	压水堆	在建
13	广西防城港核电站	1#、2#	CPR1000	压水堆	在运
		3#、4#	华龙一号	压水堆	在运/在建
		5#、6#	华龙一号	压水堆	筹建
14	山东石岛湾核电站	示范工程	HTR-PM	高温气冷堆	在运
		1#、2#示范工程	CAP1400（国和一号）	压水堆	在建
		1#、2#扩建工程	华龙一号	压水堆	筹建
15	浙江三门核电站	1#、2#	AP1000	压水堆	在运
		3#、4#	CAP1000	压水堆	在建
16	山东海阳核电站	1#、2#	AP1000	压水堆	在运
		3#、4#、5#、6#	CAP1000	压水堆	在建/筹建
17	广东台山核电站	1#、2#	EPR-1750	压水堆	在运
18	福建漳州核电站	1#、2#、3#、4#	华龙一号	压水堆	在建
19	广东太平岭核电站	1#、2#	华龙一号	压水堆	在建
20	辽宁徐大堡核电站	1#、2#	CAP1000	压水堆	在建
		3#、4#	VVER-1200/V491	压水堆	在建
21	北京中国实验快堆	实验快堆	CEFR20	快堆	在运
22	福建霞浦核电站	1#、2#示范工程	CFR600	钠冷快堆	在建
		示范工程	HTR600	高温气冷堆	在建
		3#、4#、5#、6#	CAP1000	压水堆	筹建
23	浙江三澳核电站	1#、2#、3#、4#	华龙一号	压水堆	在建/筹建
24	广东廉江核电站	1#、2#、3#、4#、5#、6#	CAP1000	压水堆	在建/筹建
25	广东陆丰核电站	5#、6#	华龙一号	压水堆	在建
26	广西白龙核电站	1#、2#	CAP1000	压水堆	筹建

续表

序号	核电站	机组	型号	堆型	状态
27	河北海兴核电站	1#、2#、3#、4#、5#、6#	华龙一号	压水堆	筹建
28	山东招远核电厂	1#、2#	华龙一号	压水堆	筹建
29	浙江金七门核电厂	1#、2#	华龙一号	压水堆	筹建
30	辽宁庄河核电站	1#、2#、3#、4#、5#、6#			筹建

注:中国现有核电堆型简介(www.nuclear.net.cn):

(1) M310:法国法马通公司设计的第二代压水堆核电站 900MW 电功率的三环路标准化版本(CP0、CP1、CP2)的出口型,国内最早引进在大亚湾。

(2) EPR(欧洲先进反应堆):法马通和西门子联合开发的反应堆,是在国际上最新型反应堆(法国 N4 和德国建设的 Konvoi 反应堆)的基础上开发的,吸取了核电站运行 30 多年的经验。在建示范堆处于世界先进水平。

(3) CANDU:加拿大开发和生产的重水堆,以重水作慢化剂的反应堆,在世界上有 35 台核电站机组。

(4) VVER:水-水双循环核动力堆的俄语缩写,意同 PWR。是苏联主要建设的二代压水堆机组,在俄罗斯及欧洲许多国家得到广泛应用,VVER-1200 是 VVER-1000 型核电机组的革命性发展,是俄罗斯三代核电站最终版堆型。

(5) AP1000:advanced passive PWR 的简称,1000 为其功率水平(百万千瓦级)。PWR 是 pressurized water reactor 的简称,即压水反应堆。该机型为美国西屋电气公司设计的三代核电机型。AP1000 采用创新性的非能动技术。AP1000 及其国产化机型或将成为我国三代核电主流机型。

(6) CNP1000:中核集团公司自主设计的国内最高水平的百万千瓦级商用压水堆核电站,CNP 是 China nuclear power 的简写。CNP1000 型核电站使中国百万千瓦级核电站的设计寿期从目前的 40 年延长到 60 年。

(7) ACP100(advanced China PWR):中文名"玲龙一号",是世界首个通过国际 IAEA 认证的通用安全型反应堆,拥有小型化、模块化、一体化、非能动等先进革新型技术,由中核集团公司基于军用核动力和成熟压水堆技术研发,具有完全自主知识产权,其安全性高、灵活性好、用途广泛,既可为偏远地区的中小型电网供电,也可作为移动电源为海洋资源开发等供电。

(8) ACPR1000:中广核集团公司在推进 CPR1000 核电技术标准化、系列化、规模化建设的同时,坚持自主创新,对照国际最新安全标准,借鉴国际核电领域的最新经验反馈,研发出拥有自主知识产权的百万千瓦级三代核电技术。

(9) CPR1000:中广核集团公司推出的中国改进型百万千瓦级(1000MW)压水堆核电技术方案。它是在引进、消化、吸收国外先进技术的基础上,结合 20 多年来的渐进式改进和自主创新形成的"二代加"百万千瓦级压水堆核电技术。该技术来源于法国引进的百万千瓦级机型——M310。

(10) CAP1000/CAP1400:国家核电技术公司在引进西屋 AP1000 核电技术的基础上"引进、吸收、消化、再创新"开发的三代核电机型。国家核电技术公司目前的海外重点市场是南非和巴西,采用的机型将是具备自主知识产权的三代核电 CAP1400(国和一号)。

(11) 华龙一号(HPR1000):由中广核和中核两个集团公司在前期分别研发的 ACPR1000＋和 ACP1000 的基础上,集两者精华,并结合设计、制造、建设、运行经验和国外经验反馈,联合研发出的一款先进百万千瓦级压水堆核电技术。

(12) CEFR:中国实验快堆,快堆是快中子增殖堆的简称。

　　秦山核电站(一期)是我国自行设计、自行建造和运营管理的第一座核电站,位于浙江省嘉兴市海盐县。秦山核电站(一期)于 1985 年 3 月 20 日开工建设,采用压水堆 CNP300 技术,装机容量 310MW,总投资 12 亿元,于 1991 年 12 月 15 日建成并网发电。秦山核电站的建立结束了中国大陆无核电的历史,并于 1994 年 4 月 1 日投入商业营运。我国因此成为世界上第 7 个具有自行设计和建设核电站能力的国家,前 6 个国家分别是法国、美国、英国、苏联、加拿大和瑞典。

　　继一期项目后,秦山核电站(二期)接着相继投入了 4 台我国自主设计、建造和运营的 CNP600 压水堆核电机组,单机容量为 660MW,总投资近 300 亿元。秦山三期与加拿大合作,投入 2 台重水堆 CANDU6,单机容量为 728MW,总投资 28 亿美元,采用加拿大坎杜 6 重水堆核电技术,这是我国第一座商用重水堆核电站。2008 年后,秦山一期扩建项目方家山核电工程采用 2 台二代改进型压水堆(CNP1000)技术,单机容量 1080MW,国产化率达到 80%,总投资 28 亿美元,分别于 2014 年 12 月 15 日和 2015 年 2 月 12 日投入商运。至此,中国首个核电基地——秦山核电站已经拥有 9 台核电机组,总容量达到 6.3GW。

　　位于深圳龙岗区大鹏半岛的广东大亚湾核电站 1987 年 8 月 7 日主体工程浇灌第一罐混凝土,工程施工由中国核工业总公司 23 公司和法国法马通/斯比公司合作完成,单台机组投资 40 亿美元。这是中国大陆第一座大型商用核电站,也是大陆首座使用国外技术和资金建设的核电站。1 号机组于 1993 年 8 月 31 日并网,1994 年 2 月 1 日和 5 月 6 日 2 台单机容量为 98.4 万千瓦(M310)压水堆反应堆机组先后投入商业营运。大亚湾核电站的年发电能力接近 300 亿千瓦时,70% 的生产电力输往香港,占香港总用电量的 1/4。

　　紧邻大亚湾核电站、位于大亚湾西海岸大鹏半岛东南侧的岭澳核电站一期工程拥有 2 台百万千瓦级压水堆(M310)核电机组,于 1997 年 5 月 15 日开工建设。它是"九五"期间我国开工建设的基本建设项目中最大的能源项目之一,2003 年 1 月全面建成投入商业运行,2004 年 7 月 16 日通过国家竣工验收。二期工程的 2 台百万千瓦级压水堆机组采用中国改进型压水堆(CPR1000)核电技术。

　　位于江苏省连云港市的田湾核电站,一期建设 2 台单机容量 106 万千瓦的俄罗斯 AES-91 型压水堆核电机组(VVER-1000),工程于 1999 年 10 月 20 日正式开工,单台机组的建设工期为 62 个月,1 号、2 号机组分别于 2007 年 5 月 17 日和 8 月 16 日投入商业运行。

　　2015 年 12 月 27 日,田湾核电站三期扩建工程 5 号机组成功浇筑核岛底板第一罐混凝土,正式开工建设。5 号、6 号机组单台机组额定功率 1118MW,建设周期为 60 个月,总投资为 303.8 亿元,85% 实现国产化,投产后每年可向华东电网送电约 147 亿千瓦时,计划分别于 2020 年 12 月和 2021 年 10 月投入商业运行。田湾核电站 5 号、6 号机组的 M310 改进型是"二代加"核电技术的收官之作,按照福岛核事故后国际以及国家的最高安全要求,共实施了 42 项重大技术改进措施,满足国家核安全规划要求,主要安全指标达到三代核电技术标准。

　　2004 年 7 月,位于浙江台州市三门县的三门核电站一期工程建设获得国务院批准,占地面积 740 万平方米,可安装 6 台 100 万千瓦核电机组。核电站全面建成后,装机总容量将达到 1200 万千瓦(超过三峡电站总装机容量)。一期工程引进美国西屋电气公司开发的第三代先进压水堆(AP1000)核电技术,总投资 250 亿元,采用"非能动安全系统"和模块化施工方法。AP1000 核电机组共有 119 个结构模块和 65 个设备模块。在紧急情况下,"非能动安全系统"利用物质的重力、惯性以及流体的对流、扩散、蒸发、冷凝等物理特性,能及时冷却反应堆厂房并带走反应堆产生的余热,而不需要泵、交流电源、柴油机等需要外界动力驱动的系统。这是全世界首座 AP1000 核电机组。山东海阳核电站一期工程也采用了 AP1000 核电技术。浙江三门核电站和山东海阳核电站的二期工程采用了 CAP1000——国产化的 AP1000,采用国家核电的标准化设计。

2008 年 2 月,福建省第一个核电站宁德核电站动工兴建,这是我国第一个海岛核电站,一期、二期的 4 台百万千瓦级压水堆机组均采用中国自主设计的"二代加"百万千瓦级压水堆核电技术——改进型压水堆(CPR1000)核电技术,国产化率从 20 年前我国第一座百万千瓦级大型商用核电站——大亚湾核电站的 1‰飞跃到 75%。同年 11 月 21 日,位于海峡西岸福清市三山镇前薛村的福建省第二座核电站福清核电站,规划 6 台百万千瓦级发电机组,它是我国的第 9 座核电站。一期工程 4 台百万千瓦级机组均采用了 CNP1000 技术,国产化率达 75%,总投资 800 亿元,分别于 2014 年、2015 年和 2016 年建成发电,二期工程采用了中国具有自主知识产权的三代核电技术——华龙一号(ACP1000 或 HPR-1000),于 2015 年开工建设。

2008 年年底,位于广东省阳江市的广东阳江核电站工程正式开工建设,这是广东省第四座核电站,装机容量 600 万千瓦、采用中国自主品牌的改进型压水堆(CPR1000)核电技术,进行标准化、批量化建设,在建的 5 号、6 号机组采用 2 台拥有自主知识产权的三代核电技术 ACPR-1000 压水堆。广东台山核电站位于广东省台山市赤溪镇,由中法合资注册成立,首期 2 台 EPR 三代核电机组,单机容量为 175 万千瓦,成为目前世界上单机容量最大的核电机组。

位于山东威海市荣成宁津湾的石岛湾核电站,由中国华能集团公司、中国核工业建设集团公司和清华大学共同建设的一台高温气冷堆核电站示范工程 HTR-PM 机组,装机容量 211MW$_e$,投资额 30 亿元。这是全球首座将四代核电技术成功商业化的示范项目,也是中国"十二五"规划获批的第一个核电项目,2008 年 4 月 1 日,示范工程"五通一平"工程开工,2012 年 12 月 9 日浇筑第一罐混凝土。同时拟建设 2 台 CAP1400 型压水堆核电机组,设计寿命 60 年,单机容量 140 万千瓦。CAP1400 型压水堆核电机组是在消化、吸收、全面掌握我国引进的第三代先进核电 AP1000 非能动技术的基础上,通过再创新开发出的具有我国自主知识产权、功率更大的非能动大型先进压水堆核电机组。压水堆扩建工程每台机组建设总工期按 56 个月考虑,机组开工时间间隔暂定为 12 个月,计划全部于 2020 年前建成投产。石岛湾核电站两大工程 20 多个模块机组投产后,文登、荣成等输送电工程一次性完成,核电站的建设将从根本上改变山东省"西电东送"的局面。

湖北咸宁、安徽芜湖等一大批核电新项目的前期准备工作顺利开展。湖北咸宁大畈核电项目是我国内陆地区首座核电项目,投资 250 亿元,规划装机 4×1000MW,分两期建设,每期装机 2×1000MW,建设周期 5 年,并预留第三期 2 台机组用地。此外,江西省计划于九江市东部、长江南岸的彭泽县境内投资 400 亿元建造一座发电能力约为 400 万千瓦的核电站。四川有丰富的铀矿资源,宜宾核燃料厂是我国唯一的核电站燃料组件生产基地,拥有中国核动力研究院、西南电力设计院等科研单位,重庆市规划在涪陵区白涛镇重庆建峰化工总厂(原 816 厂)建一座总装机容量为 180 万千瓦的核电站,初步规划总投资 200 亿元,年发电量达 85 亿千瓦时。湖南省拟建的核电项目规划装机 600 万千瓦,一期装机 200 万千瓦。

由中国核工业集团公司和核建设集团公司设计承建的巴基斯坦恰希玛核电站(300MW)是中国自行设计建造的第一个出口民用核电工程,自 1993 年 8 月 1 日起开工,于 1999 年 11 月 28 日完成首次装料,2000 年 5 月 3 日反应堆达到首次临界状态,6 月 13 日核电站首次并网发电成功,8 月 22 日反应堆达到满负荷运行。国际原子能机构已对恰希玛核电站进行了审查,认为该核电站符合国际标准,运行安全可靠。

近年来,我国为了加速实现核技术应用产业化,核科技攻关以核电为龙头、核燃料和核科研为基础,开展了下列工作:

(1)开展国产化先进核反应堆的系列技术攻关,其中百万千瓦级大型先进压水堆核电站的设备国产化比例从原有的 1% 上升到 75% 甚至 90%,实现了"自主设计、自产设备、自主建设、自主运营",在聚变-裂变混合堆的研究方面,自 2003 年以来我国的聚变三乘积水平在 15 年里提高了 50 倍。

(2)在核燃料循环工业的各个环节都开展了重大技术攻关项目,包括铀矿勘探、采冶、铀浓缩、燃料元件制造、反应堆、后处理等。

(3)为促进核技术与其他现代技术的结合,开展了核技术在人类生产、生活中的应用研究,如核医学与分子生物学结合、核辐射技术与现代信息技术结合等。

"九五"期间,我国在 200MW 核供热堆工程关键验证试验研究、核电仿真技术以及同位素与辐射技术的研究方面进行了攻关,解决了一系列与核安全相关的关键技术,证明了 200MW 核供热堆设计的合理性和安全可靠性。目前低温核供热堆已经投入运行,600MW 核电机组全范围模拟机开发成功,技术性能指标和质量均达到同类进口产品的水平。我国的同位素与辐射技术已经渗透到各行各业,这项高新技术已开始造福于人类。

在先进核反应堆技术方面,我国高温气冷实验堆已于 2000 年 12 月建成并达到临界。反应堆由中国自主设计、自主建造、自主营运,拥有自己的知识产权,技术上亦居世界前列。2008 年 10 月 7 日举行了全球首个商用"球床"核反应堆、195MW 高温气冷堆核电站——华能山东石岛湾核电厂示范工程核岛 EPC 总承包协议和主设备供货合同的签字仪式,从 2012 年 12 月开工到 2017 年建成,计划 5 年完成示范项目建设。

快中子增殖堆可将天然铀资源的利用率从压水堆的约 1% 提高到 60%~70%,这对于充分利用铀资源、持续稳定发展核电、解决今后的能源供应问题具有战略意义。中国原子能研究院自主研发的中国第一座快中子反应堆 BN-20(热功率 65MW、电功率 25MW$_e$),于 2000 年 5 月 10 日在北京市房山区开工建设,2011 年 7 月 21 日实现并网发电。

我国核电站堆型走的是压水堆、先进热中子堆、快堆和聚变堆发展路线,即压水堆-快堆-聚变堆,形成核燃料闭式循环体系,可以充分利用铀资源,并实现核废物的最小化,从而保证核裂变能的可持续发展。压水堆在国际上是经济、成熟的堆型,目前国际上核电站已有 70% 以上采用这种堆型。我国起步阶段以压水堆作为第一代核电站的主力堆型,现在建成的和在建的核电站基本上都是压水堆核电站,后续我国力争建成新一代的热中子堆堆型。

快堆及其燃料循环系统的发展对我国核资源的清洁高效利用、减少温室气体排放、对我国国民经济建设等都具有十分重要的意义。我国正在进行的以快堆为核心装置的第四代核能系统具有三大特点：

（1）快堆结合先进燃料循环系统，可大幅提高铀资源利用率（如达到 60%～70%），使得核电可以作为主力能源大规模持续发展；

（2）嬗变乏燃料中的长寿命放射性废物，实现核废物最小化，让核能的发展与环境相当友好，能和平利用和相处；

（3）固有安全性高，可以实现完全的非能动余热导出，多道相互独立的包容屏障可以保证，即使在堆芯熔化的严重事故情况下也可将放射性物质包容在厂内。

我国第一座快堆——中国实验快堆已于 2010 年 7 月达到首次临界，2011 年 7 月首次成功并网发电。这标志着我国在四代核能系统技术研发上取得了一个重大突破，在开发先进燃料系统的同时按照"实验堆、示范堆、商业堆"三步走的战略，逐步掌握快堆工程技术。600MW 示范快堆工程双机组项目已经分别于 2017 年底和 2020 年底在福建霞浦开工建设，在示范快堆成功建造和运行的基础上，将进一步发展商用快堆，为最终建成完全符合第四代核能系统要求的快堆核电系统奠定基础。从 2050 年开始，聚变-裂变混合堆或聚变堆预期能投入使用，所以目前正在加紧快堆和核聚变堆方面的研究工作。

1.5　核电站的类型和工作原理

核电厂就是利用核能发电的电厂，与火电厂一样由两大部分组成：蒸汽供应系统和汽轮发电机系统。这两种电厂的蒸汽供应系统有较大的差异，其汽轮发电机系统基本相似。

核电厂的蒸汽供应系统是核蒸汽供应系统，由核燃料在反应堆内发生可控链式裂变反应，放出核能来产生蒸汽；而火电厂的蒸汽供应系统是由煤或石油在锅炉内燃烧，放出化学能来产生蒸汽。

核电站的主体包括反应堆、蒸汽发生系统及汽轮发电机，此外，还有稳压器、冷凝器、各类泵、加热器、再热器、管道、变电输电系统等。

核电站的心脏是核反应堆，核反应堆是一个能维持和控制核裂变链式反应，从而实现核能-热能转换的装置。在核反应堆中，将中子减速（成为热中子）使其更容易击中核燃料的原子核引起裂变的物质称为慢化剂（或减速剂）；将核裂变产生的热量带出反应堆的介质称为冷却剂（或载热剂）。

1.5.1　核电站工作原理

图 1-7 为核电站工作原理示意图，核燃料在反应堆内进行核裂变链式反应，在堆内吸收了反应热的冷却剂（水或气体）将热量带出反应堆，传给在蒸汽发生器中的二回路水，水汽化成为蒸汽，蒸汽带动汽轮发电机发电。一回路的冷却剂将热量放出后由泵送回反应堆重新吸热；二回路的蒸汽（乏汽）离开汽轮机后在冷凝器内凝结为水，再泵回蒸汽发生器重新汽化。

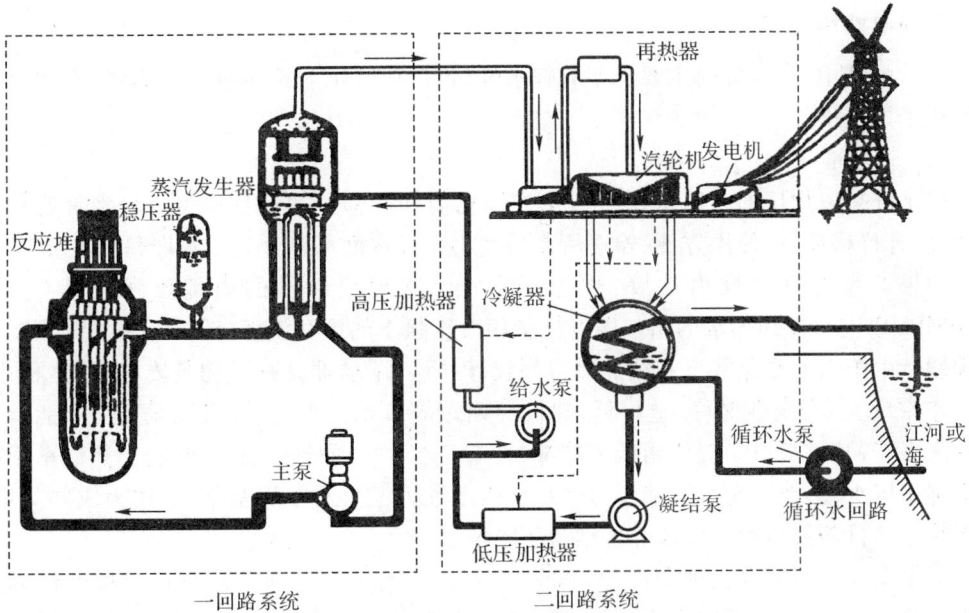

图 1-7 核电站工作原理

把核反应堆用主管道与主泵、蒸汽发生器、稳压器连接在一起,加上一些辅助系统,构成核电站一回路系统,即核蒸汽供应系统。把蒸汽发生器与汽轮发电机、汽水分离再热器、冷凝器、给水加热器、泵等用管道连在一起,就构成了核电站二回路系统,即汽轮发电机系统。

1.5.2 核电站类型

1. 核反应堆的分类

核反应堆有很多种,理论上虽有 900 多种设计,但目前实现的种类并不多。核反应堆可以按照用途、堆内中子的能量、核燃料、慢化剂、冷却剂的不同等进行分类。

根据用途,核反应堆可以分为以下几种类型:①生产堆。这种堆专门用来生产易裂变或易聚变的物质,其主要目的是生产核武器的原料和放射性同位素。②试验堆。这种堆主要用于试验研究,如进行核物理、辐射化学、生物、医学等方面的基础研究,以及反应堆材料、元件、结构材料、堆本身的动静态特性等的研究。③动力堆。这种堆主要用于发电和作为潜艇、舰船、航天飞行器等的推进动力。④供热堆。这种堆用于提供取暖、海水淡化、化工等用途的热量。

根据核燃料类型,核反应堆分为:天然铀堆、浓缩铀堆、钍堆等。

根据堆内中子的能量,核反应堆分为:快中子堆和热中子堆等。

根据冷却剂材料,核反应堆分为:水冷堆、气冷堆、有机介质堆、液态金属冷却堆等。

根据慢化剂材料,核反应堆分为:石墨堆、轻水堆、重水堆、有机堆、熔盐堆、铍堆等。

根据中子通量,核反应堆分为:高通量堆和一般能量堆。

根据热工状态,核反应堆分为:沸水堆和压水堆等。

根据运行方式,核反应堆分为:脉冲堆和稳态堆等。

23

2. 核电站堆型

在核电站中,动力堆的主要类型有轻水堆(包括压水堆与沸水堆)、重水堆、石墨气冷堆和快中子增殖堆等。

(1)轻水堆

轻水堆是以加压的普通水(轻水)作为慢化剂和冷却剂的核反应堆。轻水具有良好的热物性,且价格便宜、使用方便、输送所需功率小。轻水堆可以分为压水堆和沸水堆。

如果不允许水在堆内沸腾,称为压水堆。这种反应堆的内部压强较高(一般在15.0MPa以上),冷却剂水的出口温度低于相应压强下的饱和温度(低20℃左右),因此水不会沸腾。由于水的慢化能力和载热能力都较好,所以压水堆具有结构紧凑、堆芯体积小、堆芯功率密度大、安全性能好、造价低、建设周期短等特点。不过,压水堆需要一个能承受高压的压力壳,其核燃料一般使用低浓缩铀(含有2%~3%的铀-235)。舰艇及其他军用的反应堆都是压水堆,使用高浓缩铀作为燃料。压水堆由于具有军用基础,已成为成熟的堆型。我国核电站目前使用的绝大部分堆型是压水堆。

如果允许冷却剂水在堆内沸腾,直接产生蒸汽,称为沸水堆。这种反应堆的核蒸汽供应系统只有一个回路,系统比较简单,反应堆内压强为7.0~8.0MPa,省去了压水堆中易出事故的蒸汽发生器,但其功率密度比压水堆小,堆芯和压力壳的体积比压水堆大,汽轮机会直接受到放射性污染,需要一系列防护措施,检修时需要停堆时间长,困难也较大。

轻水堆是目前最主要的堆型,在已运行的核电站中,轻水堆占85.9%,其中压水堆占61.3%,沸水堆占24.6%(见图1-8)。在新建核电站中,90%是轻水堆。

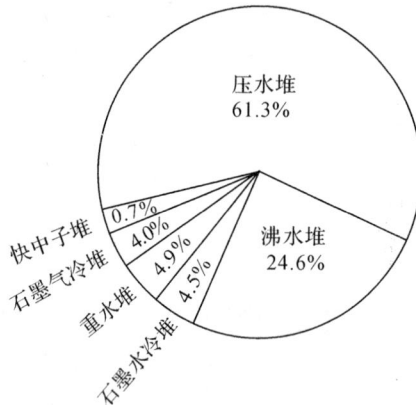

图 1-8 现有核电站中各种堆型所占的比重

(2)重水堆

重水堆是以加压的重水作为慢化剂,其冷却剂可用重水或轻水。所谓重水,是指用氢的同位素氘合成的水。轻水是用氢合成的普通水。重水与轻水的热物性差不多。平均20t天然水中含有3kg重水。

由于重水对中子的慢化能力强,但吸收中子的概率小,因此重水堆可以采用天然铀(含有0.7%的铀-235)作为燃料,这对于天然铀资源丰富、但缺乏铀浓缩能力的国家具有较大的吸引力。

用于发电的重水堆主要是压力管式重水堆,通常称为加拿大坎杜堆。压力管式重水堆用压力管把重水慢化剂和冷却剂分开,加压的冷却剂在压力管内流动,慢化剂在反应堆容器里,不承受高压。重水堆的结构比较复杂,建造成本高于轻水堆,且重水价格昂贵,需要注意回收。

用沸腾轻水冷却的重水堆可以节省重水的用量,且回路简单,若与压力管式重水堆结合,称为坎杜沸水堆(加拿大),或新型转换堆(日本)。

日本用堆中产生的钚来增殖核燃料,将天然铀中的一部分不可裂变的铀转化为可裂变的钚,形成自持钚循环,这种新型转换堆可被看作轻水堆与快中子增殖堆之间的过渡堆型。

(3) 石墨气冷堆

石墨气冷堆是用石墨作慢化剂、气体作冷却剂的堆型,分天然铀气冷堆、改进型气冷堆和高温气冷堆三种。气体冷却剂与水相比,比热较小,传热系数低,所需流量大,输送时会消耗大量的能量,可占总生产电能的 2%~5%。与水冷堆相比,气冷堆体积大、造价也较高,气冷堆的发电成本也高于水冷准,但仍低于煤电。

天然铀气冷堆是第一代气冷堆,又称镁诺克斯堆,用天然铀作燃料、石墨作慢化剂、二氧化碳气体作冷却剂,用镁合金作燃料包壳,冷却剂出口温度 400℃ 左右。这种堆型最初作为军用钚(核武器原料)生产堆,后发展成发电、产钚两用堆。由于这种堆型的功率密度很低,尺寸大,装料量大,造价高,已经停建。

改进型气冷堆是第二代气冷堆,是在镁诺克斯堆基础上发展起来的,用低浓缩铀作燃料、石墨作慢化剂、二氧化碳作冷却剂,用不锈钢作燃料包壳,冷却剂出口温度提高到 650℃。其各项指标比第一代气冷堆有所提高,但体积仍比水冷堆大得多。

高温气冷堆是第三代气冷堆,也是最新一代的石墨气冷堆,用高浓缩铀作燃料、石墨作慢化剂、氦气作冷却剂,用陶瓷涂层代替金属包壳,燃料为弥散型无包壳,冷却剂出口温度可达 1300℃,一般为 800℃。该堆型具有多种优点:热效率高,高温气体还可以直接用于炼钢、煤气化及多种化工工艺。

(4) 快中子增殖堆

快中子增殖堆不用慢化剂,直接用裂变产生的快中子来引发核裂变链式反应,并能增殖核燃料。由于天然铀中仅约 0.7% 是可裂变的铀-235,99.3% 是不可裂变的铀-238,当铀-238 吸收一个快中子后可以转变成可裂变的钚-239,从而实现铀资源的充分利用。

由于快堆的堆芯结构紧凑、体积小、功率密度大,因此要求采用传热性能好、不会慢化中子的材料作冷却剂,目前采用液态金属钠和氦气两种冷却剂,分别称为钠冷快堆和气冷快堆。

钠冷快堆尚处于研究之中,有望很快成为成熟的堆型。目前有实验堆,其反应堆的造价比较高,还有一些技术问题需要克服,如钠遇水会发生爆炸,系统中必须采取一切措施防止其与水接触。但由于钠具有极好的传热性能,在高热流密度下(可达 $2.7 \times 10^6 \, W/m^2$)不会发生烧毁问题,采用较低的系统压力就可得到较高的冷却剂温度等,是快中子反应堆较理想的冷却剂。

用氦气冷却的气冷快堆的增殖比大于钠冷快堆,可在高温气冷堆技术的基础上发展,目前尚处于试验阶段。

1.6　核电站的安全保障

初次接触核电站的人难免会产生一种疑问或恐惧，即核反应堆会不会像原子弹那样发生爆炸？其实核反应堆的结构和特性与原子弹完全不同。原子弹是由高浓缩铀-235或钚-239和复杂精密的引爆系统组成的。发电用的核反应堆大多采用低浓缩的易裂变物质作燃料，这些核燃料分散布置在反应堆内，无法像原子弹那样将裂变物质紧密结合在一起发生核爆炸。原子弹内发生的是不受控制的链式裂变反应，巨大的核能在一瞬间释放出来；而核电站反应堆内有控制棒组件，可以通过改变控制棒的位置来实现开堆、停堆（包括紧急停堆）和调节功率等，还有一系列多重安全保护系统，确保反应堆不会失控，因此核反应堆内进行的是可控链式裂变反应。

核反应堆在设计上具有固有的安全性，或称负反应性温度系数，使反应堆在运行时具有良好的自稳调节性能。即当外界破坏了反应堆的平衡时，在一定范围内反应堆能依靠自身的特性使核反应能力下降，恢复到原来的状态。

不同类型的核反应堆有不同的安全措施，由于压水堆是目前比较成熟，也是最为广泛采用的堆型，所以，这里以压水堆核电站为例进行说明。

压水堆核电站在设计和运行控制上采取了比较严密的纵深防御措施。

（1）将放射源与外界隔离——系统结构上设置了三道屏障：

第一道屏障，密封的燃料包壳；

第二道屏障，坚固、钢制的压力容器和密闭的回路系统；

第三道屏障，厚实、坚固、可承受强大压力的安全壳。

（2）在运行策略上采取了多重保护措施：

①在出现可能危及设备和人身的情况时，进行正常停堆；

②因任何原因未能正常停堆时，控制棒自动落入堆内，实行自动紧急停堆；

③如果控制棒未能插入，高浓度硼酸水自动喷入堆内，实现自动紧急停堆。

（3）对一切重要设备都采取了类似的多重保护措施。

有紧急自动停堆系统、应急堆芯冷却系统、两套独立的外部电源、应急柴油发电机系统和蓄电池组、多重冷却系统和水源等。

如设置了两路独立的、可靠的外部电源，当一路外部电源因事故停电时，可自动切换到另一回路供电。若失去外部电源，则厂里还有至少两套应急柴油发电机组，经常处于热备用状态，可以在10秒钟内自动启动达到额定转速。

（4）具有系统专设的安全设施：高压安全注射系统、低压安全注射系统、安全壳喷淋系统、安全壳隔离系统、消氢系统等。

例如，当管壁很厚的主管道不幸发生破裂时，上述这些专设安全设施投入工作，首先高压安全注射系统启动，向堆内高压注水，防止堆内"烧干"；待压力降低后，低压安全注射系统开始工作，继续向堆内注水冷却。与此同时，安全壳与外界自动隔离，使穿过安全壳与外界相通的电缆、通风等管道迅速切断；安全壳顶部的喷淋系统自动喷淋冷水，降低安全壳内的温度和压力；消氢系统投入工作，除去可能引起爆炸的氢气。

1.7 核燃料工业体系

核电站的安全顺利运行还需要有一个完整的核燃料工业体系与之相配套,包括原材料供应(勘探、开采)、核燃料提取和生产、同位素分离、燃料元件制造、乏燃料后处理、同位素应用等环节,以及与核工业相关的建筑、仪器仪表、设备制造、安装、安全防护、环境保护等。

核燃料的生产和循环过程如图 1-9 所示,主要包括铀矿勘探、开采、矿石加工(选矿、浸出、沉淀等多种工序),铀的提取、精制、转换、浓缩,燃料元件制造,反应堆发电,乏燃料元件进行铀钚分离的后处理,放射性废物处理、贮存和处置等。

铀的化学性质比较活泼,天然铀一般不以纯元素的形式自然存在,而是以铀的各种化合物形式在地质作用下形成铀矿床。目前已发现的铀矿物和含铀矿物有 170 种以上,其中只有 25～30 种铀矿物具有开采价值。铀矿石的品位较低,少数富矿含铀量为 1%～4%,中等品位为千分之几。铀矿的开采与其他金属的开采基本相同,主要有露天开采、地下掘井开采和化学反应剂注入浸出开采三种方法。

铀的提取过程包括矿石破碎、磨细、分级、酸法或碱法化学浸出,浸出液的铀含量很低,杂质很多,一般采用离子交换法(又称吸附法)和溶剂萃取法精制,最后经过沉淀、洗涤、压滤、干燥后得到水冶产品 U_3O_8 "黄饼",接着可以将其转换为 UO_3,再还原为天然 UO_2。

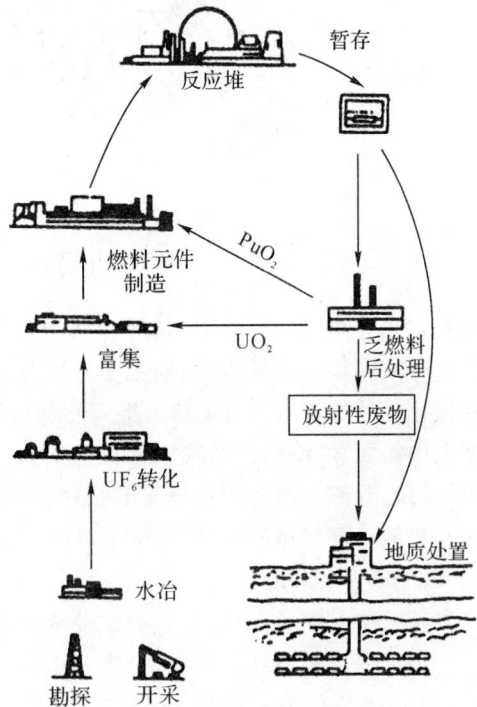

图 1-9 核燃料的生产和循环

在天然铀中,能发生核反应的铀-235 的含量只有 0.7%,不能发生核反应的铀-238 却占了 99.3%,对于很多不能使用天然铀的反应堆,需要对铀进行同位素分离,以提高反应性成分铀-235 的浓度。例如,对于常规的压水堆核电厂,一般采用低浓缩铀作燃料,铀浓度应达到 2%～3%。为便于浓缩分离,UO_2 经过与氟化氢反应生成 UF_4,再与氟气作用成为 UF_6 气体。由于铀-235 和铀-238 是同位素——同种元素,具有相同的化学性质,很难用常规的化学方法进行分离,但是却可以采用物理方法实现分离。目前工业生产浓缩铀的方法主要是气体扩散法和离心分离法(见图 1-10),其他还有激光法、喷嘴法、电磁分离法和化学分离法等。

气体扩散法是利用两种同位素六氟化铀的质量不同——铀-235 六氟化铀比铀-238 六氟化铀的质量较轻、分子运动较快的特点,采用每平方厘米约 100 万个孔径约为 $0.01\mu m$ 的

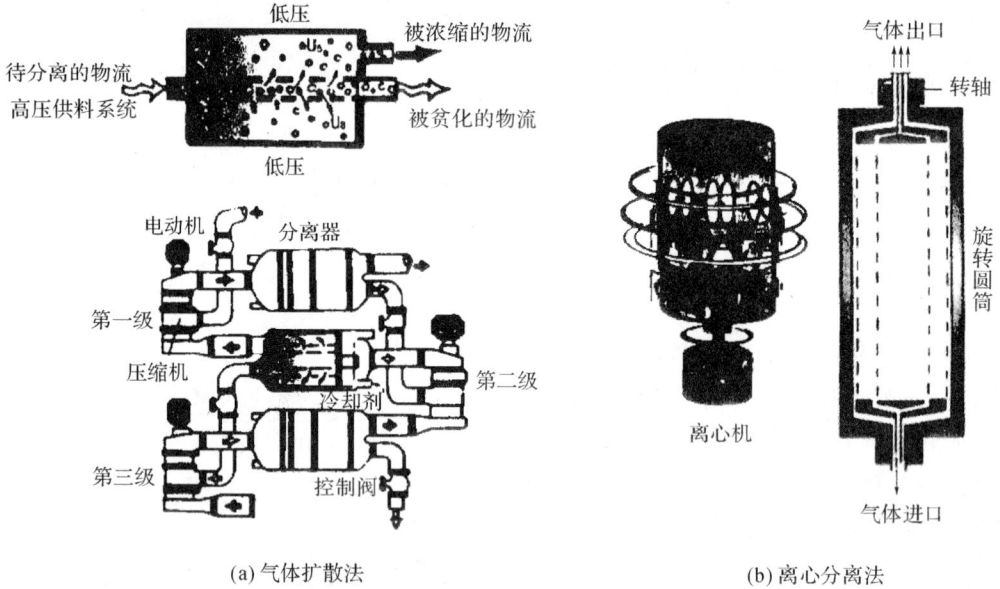

(a) 气体扩散法   (b) 离心分离法

图 1-10　同位素分离技术

镍管多孔分离膜来分离精制、提纯后的六氟化铀（UF_6）气体，经过扩散后，铀-235 六氟化铀通过分离膜集聚在低压侧，而铀-238 六氟化铀则留在高压侧。经过每一级扩散分离，铀-235 六氟化铀的浓度增长 0.43％，将天然铀浓缩到 3％浓度需要 1000 多级，而得到 90％以上浓度大约需要 3000 级。分离膜和压缩机是气体扩散法的最关键部件。

离心分离法是利用高速离心机中两种不同质量的同位素所受的离心力不同，使它们在离心机的不同区域聚集而达到分离的目的。要实现工业化生产，离心机的转速要求达到 $40000 \sim 50000 r/min$。随着核电站的迅速发展，对核燃料的需求量剧增，使离心分离法受到许多国家的重视，目前已经成为工业规模生产浓缩铀的主要方法。

铀浓缩需要消耗大量电能，国际上用千克分离耗功（kgSWU）或吨分离耗功（tSWU）表示，如 1kgSWU 表示从 2.35kg 的天然铀中浓缩出 1kg 含 1.4％铀-235 的低浓缩铀需要的耗功量。一般，每千克分离耗功需要耗电 $2500 \sim 3000 kW \cdot h$，一个年产 9000 吨低浓缩铀的气体扩散工厂的设备电功率约为 2000MW。

经过提纯或同位素分离后的 UF_6 还原为 UO_2 粉末，然后烧结成为一定形状和品质的核电站用燃料芯块，再装入金属包壳。核燃料元件种类繁多，一般由芯块和包壳组成。核燃料元件按组分特征可分为金属型、陶瓷型和弥散型三种；按几何形状分为柱状、棒状、环状、板状、条状、球状、棱柱状元件，短圆柱状铀燃料芯块如图 1-11 所示；按反应堆分为试验堆元件、生产堆元件、动力堆元件（包括核电站用的核燃料组件）。

图 1-11　短圆柱状铀燃料芯块

运输未经使用的核燃料没有特殊困难，因为它们的放射性强度很低。而经过核反应辐照过的燃料具有很强的放射性，运输时需要专门的屏蔽容器，容器还配有专门的冷却系统。

分离后的尾料是含有约 0.3% 的铀-235 的贫化铀,是被称为脏弹的贫铀弹的材料。

经过反应后的燃料元件从堆内卸出时,总是含有一定量的裂变燃料(其中有未反应的和新产生的),如铀-235、铀-233、钚-239 等,以及一些超铀元素和可用作射线源的某些放射性裂变产物,如铯-137、锶-90 等。后处理的主要目的就是回收这些宝贵的材料。

如果乏燃料不加处理,裂变材料不返回燃料循环,就是开式核燃料循环。如果将运行辐照过的核电站乏燃料在放射性化工厂加以后处理,提取出未烧完的铀和积累的钚,将它们送去制备新的燃料元件,这种循环称为闭式核燃料循环。只有以闭式核燃料循环为基础,再生核燃料、增殖核燃料、嬗变核废物,并将其纳入燃料循环系统,才能实现大规模可持续的核能利用。

核燃料的再生是乏燃料后处理工艺的主要任务。以核燃料组件形式从反应堆卸出的乏燃料,带有很高的放射性,乏燃料的后处理过程主要包括乏燃料组件解体、脱除元件包壳、溶解燃料芯块、清除裂变产物(包括吸收中子的核素,又称为中子毒物)、用溶剂淬取法将铀-钚分离并分别以硝酸铀酰和硝酸钚溶液形式提取出来、化学转化还原出铀和钚、净化后制成金属铀(或 UO_2)及钚(或 PuO_2)。

乏燃料后处理具有极强的放射性和毒性,甚至有发生临界事故的危险,因而必须采取严格的安全防护措施,操作过程都要在屏蔽层后进行。乏燃料的毒性以 BHP 来衡量,BHP 的定义是放射性与单种放射性同位素在空气中的最大允许浓度的比值。核废料一般含有相当多的锕系元素(如铀 U、钚 Pu、镎 Np、镅 Am、锔 Cm 等)和裂变产物(如碘 I、锝 Tc、锶 Sr、铯 Cs 等),这些核素属于长寿命、高放射性元素,有些寿命长达百万年之久。

在燃料元件的化学处理过程中,分离出有用的铀和钚后,大多数放射性核素被集中在高放废液中。对于最后无用的放射性废弃物的处理,根据废弃物的不同情况,采取多级净化、去污、压缩减容、焚烧、固化等措施进行处理。在存放的固化核废料中,放射性核素在衰变过程中仍会释放能量,如果放射性核素含量较高,释放的热量可能使核废料的温度上升,甚至达到溶液沸腾或固体熔融的程度。

固化可以采用水泥固化、沥青固化或玻璃固化。使废弃物转化为不同组分的类玻璃结构,玻璃化的放射性废物具有较高的化学、热和机械稳定性,是目前公认的放射性废物地层永久埋藏并使其与生物圈完全隔离的一种较为合适的形式。固化后的废弃物存放到专用处置场或放入深地层处置库内处置,使其与生物圈隔离。

由于核废料的放射性无法采用一般的物理、化学或生物方法消除,只能靠放射性物质的自身衰变使其自然放射性衰减,或采用人工嬗变的方法将长寿命、高放射性物质转化为低寿命、低放射性物质或稳定的元素以达到降低放射性的目的。

在乏燃料的放射性产物中,含有大量的有实用性、科学性和经济价值的放射性核素(如锶 Sr、铯 Cs、锝 Tc、稀土和铂族元素、钚 Pu、镎 Np、镅 Am、钐 Sm 等),这些核素可用于电能热发生器、医用放射性同位素热源等,以及制备各种用途的电离辐射源。而目前由于并没有广泛采用核燃料的闭式循环,或者即使在采用闭式循环的地方,也只是部分实现了闭式循环,所以造成了贮存库中的乏燃料存量不断增加。近年来,这个问题已经受到各核工业国家的关注和重视,未来的核发展倾向于进行乏燃料的综合处理以及核废料的人工嬗变和增殖利用,真正实现核燃料的闭式循环。

第2章 核反应堆的物理和热工基础

2.1 原子核反应和核能的产生

2.1.1 原子核的结构

在世界文明发展的历程中,原子最初只是一个十分古老和抽象的哲学概念。公元前6世纪的古印度哲学家们认为原子组成复杂物体的方式是首先成对,然后再三对相结合。公元前4世纪左右,中国哲学家墨翟在《墨经》中也提出物质有限可分的概念,他将之称为"端"。

古希腊唯物主义哲学家留基伯提出物质构成的原子学说,他认为原子是最小的、不可分割的物质粒子,它们在无限的虚空中运动着构成万物。原子之间存在着虚空,无数原子从古以来就存在于虚空之中,既不能从无中创生,也不能被消灭。

原子的英文名是从希腊语转化而来的。大约公元前450年,留基伯的学生、被马克思和恩格斯称赞为古希腊"第一个百科全书式的学者"德谟克利特创造了"原子"这个词,意为不可切分。他认为,万物的本原是原子和虚空。原子是不可再分的物质微粒,虚空是原子运动的场所。原子在数量上是无限的,在形式上是多样的。宇宙空间中除了原子和虚空之外,什么都没有。

直到17—18世纪,人们仍然坚信原子是组成世界万物的最小单元,不能通过化学手段将其继续分解。1897年,英国剑桥大学的卡文迪什实验室第三任主任、物理学家 J.J.汤姆逊(1856—1940)发现了一个带电粒子——电子(其模型如图 2-1 所示),从此开启了探索原子内部结构之门——借助于物理实验装置原子是可以被击穿的。

现在我们知道,一切物质都是由原子构成,原子由一个小而重的、带正电荷的原子核和若干带负电荷的电子构成,如图 2-2 所示。原子核几乎集中了原子 99.9% 的质量,其直径仅为原子直径的万分之一,约 10^{-12} cm。原子核周围是一个直径为 10^{-8} cm 的近似真空的区域,在这个区域里带负电荷的电子绕核旋转,每个电子带有同样大小的一个单位负电荷,每个单位电荷的大小均为 1.6×10^{-9} C。电子是所有粒子中最轻的,其体积因为过于微小,现有的技术无法测量。

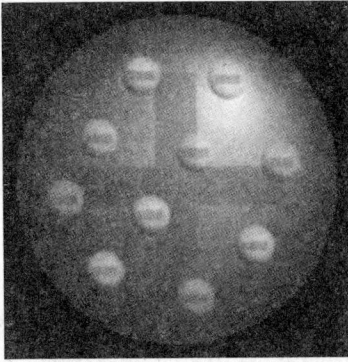

图 2-1　J.J.汤姆逊的原子
模型——葡萄干布丁模型

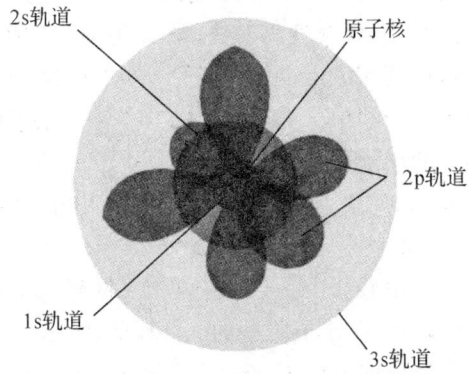

s 能级:球形轨道　p 能级:哑铃形轨道
图 2-2　钠原子的现代量子结构模型

现代物理学认为,构成物质世界的基本粒子有 12 种,其中夸克 6 种(上夸克、下夸克、顶夸克、底夸克、奇异夸克、璨夸克)、带电轻子 3 种(电子、缪子和陶子)、中微子 3 种(电子中微子、缪中微子和陶中微子),如图 2-3 所示。电子属于轻子的一种,是构成物质的基本单位之一。正常情况下,绕核旋转的电子数目同核所带的正电荷的数目相等,所以原子的总电荷为零,呈电中性。

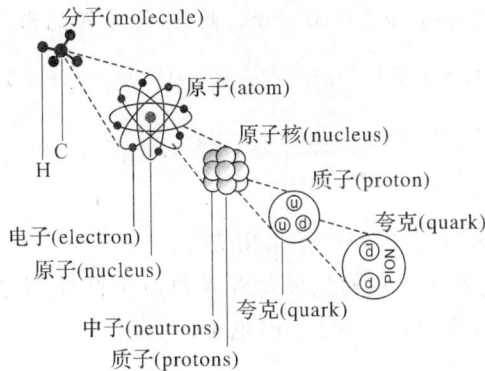

图 2-3　物质的组成结构
分子-原子-原子核-质子-夸克

原子核由若干个带正电荷的质子和呈电中性的中子构成。质子和中子均由夸克组成,因此它们是可以相互转化的。原子的核外电子数与核内质子数相等。原子核中的质子数决定了该原子的所属元素,称为原子序数,用符号 Z 表示。原子序数也同样决定了核外结构的电子数目,从而决定了整个原子的化学特性。因此,具有相同原子序数的所有原子都是同一元素,无论其原子核的结构是否完全相同。

原子序数 Z＝质子数＝核外电子数＝核电荷数

一个原子的核外电子按照一定的规律排列在一层层的轨道上,原子的化学性质由最外层的电子决定。物质通过燃烧、氧化、爆炸等化学过程产生能量是这些电子结构进行了使

31

能量降低的重新排列的结果,其原子核并不会受化学作用的影响。如果这种电子结构受到外部的有效干扰,就会发出射线,如 X 射线的产生是由于靠近原子核的电子受到了干扰。

原子核的质量总是近似等于一个质子质量的整数倍,这个整数叫作质量数,用符号 A 表示。由于质子和中子的质量差不多,一个原子的实际质量数为质子数和中子数之和,所以一个原子的中子数为 $A-Z$。一个质子的质量为 1.67261×10^{-24} g,带一个单位正电荷;中子质量为 1.67492×10^{-24} g,呈电中性;电子的质量约为 9.10956×10^{-28} g,仅仅是质子质量的 $1/1836$,带一个单位负电荷。

由于原子很轻,用原子质量单位(符号:amu)表示其重量较为方便。原子质量单位(amu)的定义是 ^{12}C 原子质量的 $1/12$,即 $1 \text{amu} = M(^{12}\text{C})/12 = 1.66053886 \times 10^{-27}$ kg,或者利用爱因斯坦质能方程 $E = mc^2$,可得 $1 \text{amu} = 931.5 \text{MeV}/c^2$,其中 eV(电子伏特)是一种能量单位,相当于 1 个电子通过 1 伏特的电位差所获得的动能,$1 \text{eV} = 1.6 \times 10^{-19}$ J。如果采用较大的能量单位,则还有 keV(10^3 eV)、MeV(10^6 eV)、GeV(10^9 eV)、TeV(10^{12} eV)。1GeV 的大小相当于 1 个核子的静止质量全部转化成能量。由此,质子的质量为 1.007277 amu;中子的质量为 1.008665 amu;电子的质量为 5.4859×10^{-4} amu,可以近似为零。

大量的实验研究表明,稳定的原子核基本上是球形的,核半径与原子核质量数的关系符合如下近似经验公式:

$$R = r_0 A^{1/3} \tag{2-1}$$

式中:$r_0 = 1.2 \times 10^{-15}$ m,为原子核半径常数;A 是原子核的质量数。所以铀-235 的核半径为 $R = 1.2 \times 10^{-15}$ m $\times 235^{1/3} = 7.405 \times 10^{-15}$ m。此外,原子核的密度也相当大,根据密度的定义 $\rho = M/V$ 及 $M = A \times 1 \text{amu}$,$V = \frac{4}{3}\pi R^3 = \frac{4}{3}\pi (r_0 A^{1/3})^3 = \frac{4}{3}\pi r_0^3 A$ 可知:

$$\rho = \frac{1 \text{amu}}{\frac{4}{3}\pi r_0^3} = \frac{1.660 \times 10^{-27} \text{kg}}{\frac{4}{3}\pi (1.2 \times 10^{-15} \text{m})^3} = 2.3 \times 10^{14} \text{g/cm}^3 = 2.3 \times 10^8 \text{t/cm}^3$$

即 1cm^3 的原子核重 2.3 亿吨,密度与中子星相仿。

用原子序数 Z 和质量数 A 表示的某种元素 X 可以用符号 ^A_ZX 表示,如氦 $^4_2$He;碘 $^{139}_{53}$I;铀-235 $^{235}_{92}$U;钚-239 $^{239}_{94}$Pu;质子 $^1_1$p;中子 $^1_0$n;电子 $^0_{-1}$e。

2.1.2 同位素

对于某种特定的元素,原子核内质子数相同,中子数可以不同。拥有相同质子数、不同中子数的所有元素,在元素周期表上占有同一格位置,称为同位素(isotopes)。或者说原子序数 Z 相同而质量数 A 不同的所有原子是同位素。

同位素是弗雷德里克·索迪(1877—1956)于 1913 年提出的,他因同位素理论研究和放射性位移法则方面的贡献荣获 1921 年诺贝尔化学奖。

同位素具有相同的化学特性,但其质谱行为、放射性转变和物理性质(如在气态下的扩散本领等)有所差异。因为中子数决定了一个原子的稳定程度,一些元素的同位素能够自发进行放射性衰变。

例如,氢有三种同位素:氢 $^1_1$H、氘 $^2_1$H、氚 $^3_1$H,如表 2-1 所示。

表 2 - 1　氢的同位素

名称	质子数	中子数	质量数	质量(amu)	丰度(%)	半衰期
氢 H($^1_1$H)	1	0	1	1.007825	99.985	稳定
氘 D($^2_1$H)	1	1	2	2.014103	0.015	稳定
氚 T($^3_1$H)	1	2	3	3.016049	微量	12.26 年

又如,铀已知有 14 种同位素,在天然铀中就有三种:$^{235}_{92}$U(0.72%,有放射性)、$^{238}_{92}$U(99.275%,稳定)、$^{234}_{92}$U(0.0057%,稳定)。

2.1.3　放射性和放射性衰变

1895 年 11 月 8 日,德国维尔茨堡大学校长、著名物理学家威廉·康拉德·伦琴(1845—1923)在实验中发现了 X 射线,X 的意思是"未知"。他的一张显示女人手骨的 X 光透视照片轰动了整个欧洲物理界,由此引发了一系列革命性研究与技术创新——对原子性质的研究、电磁波理论的提出、天体演化研究的 X 射线分析法和医疗诊断技术中 X 光透视机的利用,包括我们现在所熟悉的"CT"(X 射线层析图像技术)。伦琴放弃了高额专利出售的权利,公布了自己的所有研究成果,并指导了 X 射线的医用研究,表现了科学家的伟大人格,为后人树立了光辉的榜样。因此,1901 年伦琴被授予首届诺贝尔物理学奖,他的名字"伦琴"被国际辐射单位与测量委员会命名为射线的计量单位。

法国科学家亨利·安托万·贝可勒尔(1852—1908)在 43 岁时由一位公路桥梁工程师转而全身心投入到放射性研究工作,成为该领域的一位先驱者。1896 年,他在实验中意外发现自然界中的"铀"能自发不断地放射出一种穿透力很强的射线——贝可勒尔射线,它能透过黑纸使胶片感光。1900 年,他还发现铀发射的射线至少部分含有三年前才被 J.J.汤姆逊发现的电子。贝克勒尔发现铀具有使空气电离的能力。在正常情况下空气是不导电的,但在某些情况下,如发生电火花或闪电等,带电粒子穿透空气分子使之分裂成带正电和带负电的粒子——离子,电离的空气就能导电。将铀盐放在验电器或蓄电池附近,验电器或蓄电池里的电荷就会通过被放射性射线电离了的空气而漏光。所以根据验电器的放电率可以测量放射性强度,如今用来研究放射现象的所有仪器都是直接或间接地采用了这种电离效应。

接着,法国科学家皮埃尔·居里(1859—1906)和玛丽·斯可罗多夫斯卡·居里(1867—1934)夫妇发现这种自发射线并非铀所特有,而是原子的一种特有的性质,与物质的化学性质无关,于是将贝克勒尔射线命名为"放射性"。贝克勒尔因为发现天然放射性及其相应的研究而与玛丽·居里和皮埃尔·居里三人共同获得 1903 年诺贝尔物理学奖。1911 年,居里夫人又因在放射性领域取得的重大成就获得了诺贝尔化学奖,成为第一个在不同学科里两度荣获诺贝尔奖的科学家。与伦琴一样,居里夫妇将所有的研究成果无私奉献给了全世界,没有请求专利,也不保留任何权利。阿尔伯特·爱因斯坦曾赞誉居里夫人是所有著名人物中唯一不为荣誉所颠倒的人。

1903 年,欧内斯特·卢瑟福(1871—1937)指出放射性的本质在于元素的自发衰变,因

此获 1908 年诺贝尔化学奖。他发现放射性物质
所发出的"辐射"有三种类型,称为 α、β、γ 射线,
三种射线在磁场中的偏转情况如图 2-4 所示。

(1)α 射线(α 粒子):是高速的电离了的氦原
子(带正电的高速氦原子核),穿透力较弱。

(2)β 射线(β 粒子):是高速电子(带负电的
电子流),穿透力较强。

(3)γ 射线:是一种类似 X 射线的、波长极短
的电磁波辐射(不带电荷的光子),穿透力极强。

在确认放射性射线中 α 粒子的性质以后,卢
瑟福就用它当炮弹轰击其他元素制成的薄膜,于

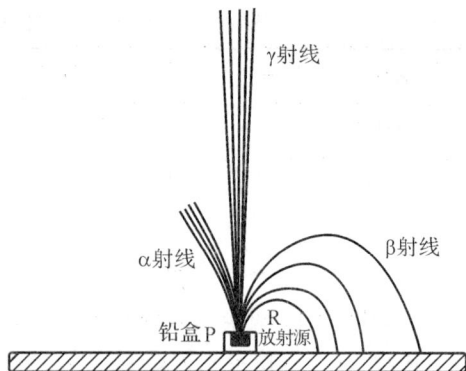

图 2-4 α、β、γ 射线在磁场中的偏转

1911 年发现了原子的核结构,产生了"原子核"的概念。另外,卢瑟福的实验还将一种原子
变成为另一种原子,实现了人们改变物质、"点石成金"的梦想,这是最初的人工核反应。

1932 年,詹姆斯·查德威克(1891—1974)等人利用卢瑟福的实验方法,发现了中子。
中子是电中性的粒子,不受物质电磁作用的影响,具有比较强的穿透能力,它与原子周围的
电子的相互作用很小,基本上不会因原子电离和激发而损失能量,在物质中主要是与原子
核发生碰撞损失能量,当它入射到物质时只与原子核发生作用,其作用方式和概率大小取
决于中子的能量和原子核的性质。由此,也产生了中子探测与中子屏蔽和防护的一些难
度,当然这些问题都得到了认真研究和解决。

自由中子是不稳定的,一个自由中子会自发转变成一个质子、一个电子和一个反中微
子,并释放出 0.782MeV 的能量。自由中子寿命很短,半衰期是 (10.61 ± 0.16)min,自然界
中几乎不存在自由中子。中子的产生必须依赖中子源,中子源主要有加速器中子源、反应
堆中子源和放射性中子源三种,前两种中子源尤其是加速器中子源性能较好,适用性强,而
放射性中子源具有可便携的特点,适合野外使用。目前核电站使用的中子源大多是反应堆
中子源。中子的类型和能量情况如表 2-2 所示。

表 2-2 中子的类型和能量

类型	名称	能量(eV)	特点
慢中子	冷中子	$\leqslant 2\times10^{-3}$	能量较低
	热中子	≈ 0.025	与分子、原子、晶格振动的能量相当
	超热中子	$\geqslant 0.5$	能量略高
	共振中子	$1\sim1000$	与原子核发生共振吸收,吸收截面极大
快中子	中能中子	$1000\sim5\times10^5$	介于快、慢中子之间
	快中子	$5\times10^5\sim1\times10^7$	核裂变释放的中子
	很快中子	$1\times10^7\sim5\times10^7$	
	超快中子	$5\times10^7\sim1\times10^{10}$	
	相对论中子	$>10^{10}$	

中子的发现使意大利物理学家恩里科·费米(1901—1954)很快意识到用中子代替 α 粒子来轰击其他原子进行核试验也许会更加有效。尽管中子强度只有 α 粒子的万分之一,但由于中子不带电荷,不会像带正电的 α 粒子那样在轰击其他原子核时遭到同样带正电的质子的排斥,因此与原子核发生反应时不需要具备 α 粒子那么大的强度。一个游离的中子能够不受限制地活动,直到它同一个原子核发生"迎面"碰撞。费米指导他的研究小组用中子轰击各种原子,短短几个月里就制造出 37 种人造元素,有些是人工放射性元素。所以中子的发现不但揭示了原子核结构的奥秘,也像一把"钥匙"打开了核能利用的大门。

一般情况下,核外电子是沿着某一特定轨道绕核旋转的。如果核外电子吸收能量后,从低能量轨道跃迁到较高能量轨道,称为电子激发。如果激发能很大,使电子脱离原子核的控制而自由运动,称为电离。反之,如果电子从高能量轨道跃迁到较低能量轨道,多余的能量就会以可见光或 X 射线的形式释放出来。

同一元素的同位素有些是稳定的,有些是不稳定的,不稳定的同位素称为放射性同位素。放射性同位素经过衰变(自发地放射出 α、β 或 γ 射线),可以转变为其他元素的同位素。已经发现的天然稳定元素有 270 多种,放射性元素大约有 2500 种,其中绝大部分是人工放射性元素,在核能、勘探、工、农、医及科学研究中应用的放射性元素有 250 种。一般地,原子序数≤82 的元素,除锝和钷外,都有一个或几个稳定的同位素;原子序数>82 的元素,都是放射性的;原子序数>92 的元素,称为超铀元素。

放射性衰变是放射性同位素的特征。衰变过程有快慢之分。我们不能确定某个原子核在何时会发生衰变,但可以给出其在某个时间段衰变的概率。单位时间内一种放射性原子核衰变的概率称为衰变常量 λ,在一定时间 dt 里,同一放射性元素的所有 N 个原子的衰变概率 λ 是一样的,或者说一种放射性物质总是以同样的速率在"衰变"或变化,因此 dt 时间里的衰变数:

$$dN = \lambda N dt \tag{2-2}$$

由式(2-2)可得,放射性原子核的数目呈指数规律下降:

$$N = N_0 e^{-\lambda t} \tag{2-3}$$

不同的放射性物质的衰变常量 λ 有很大的差异。若都是 100 个原子核衰变成 50 个时,有的元素要用几年的时间,有的仅用几秒钟就能完成。将这种放射性物质的衰变速率用"半衰期"$T_{1/2}$ 来表示,即放射性物质的原子核数 N_0 因衰变而减少到原有原子核数目一半 $N = N_0/2$ 时所需要的时间称为半衰期。半衰期越短,衰变越快,用半衰期代替衰变常量更方便。半衰期与衰变常量的关系:$T_{1/2} = \ln 2/\lambda = 0.693/\lambda$。核的衰变周期如图 2-5 所示。

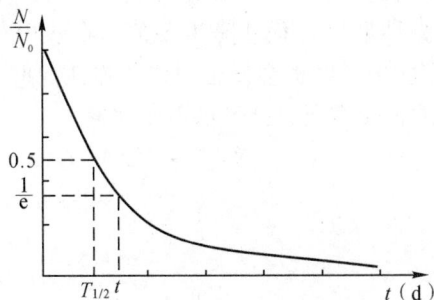

图 2-5　核的衰变周期

不同的放射性同位素，半衰期相差很大。最不稳定的放射性物质的半衰期只有几分之一秒，如铼的半衰期只有 10^{-11} 秒；有些比较稳定的放射性物质的半衰期则可以长达几千年甚至若干亿年，如镭的半衰期为 1600 年、铀的半衰期为 45 亿年。研究发现，任何一种放射性元素，经过它的 10 倍半衰期后可以认为基本上已经衰变完了，如锕的半衰期是 2.14×10^6 年，是地球年龄的千分之一，可认为其在地球的演化史中已经衰变完了。

放射性物质衰变后的"子"核往往也是不稳定的，也具有放射性，这种放射性可以持续好几代，直至最后完全稳定下来为止。大约有 3 个系列 40 种放射性物质，镭系列从铀的一种同位素开始，锕系列从铀的另一种同位素开始，钍系列从钍开始，经过连续 10 次或 12 次 α 粒子和 β 粒子放射以后，各系列的最后产物是一种稳定的铅的同位素。

2.1.4 原子核反应

在一定条件下，原子核可与入射的中子、质子、α 粒子或 γ 射线发生核反应。在核反应堆中，中子和原子核的反应最有意义。当用中子照射原子，击中原子核时，中子与原子核的相互作用可分为散射和吸收两大类，具体有下列几种反应：

1. (n,n)散射反应

弹性散射：只是入射粒子与靶核交换了动能，靶核的能级未发生变化，也没有新核和粒子生成。

(n,n)弹性散射反应——中子(能量<0.1MeV)击中质量较小的原子核后仅发生运动方向和速度的改变，原子核的内能也不变。在热中子反应堆内，中子从高能慢化到低能的过程就是利用这一反应，借助慢化剂来吸收中子能量以减慢快中子的速度。弹性散射还可分为中子与核不发生直接接触的势散射和直接与核相互作用形成复合核然后再分解的共振弹性散射两种。

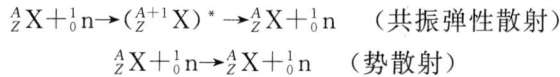

$$_Z^A X + _0^1 n \rightarrow (_{Z+1}^A X)^* \rightarrow _Z^A X + _0^1 n \quad (共振弹性散射)$$
$$_Z^A X + _0^1 n \rightarrow _Z^A X + _0^1 n \quad (势散射)$$

非弹性散射：入射粒子与靶核交换动能时，将一部分能量给予靶核，使靶核的内能增加，被激发到高能级，但没有新核和粒子生成。

(n,n)非弹性散射反应——中子(能量>0.1MeV)击中较重的原子核后被核俘获，原子核的内能增加，处于激发态，原子核退激时将放出能量较低的中子及 γ 射线。只有当入射中子的能量高于某一阈值时(靶核的第一激发态的能量)，才可能发生非弹性散射。因此，只有在快中子反应堆中，非弹性散射过程才是重要的。在热中子反应堆中，裂变中子的能量在 MeV 范围内，因此在高能中子区也会发生一些非弹性散射现象，当中子能量降到低于非弹性散射阈值后，进一步的慢化需要靠弹性散射来完成。

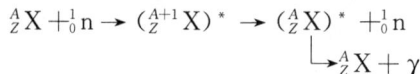

$$_Z^A X + _0^1 n \rightarrow (_{Z+1}^A X)^* \rightarrow (_Z^A X)^* + _0^1 n$$
$$\quad \quad \quad \quad \quad \quad \quad \quad \quad \quad \hookrightarrow _Z^A X + \gamma$$

2. (n,γ)吸收反应

$$_Z^A X + _0^1 n \rightarrow _Z^{A+1} X + \gamma$$

辐射俘获是最常见的吸收反应。中子击中原子核后被吸收，形成了激发态的同位素新核,退激为基态时放出 γ 射线。该反应对所有能量的中子都会发生,低能中子与重核或中等质量核作用时更易发生。该反应被用于生产放射性同位素。

如反应堆内的吸收反应,它可以将地球上蕴藏量十分丰富的但不易发生反应的铀、钍资源 $_{92}^{238}\text{U}$ 和 $_{90}^{232}\text{Th}$ 转化为易裂变材料 $_{94}^{239}\text{Pu}$ 和 $_{92}^{233}\text{U}$,该反应对核燃料转化、增殖十分重要。

$$_{92}^{238}\text{U} + _{0}^{1}\text{n} \rightarrow _{92}^{239}\text{U} + \gamma$$

$$\xrightarrow{\beta^{-}(23\text{ 分钟})} _{93}^{239}\text{Np} \xrightarrow{\beta^{-}(2.3\text{ 天})} _{94}^{239}\text{Pu}$$

$$_{90}^{232}\text{Th} + _{0}^{1}\text{n} \rightarrow _{90}^{233}\text{Th} + \gamma$$

$$\xrightarrow{\beta^{-}(22\text{ 分钟})} _{91}^{233}\text{Pa} \xrightarrow{\beta^{-}(27\text{ 天})} _{92}^{233}\text{U}$$

而在反应堆中,由于辐射俘获也会产生放射性,如中子与氢核 $_{1}^{1}\text{H}$ 的辐射俘获反应会生成 $_{1}^{2}\text{H}$ 并放出高能 γ 射线($>2.2\text{MeV}$),空气中的 ^{40}Ar 辐射俘获反应后生成半衰期为 1.82h 的 ^{41}Ar。因此,在反应堆设备维护、人员防护和三废处理时要对辐射俘获反应加以充分重视。

3.(n,p)吸收反应

$$_{Z}^{A}\text{X} + _{0}^{1}\text{n} \rightarrow _{Z-1}^{A}\text{X} + _{1}^{1}\text{p}$$

中子击中较轻的原子核后被吸收,形成了同位素新核,并放出一个质子。该反应被用于生产放射性同位素。由于质子可产生电离效应,故可用来探测中子。

水中的氧吸收中子后释放质子,生成半衰期为 7.3s 的氮 ^{16}N,放出 β 射线和 γ 射线,这是导致氢气产生的一个原因,也是水中放射性的主要来源。

$$_{8}^{16}\text{O} + _{0}^{1}\text{n} \rightarrow _{7}^{16}\text{N} + _{1}^{1}\text{H}$$

4.(n,α)吸收反应

$$_{Z}^{A}\text{X} + _{0}^{1}\text{n} \rightarrow _{Z-2}^{A-3}\text{X} + \alpha$$

中子击中较轻的原子核后被吸收,形成了新核,并放出 α 粒子(氦核 $_{2}^{4}\text{He}$),α 粒子会发生电离效应,常用来探测中子。另外,硼 $_{5}^{10}\text{B}$ 是吸收中子的好材料,常用于制作裂变堆中的控制棒,或者在亚临界装置中用于吸收高能区域中的倍增中子。

$$_{5}^{10}\text{B} + _{0}^{1}\text{n} \rightarrow _{3}^{7}\text{Li} + _{2}^{4}\text{He}$$

5.(n,f)裂变反应

这是裂变反应堆中最重要的核反应。中子击中较重的原子核后被吸收,原子核发生裂变,产生两个裂变"碎片"——新核,并放出一定数量的新中子和裂变能(核能)。

$$_{92}^{235}\text{U} + _{0}^{1}\text{n} \rightarrow (_{92}^{236}\text{U})^{*} \rightarrow _{Z_1}^{A_1}\text{X} + _{Z_2}^{A_2}\text{Y} + \nu _{0}^{1}\text{n}$$

铀-233、铀-235、铀-241 同位素和钚-239 在各种能量的中子作用下都会发生核裂变,但在低能中子作用下发生裂变的概率比较大。

核反应堆中发生的反应如图 2-6 所示,为铀-235 的核裂变反应和铀-238 的转化反应示意图。自然界中只有少数物质会发生(n,f)裂变反应,如 $_{92}^{235}\text{U}$、$_{92}^{233}\text{U}$、$_{94}^{239}\text{Pu}$ 等,某些不裂变的物质如 $_{92}^{238}\text{U}$ 吸收一个中子后可以转化为可裂变的 $_{94}^{239}\text{Pu}$,然后发生(n,f)裂变反应。

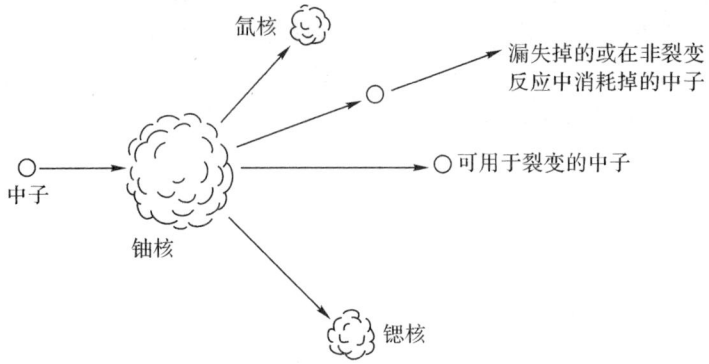

(a) 一个铀核的裂变反应

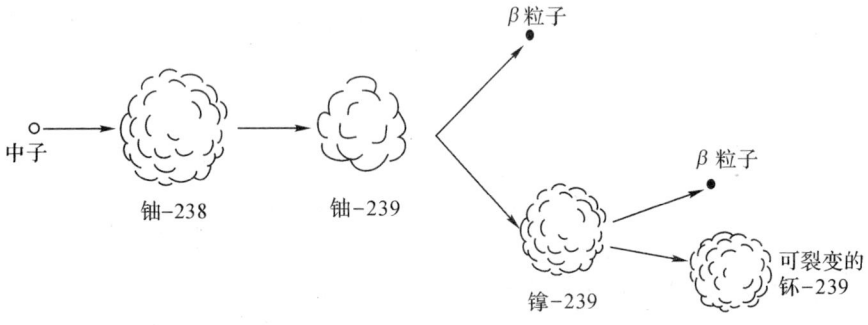

(b) 一个铀-238核的增殖反应

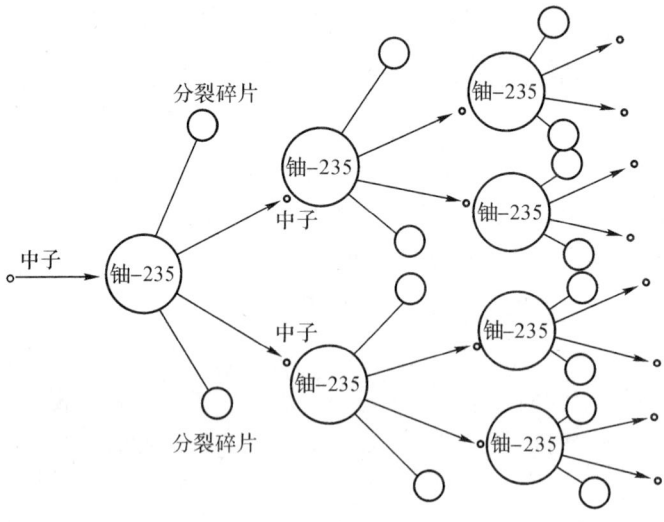

(c) 链式核裂变反应

图 2-6　核裂变反应

2.1.5 核能

1938 年,德国化学家奥托·哈恩(1879—1968)在化学分析被中子轰击过的铀材料的成分时发现了钡的同位素,由于钡的原子量是铀的一半左右,那么这就意味着铀原子核被分裂成了两块,按当时的理论这是无法解释的。他求助于受纳粹迫害、当时已流亡国外的合作研究伙伴迈特纳,希望她能从物理上帮助找出其原因。幸好在尼尔斯·玻尔(1885—1962)创立的丹麦哥本哈根大学理论物理研究所(后称玻尔研究所)工作的美籍苏联物理学家伽莫夫(1904—1968)提出了一个原子核液滴模型(见图 2-7),由此解释原子核像液滴一样变成椭球形进而发生分裂是完全可能的。1939 年,玻尔及其在美国普林斯顿的合作者惠勒从理论上系统阐述了原子核裂变反应的过程和机制。

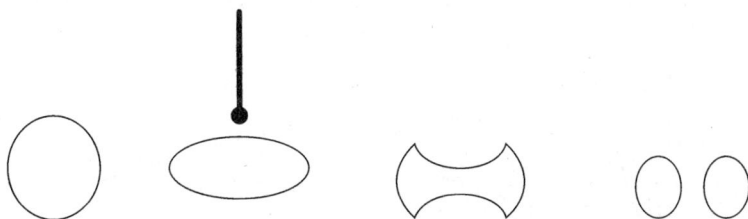

图 2-7 核裂变的液滴模型

迈特纳和在玻尔研究所工作的弗里施通过计算发现:由于原子核中的质子是带电的,带电粒子多到一定程度会产生巨大的电磁斥力,使原子核自发地或在外界不强的影响下分裂成两块,并且带着 2 亿电子伏特的动能相互高速飞离。他们还发现反应后的产物比反应前总质量少了质子质量的 1/5。

爱因斯坦在 1905 年提出的质能互换理论及著名的质量和能量关系式:

$$E = mc^2 \tag{2-4}$$

式中:E 为能量;m 为质量;c 为光速,$c = 2.997924580 \times 10^8$ m/s。即无论任何物质,其 1g 的质量所具有的能量为 8.99×10^{13} J;反之,能量变化 1J,其对应质量变化为 1.11×10^{-14} g。

若质量为 1amu(原子质量单位 atomic mass unit,1amu $= 1.66054 \times 10^{-24}$ g),则应用质能公式 $E = 1.66 \times 10^{-27}$ kg $\times$ $(2.997924580 \times 10^8$ m/s$)^2 \approx 1.49 \times 10^{-10}$ J ≈ 931.5MeV。1MeV $= 1 \times 10^6$ eV $= 1.6021 \times 10^{-13}$ J。

若质量 $m = 1$g,则 $E = 1 \times 10^{-3}$ kg $\times$ $(2.997924580 \times 10^8$ m/s$)^2 \approx 8.99 \times 10^{13}$ J $\approx 9 \times 10^4$ GJ,由此可见能量是十分巨大的。

2 亿电子伏特正好相当于 1/5 质子质量的等价能量。迈特纳和弗里施因此证明了原子核的分裂,并揭示出物质的一部分质量可以通过核反应直接转换成为巨大的、可为人类所用的能量——核能。尽管卢瑟福发现了放射性物质所发出的 α、β、γ 射线和原子的核结构,也发现了核衰变能放出能量,但在 1933 年的英国物理协会年会上他还是相当悲观地断言:"以后的 20～30 年中,任何人讨论把原子转换为能源,似乎都是在水中捞月。"但是这种观点很快被哈恩的发现彻底颠覆。

利用质能公式,1kg 的物质全部转变为能量,可以得到 250 亿 kW·h 的能量,而燃烧

1kg 的煤所产生的热量只有 8.5kW·h。

原子由若干个质子、中子和电子组成。用质谱仪对原子的质量进行判定时也发现实际测得的原子质量总是小于它所含的质子、中子的质量之和,即

$$\Delta M = Zm_p + (A - Z)m_n - M > 0 \tag{2-5}$$

例如,氦的质量为 4.002603amu,氦核由 4 个核子(2 个质子和 2 个中子)组成,将这4个核子的质量相加为 4.032980amu,两者之差为 0.030377amu。

原子的实际质量小于质子与中子相加的应有质量,这种质量减少的现象同样存在于其他原子核中,称为质量亏损。这些损失的质量已转变为能量放出,称为结合能,约为 $931\Delta M$(MeV)。以上述氦原子为例,结合能为 28.28MeV。

若将原子核的结合能除以质量数 A,可得到每一核子的平均结合能,如图 2-8 所示。氦原子的平均结合能为 7.07MeV。从图 2-8 中可见,原子的平均结合能是不同的。

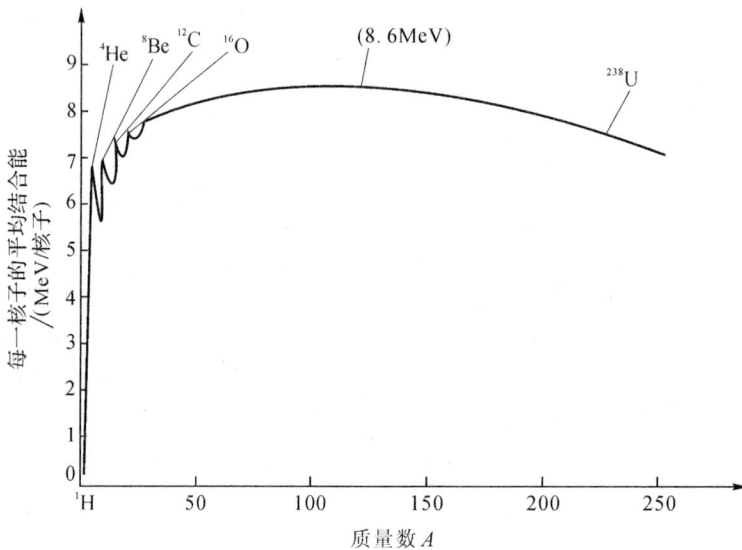

图 2-8 平均结合能曲线

核子数 $A=60$ 左右的中等质量原子的平均结合能最大。当重核裂变为中等质量核时,将放出裂变能(前后结合能之差);反之,当两个轻核聚合为中等质量核时,也将放出聚变能(多余的结合能)。裂变(或聚变)前后结合能的差异越大,放出的能量越多。

核反应前后产生的质量亏损(或者叫结合能之差)转化为能量(热能),可以被人类直接使用或转化为电能加以利用。在原子核反应中,"亏损"的质量 ΔM 和释放的能量 ΔE 之间的关系为:$\Delta E = \Delta M c^2$。

2.1.6 核反应截面及核反应率

在原子中,原子核的半径仅为原子半径的万分之一,因此一个直冲向原子核的中子或质子完全不能保证一定能够穿透原子核,发生核反应的概率取决于原子核和入射粒子。

为了便于定量描述,我们用截面 σ 来表示入射粒子击中原子核发生核反应的概率。假

设一块面积为 A 的薄箔上均匀分布了 N 个原子,将原子核比作一个个半径为 r 的钢盘,将入射粒子当作直径可以忽略的子弹,那么钢盘的阻挡截面 $N\pi r^2/A$ 就是子弹打中钢盘的概率。当然,核反应的截面 σ 是原子核呈现在中子面前的有效靶面积,是微观等价截面,不是上述例子中的实际几何面积。它是入射粒子与靶物质相互作用程度的一个标志。

微观截面的定义是单位时间发生的反应数与入射粒子数和单位面积靶核数的乘积之比。换句话说,就是一个粒子入射到单位面积上只有一个靶核的靶上所产生的核反应概率,具有面积的量纲,故称为截面。

假设有入射强度为 I 的单向均匀平行的单能中子束,通过一个单位面积的薄靶,如图 2-9 所示,靶片厚度为 Δx,靶片内单位体积的原子核数目为 N,中子束通过靶片后强度衰减为 I',那么 $\Delta I = I - I'$ 就是与靶核发生核反应的中子数。这里,反应数 ΔI 的大小不但与中子束强度 I 成正比,还与靶厚度 Δx 和靶内的核密度 N 成正比,定义比例系数 σ,称为"微观截面":

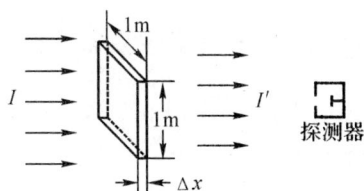

图 2-9　截面的定义

$$\sigma = \frac{\Delta I}{I N \Delta x} = \frac{-\mathrm{d}I/I}{N \mathrm{d}x} \tag{2-6}$$

式中:σ 的单位是靶(barn),$1\,\mathrm{barn} = 10^{-24}\,\mathrm{cm}^2$;$N$ 为核密度,表示单位体积物质中原子核的数量,$N = N_A \rho/M$,其中 N_A 为阿伏伽德罗常数,$N_A = 6.02 \times 10^{23}\,\mathrm{mol}^{-1}$,$\rho$ 为材料密度,M 为原子量;I 为单位时间通过垂直于中子飞行方向的单位面积的中子数量。

在实际情况下,核反应中放出或散射的粒子数难以直接测出,而是通过放置在靶前和靶后的探测器来测出中子强度,入射强度为 I_0 的单向均匀平行的单能中子束,通过靶片时强度衰减为 $I(x)$,中子束在靶内按指数规律衰减,如图 2-10 所示。

$$I(x) = I_0 \mathrm{e}^{-\sigma N x} \tag{2-7}$$

所以可以通过测量中子强度 I 得到衰减系数 $N\sigma$,这种方法得出的截面称为总截面,或宏观截面,用 Σ 表示:

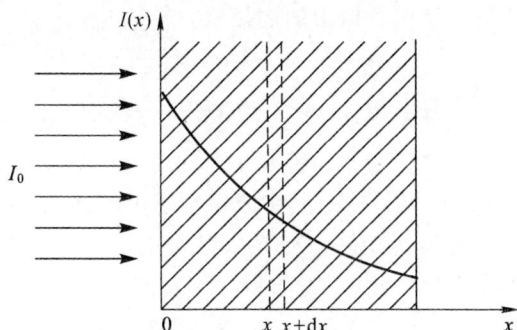

图 2-10　中子强度在靶内的指数衰减

$$\Sigma = \frac{-\mathrm{d}I/I}{\mathrm{d}x} = N\sigma \tag{2-8}$$

宏观截面 Σ 表示中子行进 $1\mathrm{cm}$ 和原子核发生核反应的概率,单位是 cm^{-1},是特定能量的入射粒子在单位体积的靶物质中与原子核发生相互作用的总概率。

对于不同的核反应过程,有不同的微观和宏观截面,用不同的下标加以区分。习惯上,用 σ_a 和 Σ_a 表示发生 (n,γ)、(n,p) 等吸收反应的概率之和,称为吸收截面;用 σ_f 和 Σ_f 表示发生 (n,f) 裂变反应的概率,称为裂变截面;用 σ_s 和 Σ_s 表示发生散射反应(包括弹性散射和非弹性散射)的概率,称为散射截面等。

核反应率 R 是单位体积内每秒钟中子与反应堆原子核作用的总次数,是一个统计量,它是反应堆运行的一个基本参数。核反应率 R 与中子密度 n(单位体积内的中子数)、中子

速度 v 和发生核反应的宏观截面 Σ 成正比,考虑到反应堆中的中子并不具有同一速度,所以常用 nv 来计算,nv 又称为中子通量 ϕ(单位:$cm^{-2} \cdot s^{-1}$)或称通量密度:

$$R = nv\Sigma = \phi\Sigma \tag{2-9}$$

对于反应堆,因为反应堆堆芯是多种元素组成的均匀混合物质,所以采用总中子通量密度 Φ($\Phi = \int_0^\infty n(v)v\mathrm{d}v = \int_0^\infty \phi(v)\mathrm{d}v$)和平均宏观截面$\overline{\Sigma}$,因此,反应堆总的核反应率为

$$R = \Phi\overline{\Sigma} \tag{2-10}$$

2.1.7　核裂变反应

以铀-235($^{235}_{92}U$)为例,一个铀原子核被一个中子击中后,发生核裂变反应,并产生以下结果。

1. 产生两个裂变"碎片"——新的原子核

铀-235 裂变后产生的新核约有 80 余种放射性同位素,质量数大多在 72～160,以质量数为 95 左右和 139 左右的核生成率最大,分裂成相等两半的概率很小(约 0.01%),如图 2-11 所示。这些新核是不稳定的,必须经过几次衰变(放出 β、γ 射线后)才能转变为稳定的原子核,因此,反应堆内将有 200 种以上的同位素。

$$^{235}_{92}U + ^1_0n \rightarrow ^{95}_{39}Y + ^{139}_{53}I + 2^1_0n$$

2. 释放出 2～3 个新中子——快中子

这些快中子的能量大部分为 1～2MeV,最大能量可达 10MeV,其中有些中子可能逃逸,有些慢化后成为热中子。而在这部分热中子中,有些可能被有害吸收(非裂变吸收),有些使铀-235 发生裂变。由此可见,新中子的产生使核反应能连续不断地进行——链式裂变反应;掌握参与裂变的中子数量是核反应堆控制的灵魂。

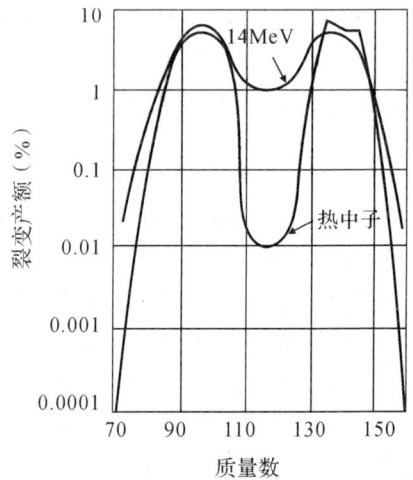

图 2-11　铀-235 裂变碎片的质量-产额分布

3. 释放出裂变能——一个原子核约能放出 200MeV 的能量

我们可以来计算一下:假如一个铀-235 原子核($^{235}_{92}U$)裂变成一个钇原子($^{95}_{39}Y$)和一个碘原子($^{139}_{53}I$),同时释放出两个中子,则:

裂变前:$^{235}_{92}U$(235.124amu)+1 个中子(1.009amu)=总质量 236.133amu。

裂变后:$^{95}_{39}Y$(94.945amu)+$^{139}_{53}I$(138.955amu)+ 2 个中子(2.018amu)= 总质量 235.918amu。

前后质量亏损:ΔM=236.133amu－235.918amu=0.215amu。

转化成能量为:$E = 931 \Delta M$ =200MeV。

根据阿伏伽德罗常数计算,1kg 铀-235 具有的原子数为 $1000 \times 6.023 \times 10^{23}/235 = 2.56 \times 10^{24}$(个),裂变后放出的能量为 $2.56 \times 10^{24} \times 200MeV = 5.12 \times 10^{26}MeV$。

由于 1MeV=$1.60217733 \times 10^{-16}$kJ,所以一次核裂变放出的能量约为 3.20×10^{-14}kW $\cdot$ s,

1kg 铀-235 裂变放出了相当于 8.2×10^{10} kJ 的能量，以常用的千瓦时计，1kW·h＝3600kJ，所以 1kg 铀-235 裂变放出的能量约为 2.28×10^{7} kW·h。

与标煤相比较，标煤的发热量为 2.93×10^{4} kJ/kg(7000kcal/kg)，1kg 铀-235 裂变相当于标煤量：$8.2\times10^{10}/2.93\times10^{4}=2.8\times10^{6}$(kg)＝2800(t)。

1kg 铀-235 核裂变放出的热量相当于 2800t 标煤完全燃烧所放出的热量，由此可见，核裂变能比煤完全燃烧放出的化学能要大得多。表 2-3 所示为几种核反应释放的能量。

表 2-3　几种核反应释放的能量

核反应	1 个原子核释放的能量（MeV）	每千克释放的能量（kJ）	能量倍率
碳的化学燃烧	4.1×10^{-6}	3.29×10^{4}	1
铀-235 裂变	≈201.7	8.27×10^{10}	2.514×10^{6}
铀-233 裂变	≈199.0	8.23×10^{10}	2.502×10^{6}
铀-238 裂变	≈208.5	8.44×10^{10}	2.565×10^{6}
钚-239 裂变	≈210.7	8.49×10^{10}	2.581×10^{6}
钚-241 裂变	≈213.8	8.55×10^{10}	2.600×10^{6}
钍-232 裂变	≈196.2	8.15×10^{10}	2.477×10^{6}
太阳中的氢聚合	26.7	128.63×10^{10}	3.910×10^{7}
氢弹中的氘氚聚合	17.6	33.92×10^{10}	1.031×10^{7}
镭的衰变	4.8	0.205×10^{10} kJ	6.231×10^{4}
钴的衰变	2.8	0.457×10^{10} kJ	1.389×10^{5}

表 2-4 所示是铀裂变能的近似分配情况。其中裂变碎片的动能约占总能量的 84%，在铀中的射程仅 0.0127mm，可以认为基本上是在裂变处就地释放的，只有很少部分裂变碎片会进入包壳，一般不会穿透包壳，所以绝大部分的裂变能在燃料元件内被转换成热能，并且燃料元件中热能的分布与元件中中子通量的分布基本上一致。

表 2-4　铀-235 核裂变能的近似分配

类型		来源	能量（MeV）	射程	释热地点
裂变	瞬发	裂变碎片的动能	168	极短，≈0.01mm	燃料元件内
		裂变中子的动能	5	中	慢化剂内
		瞬发 γ 射线的能量	7	长	堆内各处
	缓发	产物的 β 射线能	7	短	燃料元件内
		产物的 γ 射线能	6	长	堆内各处
过剩中子引起的(n,γ)反应	瞬发和缓发	过剩中子引起的非裂变反应和(n,γ)反应产物的 β 和 γ 衰变能	≈7	有短有长	堆内各处
总计		—	≈200	—	—

2.2 核反应堆的临界条件和热功率分布

2.2.1 中子的慢化与扩散

在核反应堆中,只有当中子击中原子核才可能发生核裂变反应,因此,核反应堆的功率 P 与裂变的宏观截面 Σ_f、中子密度 n、中子运动速度 v、反应堆体积 V 成正比,或者说与每秒能发生的裂变次数有关。

由于每次裂变放出的能量大约是 200MeV,等于 32×10^{-15} kW·s,所以反应堆的功率为

$$P = 32 \times 10^{-15}V\Sigma_f nv \quad (kW) \tag{2-11}$$

式中:$nv = \phi$,称为中子通量,表示 $1cm^3$ 内所有中子在 1 秒钟内穿行距离的总和,这是反应堆的一个重要参数,动力堆一般为 $10^{13} \sim 10^{14}$ n/$(cm^2 \cdot s)$;$\Sigma_f nv = \phi\Sigma_f = \phi N\sigma = R$,称为反应率,表示单位时间单位体积内发生反应的中子数,或者原子核与中子反应的速率,其中 N 是核密度,表示 $1cm^3$ 物质中原子核的数量。

1. 中子的慢化

虽然只要中子击中铀-235 的原子核都可以引起核裂变,但是不同能量的中子,其裂变截面 σ_f 差别很大。如铀-235、钚-239 和铀-233 等易裂变核的裂变截面随中子能量的变化呈相同的规律,在低能区,其裂变截面随中子能量的减小而增大:如当中子的能量为 0.0253eV(热中子)时,铀-235 的裂变截面 σ_f 为 582.2barn、铀-233 的 σ_f 为 531.1barn、钚-239 的 σ_f 为 742.5barn;而对于能量为 2MeV 的快中子,铀-235 的 σ_f 为 1.6barn。热中子击中原子核的概率比快中子大几百倍,因此,在热中子堆中要加入水、重水、石墨等轻元素作为中子慢化剂,使裂变中子的能量通过与慢化剂核发生散射反应而下降,由快中子变成为热中子。

中子从裂变生成到转化为热中子的过程称为中子的慢化。中子慢化主要依靠弹性碰撞。每次碰撞前后中子能量 E_1 与 E_2 之比的平均对数值用 ξ 表示:

$$\xi = \overline{\ln\frac{E_2}{E_1}} \approx \frac{2}{A+\frac{2}{3}} \tag{2-12}$$

ξ 越大,说明每次碰撞中子损失的能量越大,慢化效果越好;原子质量数 A 越小,ξ 越大。因此,通常采用轻水 H_2O、重水 D_2O、碳(石墨)C、硼 B 作为慢化材料。

表 2-5 所示为几种常用慢化剂的性质,其中,慢化能力是宏观散射截面 Σ_s 与每次碰撞后中子损失的能量 ξ 的乘积 $\xi\Sigma_s$,Σ_s 越大表示中子与慢化剂发生散射反应的机会越多,两者乘积的值越大,表示慢化剂慢化中子的能力越强;慢化比是慢化能力与宏观吸收截面 Σ_a 的比值 $\xi\Sigma_s/\Sigma_a$,由于慢化剂材料不仅会慢化中子,也会吸收中子,如果其吸收截面 Σ_a 太大,会使得较多的堆内中子被吸收掉,因此吸收截面 Σ_a 太大的材料也不适合作慢化剂。如表 2-5 中的轻水具有较大的慢化能力,因此用水作慢化剂时反应堆的堆芯可以做得较小,但它的慢化比也较小,所以必须采用低浓缩铀作燃料而不能用天然铀。慢化比较全面地反映了慢化剂的优劣。

表 2－5　几种常用慢化剂的性质

慢化剂	ξ	慢化能力	慢化比	对应的反应堆的特点
轻水	1	1.53	70	结构紧凑,使用低浓缩铀
重水	0.73	0.177	21000	体积较轻水堆大,可用天然铀
碳(石墨)	0.16	0.063	170	体积庞大,勉强可用天然铀

2. 中子的扩散

裂变中子慢化为热中子需要与慢化剂核发生多次碰撞,例如要将能量为 2MeV 的快中子慢化为 1eV,需要与水中的氢原子核碰撞 18 次左右,需要的慢化时间是 6×10^{-6}s。在中子从高能慢化到低能的过程中必然要经过中能阶段——共振能区,这时就有一部分中子会被铀-238 核共振吸收掉,只有逃过了共振吸收区的中子才可以继续通过散射慢化成热中子。慢化后的热中子会继续在介质中扩散,直至被吸收。热中子在扩散过程中还会被慢化剂、冷却剂、各种堆芯结构材料和裂变产物所吸收,这部分吸收也造成了热中子的损失。热中子从产生到被吸收的过程称为中子的扩散,热中子的扩散时间一般在 $10^{-4}\sim10^{-2}$s,扩散过程比慢化过程长得多。中子的慢化时间和扩散时间越长,中子越容易泄漏到堆芯外面去。

中子的扩散是由中子的密度不同引起的。在反应堆堆芯的某给定体积内,有下述中子扩散方程:

中子密度随时间的变化率＝中子产生率－中子消失率－中子漏失率

或
$$\frac{\partial n}{\partial \tau} = S - \Sigma_a \phi - (-D\nabla^2\phi) \tag{2-13a}$$

式中:n 为中子密度;τ 为时间;S 为单位时间单位体积内中子的产生率;Σ_a 为宏观吸收截面;ϕ 为中子通量;D 为中子的扩散系数;$-D\nabla^2\phi$ 为单位时间单位体积中子的漏失率。

在稳态条件下,上式可简化成
$$D\nabla^2\phi - \Sigma_a\phi + S = 0 \tag{2-13b}$$
中子扩散方程在反应堆理论和设计中有着十分重要的地位。

3. 中子通量分布

根据前述的中子扩散方程,对于不同形状的堆芯可以求出中子通量分布,$\phi=\phi_0\times F$,分布函数 F 如表 2－6 所示。

表 2－6　均匀裸堆* 中的热中子通量分布

几何形状	分布函数 F
x 向厚度为 a 的无限大平板 (直角坐标,原点在平板中心)	$\cos\left(\frac{\pi x}{a_e}\right)$
x、y、z 向边长分别为 a、b、c 的直角长方体 (直角坐标,原点在长方体中心)	$\cos\left(\frac{\pi x}{a_e}\right)\cos\left(\frac{\pi y}{b_e}\right)\cos\left(\frac{\pi z}{c_e}\right)$

续表

几何形状	分布函数 F
r 向半径为 R 的球体 （球坐标，原点在球中心）	$\dfrac{\sin(\pi r/R_e)}{\pi r/R_e}$
r 向半径为 R、z 向高度为 H 的圆柱体 （圆柱坐标，原点在圆柱体中心）	$J_0\left(\dfrac{2.405r}{R_e}\right)\cos\left(\dfrac{\pi z}{H_e}\right)$

注：假定燃料在堆芯内均匀分布，堆芯外不设反射层。

堆芯的实际半径和高度分别为 R 和 H，R_e 和 H_e 分别为堆芯的外推半径和外推高度，等于堆芯的实际尺寸加上径向和轴向的外推长度，即 $R_e=R+\Delta R$，$H_e=H+2\Delta H$。采用外推尺寸是因为在进行着中子扩散的固体表面上，中子仍被继续散射，一般的扩散理论低估了这种表面附近的通量梯度，因此采用外推尺寸是一个很好的近似，可以认为，在外推尺寸的边界上中子通量才为零。在大多数情况下，外推尺寸取决于中子输运的平均自由程 λ_t，$\Delta R=\Delta H=0.71\lambda_t$，中子输运的平均自由程 λ_t 等于宏观输运截面的倒数，通常近似取作扩散系数的 3 倍。对于大型动力堆，$R\gg\Delta R$，$H\gg\Delta H$，在初步计算时可取 $R=R_e$，$H=H_e$，在精确计算时要考虑外推尺寸的影响。

2.2.2 自持链式核裂变反应及其临界条件

自持链式核裂变反应就是一个中子使一个原子核发生裂变，产生 2～3 个新中子，在外界不再补充中子的情况下，核燃料能持续地裂变下去，同时，可以通过控制中子数的方法控制核反应功率。

中子数是核反应的灵魂，从新中子产生到引起新一轮裂变间隔只有万分之一秒，如果所有产生的中子都参与核裂变，并且使用高浓缩铀，则在百分之一到千分之一秒内一个中子就会增殖到亿万个，瞬间释放出大量的能量，成为核爆炸。在核反应堆中，这是不会发生的。因为在有限体积的堆芯内，一般使用低浓缩铀或天然铀作燃料，对于产生的中子，下述一些情况都有可能发生：

(1)中子被铀-235 吸收，发生裂变，又产生新中子；

(2)中子被铀-235 吸收，不发生裂变，变成铀-236(概率为 20%)；

(3)中子被铀-238 吸收，不发生裂变(概率接近 100%)；

(4)中子被有害吸收(被慢化剂、冷却剂、结构材料、裂变碎片等吸收)；

(5)中子跑到堆芯外面，造成泄漏损失。

在上述五个过程中，只有第一个过程产生了新中子，其余过程都在消耗中子。显然，使核反应能够维持下去的临界条件就是当 1 个中子引发核裂变后，平均至少有 1 个新产生的中子引发另一次核裂变；或者，中子的产生率不小于中子的吸收和泄漏率。以系统中新生一代的中子数和产生它们的直属上一代中子数之比，定义其为有效增殖系数 K_{eff}：

当 $K_{eff}=1$ 时，为临界系统(匀速反应)；

当 $K_{eff}>1$ 时，为超临界系统(提升功率)；

当 $K_{eff}<1$ 时，为次临界系统(降低功率)。

$$K_{eff} = \frac{新一代中子数}{前一代中子数} = \frac{系统内中子的产生率}{系统内中子的消失率(吸收＋泄漏)} = K_\infty P_L \quad (2\text{-}14)$$

式中：K_∞ 为无限大介质增殖系数，$K_\infty = \dfrac{系统内中子的产生率}{系统内中子的吸收率}$；$P_L$ 为中子的不泄漏概率，

$P_L = \dfrac{系统内中子的吸收率}{系统内中子的吸收率＋泄漏率} < 1$。

有效增殖系数的意思就是：

如果系统的 $K_{eff}=1$，例如开始有 100 个自由中子，裂变后产生的第二代、第三代……都是 100 个新中子，中子数不会改变，核反应就能够正常维持下去，保持稳定的链式反应，如稳定运行中的核裂变反应堆。

如果系统的 $K_{eff}=1.1$，同样地这 100 个自由中子裂变反应后产生了 110 个第二代新中子，121 个第三代新中子，133 个第四代新中子……中子数越来越多。通常在轻水堆中中子每秒可以增殖 10000 代左右，所以核反应就变得十分强烈，以致无法控制，如在原子弹中进行的核反应。

如果系统的 $K_{eff}=0.9$，此时这 100 个自由中子裂变反应后产生了 90 个第二代新中子，81 个第三代新中子，73 个第四代新中子……中子数越来越少，核反应进行得越来越弱，链式反应很快就不能维持下去。如果要使这样的次临界系统的反应能够持续进行，必须从外界不断引入中子来补充，如聚变驱动次临界堆和加速器驱动次临界系统等，都是由外界的中子源不断补给差额中子，使反应能稳定地进行下去。

由此可以推断，在常规的核裂变反应堆中，核燃料是不能全部发生反应的，因为当反应进行到有效增殖系数 $K_{eff}<1$ 后，如果没有外界提供的足够的中子源，核反应就会渐渐地"熄火"。

1941 年秋，正在研究核反应的费米等人给出的报告中记载，当时他们实验中测到的反应堆的无限大介质增殖系数 K_∞ 为 0.87，链式反应的可能性非常微弱，当时谁也不敢保证可以使其增大到大于 1.0。

有效增殖系数 K_{eff} 反映了反应堆的整体性质，是中子在堆内整体输运过程的宏观表现，受到反应堆大小、形状，堆中不同材料的相对量和密度，中子在各种材料的原子核上发生散射、俘获或裂变相互作用的截面等因素的影响。

反应堆的临界条件是 $K_{eff}=K_\infty P_L=1$。由于 P_L 总是 <1，要满足临界条件，必须首先使反应堆有一个合适的尺寸，以保证 $K_\infty>1$，并使 $K_\infty P_L=1$，这个尺寸称为临界尺寸，临界情况下所装载的燃料量称为临界质量。这是反应堆设计与运行的核心。

1946 年 5 月，在美国基尼岛原子弹实验室工作的加拿大科学家斯洛廷在进行原子弹临界质量的研究时，由于偶然的操作失误使两块处于次临界的铀块滑移到一起，瞬间达到了临界质量。在一场核爆炸即将发生的紧要关头，斯洛廷以惊人的勇气迅速用双手掰开了烁烁闪光的"原子弹"。斯洛廷还记录了在场工作人员的位置并计算出了各人实际受到的辐射剂量，9 天以后斯洛廷因受到超大剂量的核辐射而去世。

反应堆的临界尺寸取决于反应堆的材料组成与几何形状。在形状相同时，反应堆的临界尺寸与燃料的浓度成反比；在体积相同的各种形状中，球形反应堆的表面积最小，中子泄漏率最低，出于工程上的考虑，反应堆一般呈圆柱形。

2.2.3 反应堆内中子通量分布与热功率分布

在核反应堆中,有

$$P = 32 \times 10^{-15} V \Sigma_f \overline{\phi} \qquad (\text{单位:kW}) \tag{2-15}$$

式中:反应堆平均中子通量 $\overline{\phi} = \dfrac{\int \phi(r,z)\,\mathrm{d}r\mathrm{d}z}{V}$;$\phi(r,z)$ 为圆柱形反应堆(见图 2-12)内任意一点的中子通量。在临界状态时,求解中子扩散方程得:

$$\phi(r,z) = \phi_0 J_0\left(\frac{2.045}{R_e}r\right)\cos\left(\frac{\pi}{H_e}z\right) \tag{2-16}$$

式中:ϕ_0 是反应堆中心的中子通量,J_0 为第一类零阶贝塞尔(Bessel)函数,$R_e = R + \lambda_e$ 和 $H_e = H + 2\lambda_e$ 分别为反应堆的外推半径和外推高度,R 为反应堆实际半径,H 为反应堆实际高度,λ_e 为外推距离,可由扩散理论求出。

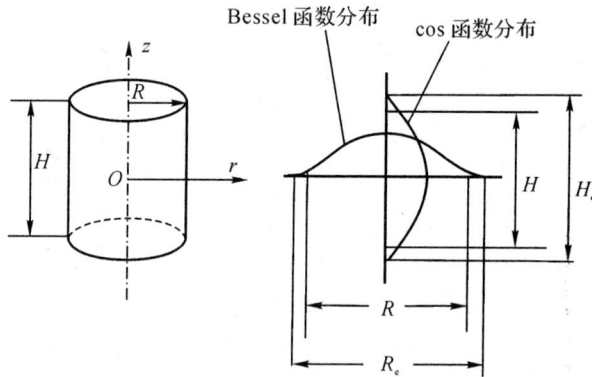

图 2-12 反应堆及其中子通量分布

反应堆内的中子通量分布直接影响到反应堆内的功率分布。反应堆内的中子通量分布是不均匀的,呈中间大、四周小,反应堆的热功率分布也呈同样的分布。

$$q_v = q_v^{\max} J_0\left(\frac{2.045}{R_e}r\right)\cos\left(\frac{\pi}{H_e}z\right) \tag{2-17}$$

式中:$q_v^{\max}$ 为堆芯中心处($r=0$,$z=0$)的最大体积释热率。

圆柱形反应堆核功率不均匀系数 F_q^N:

$$F_q^N = \frac{q_v^{\max}}{\overline{q_v}} = 2.32 \times 1.57 = 3.64 \tag{2-18}$$

式中:$\overline{q_v}$ 为堆芯平均体积释热率。

对于反应堆设计者来说,反应堆核功率不均匀性越小越好。因此,通常采取下述方法来展平堆芯中子通量分布,以提高反应堆的输出功率。

(1)加反射层,可以将部分漏失到堆芯外的热中子反射回堆芯(见图 2-13)。

(2)燃料径向分区布置。一般压水堆所用核燃料的浓度为 2‰～3‰,因此燃料布置时将浓度为 3‰的核燃料布置在堆芯的最外层,将浓度为 2‰的核燃料布置在堆芯的中心区

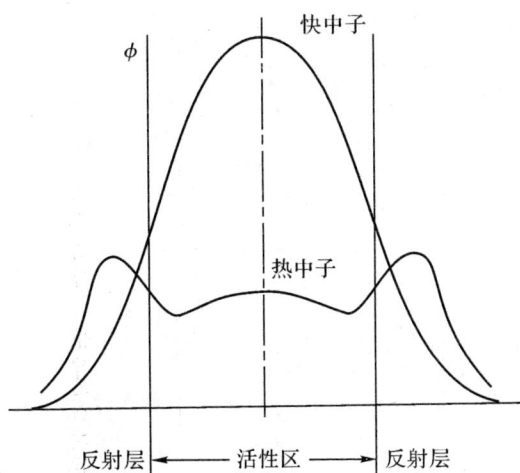

图 2 - 13　具有反射层的反应堆堆芯径向中子通量分布

域,中间布置浓度为 2.5％的核燃料。

(3)堆芯内合理布置控制棒及毒物(强吸收中子的材料)。

利用上述中子通量展平方法,现代压水堆核功率不均匀系数大大降低,约为 2.5。

2.3　反应堆核燃料的燃耗

反应堆维持自持链式核裂变反应是有临界条件的,但是这种临界状态会随着反应堆的运行而变为次临界,所以,反应堆的初始装料量应远远大于临界质量。在控制棒插入反应堆以前,有效增殖系数 K_{eff} 大于 1。超过 1 的部分用 K_{ex} 表示,称为过剩增殖系数。

用反应性 ρ 来表示反应堆偏离临界的程度,有些教科书中称之为介质的活性。介质的活性越大,有效增殖系数也越大。

$$\rho = \frac{K_{ex}}{K_{eff}} = \frac{K_{eff} - 1}{K_{eff}} \qquad (2\text{-}19)$$

$\rho=0$ 表示反应堆临界;$\rho>0$ 表示反应堆超临界;$\rho<0$ 表示反应堆次临界。

新装料的反应堆,$\rho>0$,随着燃料的消耗,ρ 逐渐下降,当 $\rho<0$ 时,自持链式裂变反应就不能维持。反应堆在额定功率下连续运行到 $\rho<0(K_{eff}<1)$ 所经历的时间称为堆芯寿期。实际运行时,为了调节需要,在堆芯寿期末仍应保持一定的反应性,如 $\rho=0.005$。图 2 - 14 所示为反应堆燃料的反应性随运行时间的变化情况。

反应堆的反应性还受到温度、压力以及裂变的其他效应的影响,同时也依赖于反应堆的功率水平。反应堆研究和设计中的一项重要工作是进行反应堆的反应性"反馈"计算。

核燃料在反应堆内的燃耗过程主要包括:

(1)铀-235 吸收中子发生裂变;

(2)铀-235 吸收中子不发生裂变,生成铀-236,并放出 γ 射线;

(3)铀-238 吸收快中子发生裂变,但裂变截面较小;

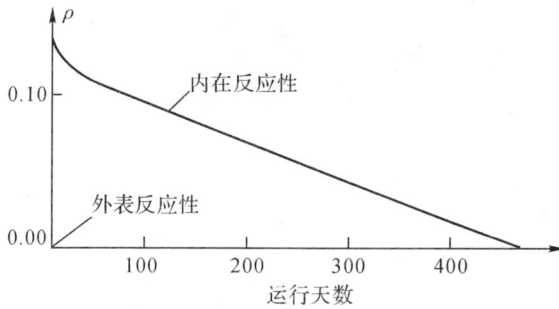

图 2-14　反应堆燃料的反应性随运行时间的变化

(4)铀-238 吸收中子生成钚-239,这是一种可裂变核燃料,或者钚-239 进一步吸收中子变为钚-240、钚-241、钚-242 等,其中钚-239 和钚-241 可以裂变。

利用反应堆燃料的燃耗过程可以获得自然界不存在的新核燃料。通常用转化比 CR 来描述:

$$CR = \frac{裂变物质的生成率}{裂变物质的消耗率} \qquad (2-20)$$

CR>1 的反应堆称为增殖堆,一般是快中子反应堆。快中子堆的裂变主要是由能量在 1k~100keV 的高能中子引起的,因此堆内不需要慢化剂。以钚-239 为燃料的快中子反应堆具有良好的增殖性,CR=1.2。

CR<1 的反应堆称为转化堆,热中子反应堆的转化比 CR<1,高温气冷堆的 CR≈0.8,被称为先进转化堆。压水堆的 CR≈0.6。在热中子堆中,铀-233 具有较好的核性能,只有用铀-233 作为核燃料的热中子堆可以实现增殖。

在裂变过程中,会产生很多种裂变碎片,这些裂变碎片绝大部分具有放射性,经过一系列衰变后,形成了多种同位素。从反应堆中取出的乏燃料中含有 300 多种稳定及不稳定的裂变产物。有些裂变产物具有很大的中子吸收截面,如氙-135 和钐-149,使堆内中子的有害吸收大大增加,使反应性明显下降,其浓度在反应堆运行后不久便接近饱和值。这种由于裂变产物吸收中子所引起的反应性变化的现象称为裂变产物"中毒"。

能够引发反应堆"中毒"的同位素不仅具有很大的热中子吸收截面,而且具有较大的裂变产额,其产生和消失对反应堆的有效增殖系数及运行会产生很大的影响。这些同位素一般半衰期不长(寿命短)。如氙-135 对热中子的吸收截面为 2.7×10^5 barn,比铀-235 大 4000 倍,但对快中子的吸收截面并不大,所以在快中子堆中,氙中毒的影响就非常小。在反应堆中,一方面由裂变碎片碲、碘衰变成氙-135(生成率为 6.4%)或直接裂变产生(生成率为 0.3%);另一方面,氙-135 又不断吸收中子转化或衰变消失。在核反应堆启动和运行 30 小时后,氙-135 产生与消失的速度达到平衡,由此引起的反应性下降约为 3%。

反应堆的"中毒"过程是核裂变反应所产生的裂变产物或原子核对中子具有非常强烈的吸收。这类原子核的产生速率与中子强度成正比,其消失速率和原子核数成正比,即一种有毒作用的裂变产物的原子核数将逐步建立一种平衡——产生速率与消失速率的平衡,这个平衡值与中子强度成正比。在中子强度大和毒物吸收截面大的情况下,毒物的原子核数在达到平衡之前可以大到使链式反应停止的程度,就是使有效增殖系数小于 1。因此一种强烈的反应堆毒物实际上给中子强度规定了上限,同时也就给反应堆能够启动的功率水平规定了上限。中毒效应的积累需要时间,并且依赖于中子强度、各种不同的裂变产物的半衰期和丰度。如果具有不良影响的原子核不是直接裂变的产物,而是某种具有较长半衰期的裂变产物的衍生物,那么中子强度的增长与相应的中毒效应的出现之间会产生一个滞后。

反应堆运行一段时间后忽然停堆,氙-135 的消失只有靠本身的衰变,而碘-135 仍在不断衰变形成氙-135,使堆内的氙-135 浓度增大,停堆后 10 小时达到最大值,经过 50～70 小时基本衰变完。氙浓度的增加使反应性大大降低,这时即使控制棒全部抽出仍达不到临界,称为"碘坑"现象。因此,反应堆停堆后必须在 1 小时内启动,或者只能在 50～60 小时后才能启动。"碘坑"对核裂变运行管理是非常重要的。

反应堆"结渣"是指由半衰期长或稳定的同位素引起的中子有害吸收。如钐-149、铕-155、镉-133 等,有 20 多种同位素。对反应的影响较大,但比氙中毒的影响小得多。

燃耗深度是指反应堆中核燃料的"燃烧"性能。反应堆运行到一定程度后,尽管堆内仍有不少可裂变的核燃料,但由于燃料的消耗和毒、渣的积累,使反应堆无法达到临界条件,反应堆只能"熄火"。压水堆燃料元件的燃耗深度为 10000MW·d/tU(兆瓦·日/吨铀),即每吨铀能发出 10000MW·d 的能量。目前燃耗深度最高可达到 33000MW·d/tU,使燃料中的铀-235 基本得到利用,并有一部分钚-239 参与裂变。

2.4 核反应堆的热工基础

在反应堆中,核燃料放出的热量被冷却剂带出堆芯。对于给定的核反应堆,其释放功率的大小主要受热工条件(传热和流动)的限制,而不是核条件。

2.4.1 燃料元件的传热过程

在反应堆内,裂变能量从燃料元件释放出来,并由冷却剂向外传递。对于不同类型的反应堆,燃料元件的结构不同,其热量传递过程也不同。

以使用较普遍的压水堆为例,压水堆采用圆棒状燃料元件,圆柱形的二氧化铀芯块装在密封的锆合金包壳内,芯块与包壳之间的间隙中充有一定压力的氦气。芯块内产生的热量通过导热传到芯块表面,经过氦气隙及包壳壁的导热传到包壳外表面,通过包壳表面的对流传热使冷却剂的温度升高,如图 2-15 所示。

所以,从燃料棒到冷却剂的热传递过程包括:

(1)燃料芯块内的导热过程——有内热源的稳态导热过程;

(2)燃料芯块外表面与包壳内表面之间的传热过程——气隙内的传热过程;

(3)金属包壳内的导热过程——无内热源的稳态导热过程;

(4)包壳外表面与冷却剂之间的对流换热——槽道内的强迫对流换热过程。

燃料棒的径向温度分别为:

芯块中心温度 t_0：

$$t_0 = t_1 + \frac{q_L}{4\pi\lambda_1} = t_1 + \frac{q_V d_0^2}{16\lambda_1} \qquad (2\text{-}21)$$

芯块外表面温度 t_1：

$$t_1 = t_2 + \frac{q_L}{2\pi\lambda_2}\ln\frac{d_1}{d_0} = t_2 + \frac{q_L}{\pi d_0 h_g} \qquad (2\text{-}22)$$

包壳内表面温度 t_2：

$$t_2 = t_f + \frac{q}{h} = t_f + \frac{q_L}{\pi d_2 h} \qquad t_2 = t_3 + \frac{q_L}{2\pi\lambda_3}\ln\frac{d_2}{d_1}$$

$$(2\text{-}23)$$

包壳外表面温度 t_3：

$$t_3 = t_f + \frac{q}{h} = t_f + \frac{q_L}{\pi d_2 h} \qquad (2\text{-}24)$$

式中：q_L 为平均线功率密度（燃料棒单位长度的释热率），对于压水堆 q_L 一般为 $16\sim18$ W/m；

q 为热流密度，W/m^2，$q_L = \pi d^2 q_V/4 = \pi d_2 q$；

λ_1、λ_2、λ_3 分别为芯块、氦气和包壳的导热系数，W/(m·K)，对于锆合金包壳，$\lambda_3 = 11.6\,\text{W/(m·K)}$，如果考虑燃料导热系数是温度的函数，则 $q_L = 4\pi\int_{t_1}^{t_0}\lambda_1 dt$，或者对于任意形状的燃料，$Cq_L = \int_{t_1}^{t_0}\lambda_1 dt$，

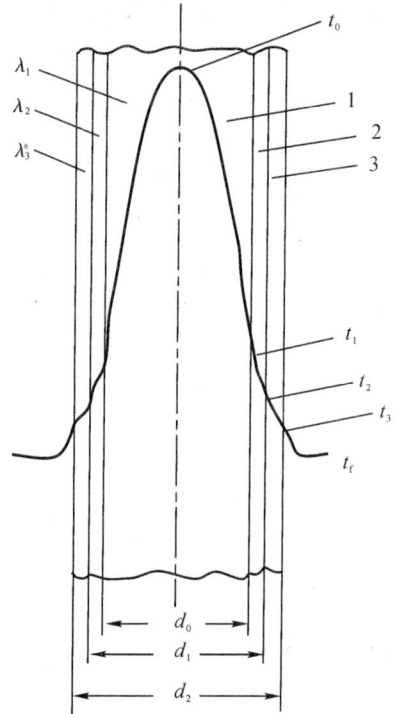

1：芯块 2：气隙 3：包壳

图 2-15 燃料元件内的径向温度分布

其中 C 是与燃料几何形状有关的常数，$\int_{t_1}^{t_0}\lambda_1 dt$ 一般由实验确定，从 $0\,℃$ 到 UO_2 的熔点，实验

测得为 $\int_{t_1}^{t_0}\lambda_1 dt = 93.5\,\text{W/cm}$，实际设计的允许值一般取 $50\,\text{W/cm}$；

d_1、d_2、d_0 分别为包壳的内直径、外直径和芯块直径，mm；

h_g 为气隙的传热系数，取决于燃料芯片与包壳的接触部分面积和气隙的导热能力，通常由实验确定，一般可取为 $5800\,\text{W/(m}^2\text{·K)}$；

t_f 为冷却剂温度，$℃$，t_f 与 t_3 是轴向坐标 z 的函数；

h 为表面对流传热系数，$\text{W/(m}^2\text{·K)}$，对于水，$h = 500\sim45000\,\text{W/(m}^2\text{·K)}$（有沸腾时），对于氦气，$h = 50\sim500\,\text{W/(m}^2\text{·K)}$，$h$ 用有关准则关系式 $Nu = f(Re,Pr)$ 来计算，在动力堆中，冷却剂与燃料棒之间一般都是强迫对流换热，而且大多处于紊流状态，采用的经验关联式如表 2-7 所示。

表 2-7 反应堆中冷却剂与燃料棒之间对流换热的经验关联式

冷却剂工质	$Nu = f(Re,Pr)$	符号说明
水和氦气	$Nu = 0.023Re^{0.8}Pr^{0.4}$	$Nu = hd_e/\lambda$，$Re = ud_e/\nu$，$d_e = 4A/P$，A 为通道截面积，P 为湿周，$Pr = \nu/a = \mu c_p/\lambda$（下同）

冷却剂工质	$Nu = f(Re, Pr)$	符号说明
液态金属	$Nu = 6.3 + 0.03(Re \cdot Pr)^{0.8}$	同上
有机液	$Nu = 0.015 Re^{0.85} Pr^{0.3}$	同上
高压过热蒸汽	$Nu = 0.021 Re^{0.8} Pr^{1/3}(1 + 2.3 d_e/l)$	d_e 为当量直径(同上),l 为流道长度,其他同上
水平行流过棒束	$Nu = c Re^{0.8} Pr^{1/3}$	c 为栅格排列影响系数,其中: 正方形:$c = 0.042 s/d - 0.024$　$(1.1 \leqslant s/d \leqslant 1.3)$; 三角形:$c = 0.026 s/d - 0.006$　$(1.1 \leqslant s/d \leqslant 1.5)$; s/d 为棒栅节距与直径之比

当已知某个 z 处的流体温度 t_f 与 q(或 q_L)后,即可求得 t_3、t_2、t_1 及 t_0:

冷却剂轴向温度分布 $t_f(z)$:

$$t_f(z) = t_f^{in} + \frac{q_L^{max} H_e}{\pi m c_p}\left(\sin\frac{\pi z}{H_e} + \sin\frac{\pi H}{2 H_e}\right) \tag{2-25}$$

包壳外表面轴向温度分布 $t_3(z)$:

$$t_3(z) = t_f(z) + \frac{q_L^{max}}{\pi d_2 h}\cos\frac{\pi z}{H_e} \tag{2-26}$$

包壳内表面轴向温度分布 $t_2(z)$:

$$t_2(z) = t_3(z) + \frac{q_L(z)}{2\pi\lambda_3}\ln\frac{d_2}{d_1} \tag{2-27}$$

芯块外表面轴向温度分布 $t_1(z)$:

$$t_1(z) = t_2(z) + \frac{q_L(z)}{2\pi\lambda_2}\ln\frac{d_1}{d_0} = t_2(z) + \frac{q_L(z)}{\pi d_0 h_g} \tag{2-28}$$

芯块中心的轴向温度分布 $t_0(z)$:

$$t_0(z) = t_1(z) + \frac{q_L(z)}{4\pi\lambda_1} \tag{2-29}$$

式中:t_f^{in} 为冷却剂进口温度,℃;H 为堆芯实际高度,m;H_e 为堆芯外推高度,对于大型动力堆,可认为 $H \approx H_e$,m;m 为冷却剂流量,kg/(m² · s);c_p 为流体比热,J/(kg · K);q_L^{max} 为堆芯最大线功率密度,W/m。

燃料元件的轴向温度分布如图 2-16 所示。

将 $t_0(z)$、$t_1(z)$、$t_2(z)$、$t_3(z)$ 分别对 z 求导并使其等于零,即可求得 t_0^{max}、t_1^{max}、t_2^{max}、t_3^{max}。用锆合金制造的包壳,必须满足 $t_3^{max} \leqslant 350℃$;对于二氧化铀芯块,必须满足 $t_0^{max} < 2650℃$,因为 UO_2 的熔点约为 2800℃,经过辐照后,熔点将下降到 2650℃,在设计中,应使燃料芯块的最高中心温度比 2650℃低得多。

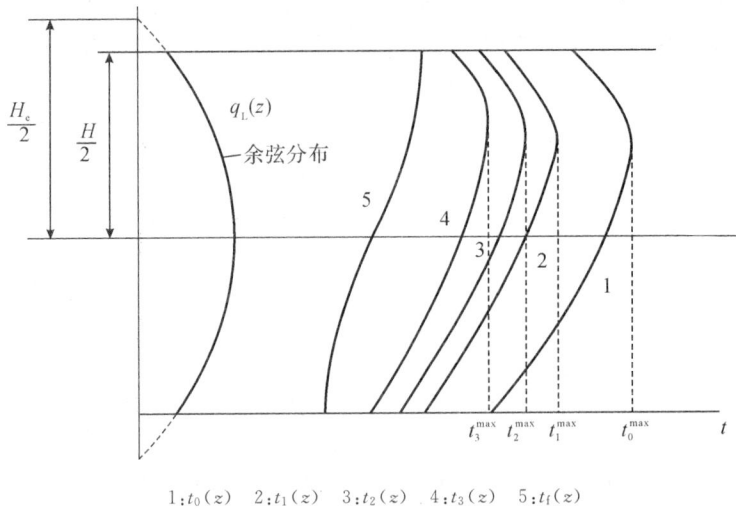

1:$t_0(z)$ 2:$t_1(z)$ 3:$t_2(z)$ 4:$t_3(z)$ 5:$t_f(z)$

图 2 - 16 沿燃料元件轴向的温度分布

2.4.2 反应堆内的临界热负荷

在现代压水堆的热工设计中,允许冷却剂在燃料棒表面发生过冷沸腾和在个别出口段的饱和沸腾,但堆芯各流道出口的平均温度应小于饱和温度,冷却剂混合后不允许存在汽相。

在热负荷较大的少数流道中,冷却剂从堆芯进口到出口,可分为过冷段、过冷沸腾段和低含汽量的饱和沸腾段。过冷沸腾换热比单相对流换热的表面传热系数大,饱和沸腾又比过冷沸腾传热系数大。在过冷沸腾段及饱和沸腾段,临界热流密度同样值得关注。

所谓临界热流密度,是指当热流密度(热通量)达到这一临界值后,燃料棒表面气泡生成速度超过脱离速度,气泡在燃料棒表面上聚集,形成连续的蒸汽膜,阻碍了传热的进行,使表面温度迅速飞升以致烧毁燃料棒包壳,这种情况就是传热恶化。传热恶化的临界点 C 很难控制,所以一般采用在临界点 C 之前设立的一个警戒点作为计算和控制的临界点,即偏离核态沸腾点 DNB 点,如图 2 - 17 所示。

在设计时,必须保证燃料棒在任何负荷下、任何一点的热流密度都不会超过该处的临界热流密度。通常将偏离核态沸腾点的热流密度 $q_{DNB}(z)$ 和实际的热流密度 $q(z)$ 之比定义为烧毁比(DNBR)。

$$DNBR(z) = \frac{q_{DNB}(z)}{q(z)} \tag{2-30}$$

沿冷却剂流动方向(z 向),存在烧毁比最小的一点,称为最小烧毁比(MDNBR)。由于 $q_c(z)$ 随 z 的增加而下降,$q(z)$ 按 cos 函数分布,中部为最大值,所以 MDNBR 点通常位于通道中部与出口处之间某点。在压水堆热工设计中,稳态工况下,一般 MDNBR 可取为 1.8～2.2,对于预计的常见事故工况,要求 MDNBR 大于 1.3。

临界热流密度 $q_c(z)$ 与冷却剂流道的几何特性、表面粗糙度、流体工作压力、质量流量、过冷度、冷却剂焓、含汽率等因素有关,主要依靠经验关系式[如压水堆设计常用的 W-3 公

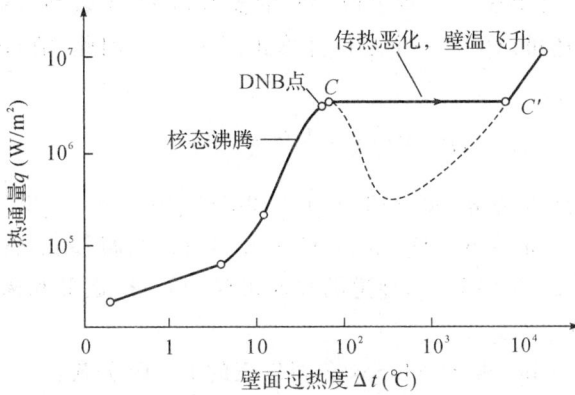

(a) 池沸腾的临界热负荷和DNB点

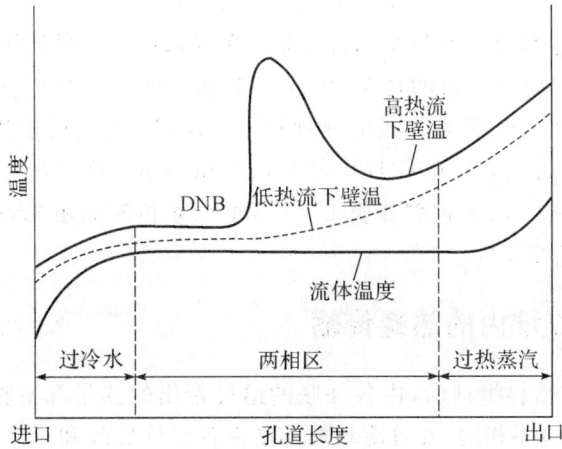

(b) 流动沸腾的加热壁面温度和DNB点

图 2-17　沸腾的临界热负荷和 DNB 点

式(2-31)]和模拟反应堆具体结构和热工参数的实验确定精确的数据。

$$q_{DNB,eu} = 3.154 \times 10^6 \{(2.022 - 6.238 \times 10^{-8} p) + (0.1722 - 1.43 \times 10^{-8} p) \times$$
$$\exp[(18.177 - 5.987 \times 10^{-7} p) x_e]\} \times [(0.1484 - 1.596 x_e + 0.1729 x_e \mid x_e \mid) \times$$
$$0.2049 \times 10^{-6} G + 1.037] \times (1.157 - 0.869 x_e) \times [0.2664 + 0.8357 \exp(-124 D_e)] \times$$
$$[0.8258 + 0.341 \times 10^{-3} \times (H_{fs} - H_{f,in})] \tag{2-31}$$

式中:$q_{DNB,eu}$ 为临界热流量,W/m^2;p 为冷却剂的工作压强,Pa;G 为冷却剂的质量流量,$kg/(m^2 \cdot h)$;D_e 为冷却剂通道的当量直径,m;x_e 为计算点 z 处的含汽量;H_{fs} 为冷却剂的饱和焓,J/kg;$H_{f,in}$ 为冷却剂堆芯进口焓,kJ/kg。

W-3 公式主要是根据轴向热流量均匀分布的单通道试验所得到的临界热流量数据整理而成。如果采用冷却剂的局部参数计算,也可用于轴向热流不均匀分布的棒束元件冷却通道的临界热流量计算,同时用一个轴向热流不均匀分布的修正因子 F_s 来修正,$q_{DNB,N} = q_{DNB,eu}/F_s$。如果实际的棒束通道中还存在非加热的壁面(冷壁面),再引入一个冷壁因子 F_c

加以修正。如果燃料组件上还有一些定位件和混流片,加强了表面流体的扰动,从而强化了元件表面的放热,则还可以引入一个定位件修正因子 F_g。因此,轴向烧毁比 DNBR 的公式(2-30)可以改为

$$DNBR(z) = \frac{q_{DNB,eu}(z)}{q(z)F_s}F_gF_c \tag{2-32}$$

W-3 公式的适用范围为 $q = 0.3466 \sim 1.9226 MW/m^2$,$p = 6.895 \sim 16.55 MPa$,$G = (4.9 \sim 24.5) \times 10^6 kg/(m^2 \cdot h)$,$D_e = 0.005 \sim 0.018m$,燃料棒长 $L = 0.254 \sim 3.668m$,$x_e = -0.25 \sim 0.15$,$H_{f,in} \geqslant 930 kJ/kg$,通道的几何形状为圆形、矩形和棒束。当含汽量大于 $+0.15$ 时,需要使用 W-2 公式。

另外,还有由美国 Babcock & Wilcox 公司发表的 B&W 公式:

$$q_{DNB,eu} = 3.154 \times 10^6 (1.155 - 16.02D_e)\{0.37 \times 10^8 \times (0.1218 \times 10^{-6}G)^{[0.83+0.685(145.05p/10^3-2)]}$$
$$- 0.01346Gx_{DNB}H_{fg}\}/\{12.71(0.6297G/10^6)^{[0.712+0.2073(145.05p/10^3-2)]}\} \tag{2-33}$$

B&W 公式是根据轴向热流量均匀分布的单通道试验所得到的临界热流量数据整理而成,对于轴向热流不均匀分布的情况,引入一个轴向热流不均匀分布的修正因子 F_s 来修正,$q_{DNB,N} = q_{DNB,eu}/F_s$,与 W-3 公式的处理相同。B&W 公式的适用范围为 $p = (13.789 \sim 16.547)MPa$,$G = (0.1546 \sim 0.8247) \times 10^6 kg/(m^2 \cdot h)$,$D_e = 0.00508 \sim 0.0127m$,出口含汽量 $x_{ex} = -0.03 \sim +0.20$,燃料棒长 $L = 1.828m$,定位架间距 30cm,采用 207 个实验点整理而成,标准偏差为 7.7%。

2.4.3 反应堆内的热量传输

冷却剂流过各燃料组件时,由各并联的组件带出的热量互不相同,每一组件中各子通道之间带出的热量也不相同,并且冷却剂流量在各组件之间和每个组件各子通道之间的分配也不均匀,如图 2-18 所示。

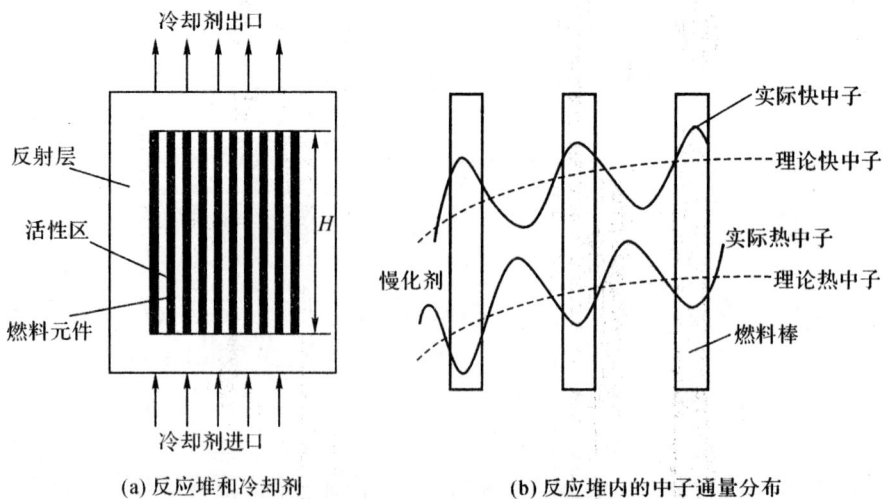

图 2-18 反应堆内的输热

从堆芯不同径向位置看，比较各平行冷却剂通道，存在某一积分功率输出最大的燃料元件冷却剂通道，称为热管，用 $F_{\Delta H}^{N}$ 表示焓升核热管因子，$F_{\Delta H}^{E}$ 表示焓升工程热管因子(由于芯块加工误差、冷却剂通道尺寸误差、冷却剂流量分配不均等引起)，则总焓升热管因子 $F_{\Delta H}$ 为

$$F_{\Delta H} = F_{\Delta H}^{N} \times F_{\Delta H}^{E} = \frac{名义最大焓升}{平均焓升} \times \frac{热管最大焓升}{名义最大焓升} = \frac{热管最大焓升}{平均焓升} \qquad (2\text{-}34a)$$

以秦山一期核电站为例：$F_{\Delta H}^{N} = 1.58$，$F_{\Delta H}^{E} = 1.08$，$F_{\Delta H} = 1.71$。

从堆芯轴向位置看，存在某一燃料元件表面热流密度最大的点，称为热点，用 F_{q}^{N} 表示热流密度核热点因子，F_{q}^{E} 表示热流密度工程热点因子(由于芯块的直径、密度、浓缩度、包壳外径等加工误差引起)，则总热流密度热点因子 F_{q} 为

$$F_{q} = F_{q}^{N} \times F_{q}^{E} = \frac{名义最大热流密度}{平均热流密度} \times \frac{热点最大热流密度}{名义最大热流密度} = \frac{热点最大热流密度}{平均热流密度}$$

$$(2\text{-}34b)$$

以秦山一期核电站为例：$F_{q}^{N} = 2.50$，$F_{q}^{E} = 1.04$，$F_{q} = 2.60$。

如果已知堆芯最大线功率密度 q_{L}^{max}、堆芯高度 H、燃料棒数目 N，则反应堆热功率 Q 为

$$Q = N \cdot H \frac{q_{L}^{max}}{F_{q}^{E} \cdot F_{q}^{N}} \qquad (2\text{-}35)$$

q_{L}^{max} 受燃料芯块熔化温度和包壳材料所能承受的允许温度的限制。

为了提高反应堆热功率，设计中应该尽量设法降低 F_{q}^{N} 及 F_{q}^{E} 的值。

如果冷却剂的进口平均温度是 $\overline{t_{f}^{in}}$，各通道出口的温度必然互不相同，取平均温度 $\overline{t_{f}^{out}}$，则反应堆由冷却剂带走的热量 Q 可表示为

$$Q = Mc_{p}(\overline{t_{f}^{out}} - \overline{t_{f}^{in}}) = \overline{h} A \overline{\Delta\theta_{f}} = VE_{f}\Sigma_{f}\overline{\phi} \qquad (2\text{-}36)$$

式中：Q 为反应堆热功率，MW_{t}；M 为反应堆冷却剂总流量，kg/s；$\overline{h}$ 为平均表面对流传热系数，$W/(m^{2} \cdot K)$；A 为堆芯内燃料棒的总换热面积，m^{2}；$\overline{\Delta\theta_{f}}$ 为堆芯内平均包壳外表面温度与冷却剂温度之差，℃；V 为堆芯体积，m^{3}；E_{f} 为一个核裂变放出的能量，对于铀-235，$E_{f} = 200MeV \approx 3.2 \times 10^{-11}J$；$\Sigma_{f}$ 为宏观裂变截面，$1/m$；$\overline{\phi}$ 为堆芯中的平均中子通量，中子数$/(m^{2} \cdot s)$。

反应堆热功率和电功率之间的对应关系如表 2-8 所示。

表 2-8　反应堆热功率与电功率的对应关系

电功率(MW_{e})	反应堆热功率(MW_{t})	说明
300	966	一回路有 1 个环路
600	1876	一回路有 2 个环路
900	2775	一回路有 3 个环路
1000	2988	一回路有 3 个环路
1200	3411	一回路有 4 个环路
1300	3800	一回路有 4 个环路

反应堆的进、出口温度 $\overline{t_f^{in}}$ 和 $\overline{t_f^{out}}$ 取决于技术经济比较。如秦山核电站(一期),$\overline{t_f^{in}}=$ 288.8℃,$\overline{t_f^{out}}=315.2℃$;大亚湾核电站,$\overline{t_f^{in}}=286℃$,$\overline{t_f^{out}}=323.2℃$。

秦山核电站(一期)压水堆堆芯的有关参数如表 2-9 所示。

表 2-9 秦山核电站(一期)堆芯的有关参数

热功率 (MW)	F_q	$F_{\Delta H}$	q_V^{max} (MW/m³)	$\overline{q_V}$ (MW/m³)	q_L^{max} (W/cm)	$\overline{q_L}$ (W/cm)	q^{max} (W/cm²)	$\overline{q}$ (W/cm²)
966(正常)	2.6	1.71	178.4	68.8	351	135	111.8	43.0
1035(最大)	2.6	1.71	191.1	73.5	374	144	119.1	45.9

在反应堆热工计算中,一方面要解决堆内热源分布及传热问题,另一方面要解决冷却剂在堆内的流动问题,即阻力计算和流量分配。阻力计算包括:沿直管流动时的沿程摩擦阻力压降、流道截面变化和流向变化时的局部阻力压降、在垂直流道内流动时的位差压降、沿程温度变化引起的流体密度变化所造成的加速压降,其各项计算方法与一般设备的常用计算方法相同。

在反应堆中,由于各流道结构形状复杂,有些局部阻力在水力手册上难以查到,堆内各部分压降的准确值必须通过实验确定。流量分配问题也相同,需要通过实验和必要的理论分析来求解。

2.4.4 核反应堆热工设计准则

在反应堆设计中,为了保证其运行的安全可靠,针对相应的堆型,都预先对热工设计必须遵守的要求做了明确规定。以压水堆为例,有下述设计准则:

(1)燃料温度限制。当反应堆以设计超功率工况运行时,燃料芯块的最高工作温度不得超过燃料(UO_2 芯块)的熔点(取 2650℃)。

(2)包壳完整性的限制。最小烧毁比 MDNBR 在设计超功率及瞬态工况下应大于或至少等于预定值(如大于等于 2 或不小于 1.3)。

(3)在稳定设计超功率工况下,不发生流动不稳定性。实际上只要堆芯最热通道出口冷却剂的含汽量小于某一数值(如 0.1),即不会发生流动不稳定性。

不同的反应堆,其热工设计准则有所不同。如气冷堆的热工设计准则就与压水堆不同,不存在烧毁问题,主要是受包壳最高温度及燃料中心最高温度的限制。

第 3 章　压水堆核电厂

3.1　一回路系统概述

一回路系统是指冷却剂回路,是利用反应堆核燃料裂变放出的热量加热冷却剂(水)并向二回路提供动力蒸汽的装置,又称核蒸汽供应系统。

压水堆一回路系统由一回路主系统和一回路辅助系统组成。

一回路主系统由反应堆(堆体及压力壳)、蒸汽发生器、稳压器、主泵及管道组成,如图 3-1所示。一回路主系统的设备都布置在安全壳内。

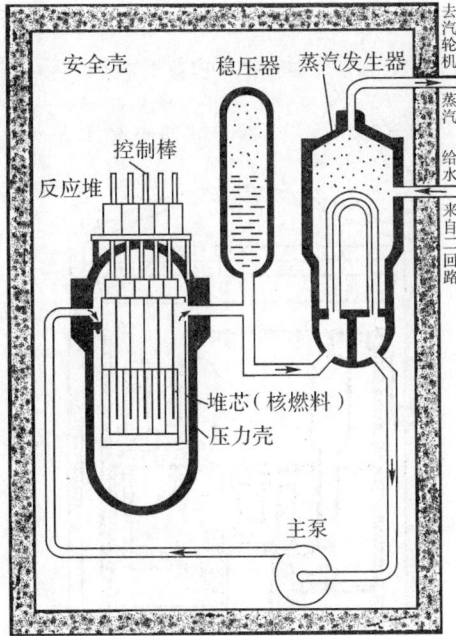

图 3-1　压水堆核电站一回路主系统

一回路辅助系统包括化学与容积控制系统、停堆冷却系统、安全注射系统、安全壳喷淋系统和其他辅助系统,主要是保证反应堆和一回路系统的安全运行。

在一回路主系统中,反应堆往往可以带几个环路,每个环路上各有一台主泵和一台蒸汽发生器。但不论有几个环路,稳压器都只有一个。通常,所采用的环路数目按反应堆功率大小设置:300MW$_e$级压水堆——1个环路(但秦山一期核电站采用双环路系统);600MW$_e$级压水堆——2个环路;900～1000MW$_e$级压水堆——3个环路;1150～1300MW$_e$级压水堆——4个环路。

图3-2(a)所示是一个有2个环路的一回路主系统。反应堆是一回路系统的核心。不论一回路系统有几个环路,稳压器都只有一个,其他设备与环路数目相当。

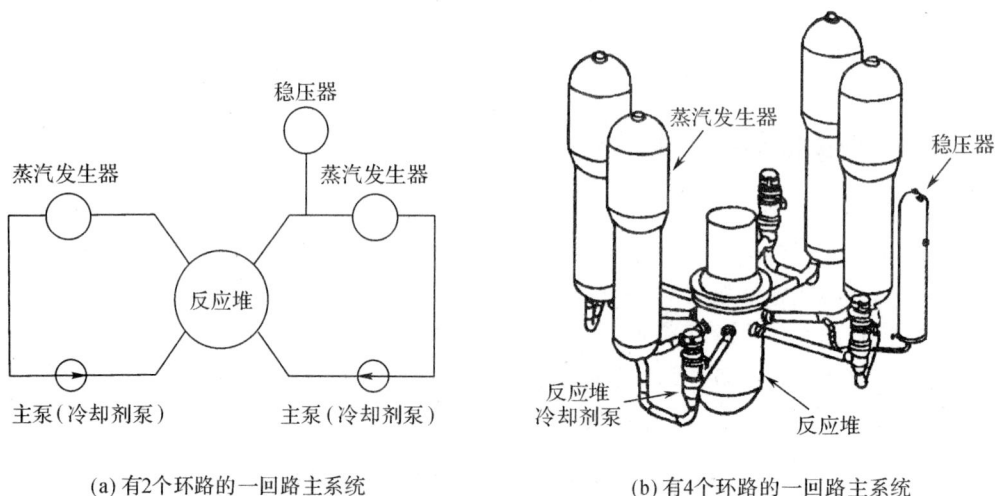

(a) 有2个环路的一回路主系统　　　　　(b) 有4个环路的一回路主系统

图3-2　有多个环路的一回路主系统设备布置

图3-3所示是有2个环路的反应堆厂房的剖面示意图。

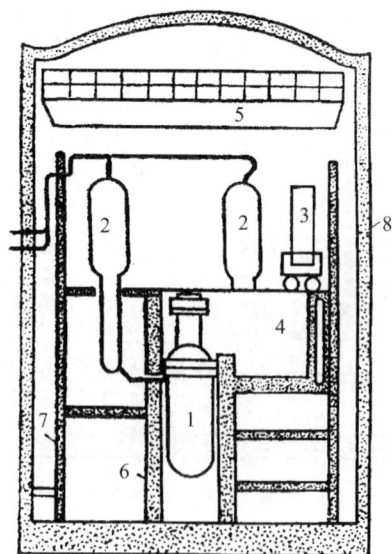

1:反应堆　2:蒸汽发生器　3:换料机　4:反应堆换料水池
5:环形桥式吊车　6:主屏蔽　7:二次屏蔽　8:安全壳
图3-3　有2个环路的反应堆厂房剖面

压水堆核电厂常采用双堆机组方案，如 $2\times600MW_e$、$2\times900MW_e$ 和 $2\times1000MW_e$ 等，图 3-4 所示是双堆机组的厂房布置。双堆机组的厂房是相连的，某些不影响安全的系统可以共用，如核辅助厂房、电气厂房的控制室和汽轮机厂房都是共用的。

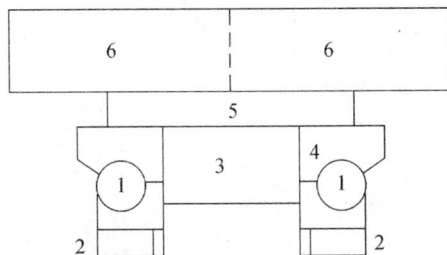

1：反应堆厂房　2：燃料厂房(新燃料及废燃料)　3：核辅助厂房(辅助系统)
4：外围厂房(泵、阀等)　5：电气厂房(控制室及电气设备)　6：汽轮机厂房
图 3-4　双堆机组的压水堆核电厂厂房布置

3.2　一回路系统主要设备

3.2.1　反应堆

反应堆由堆芯、堆内构件和压力壳组成，如图 3-5 所示。

(a)核反应堆照片

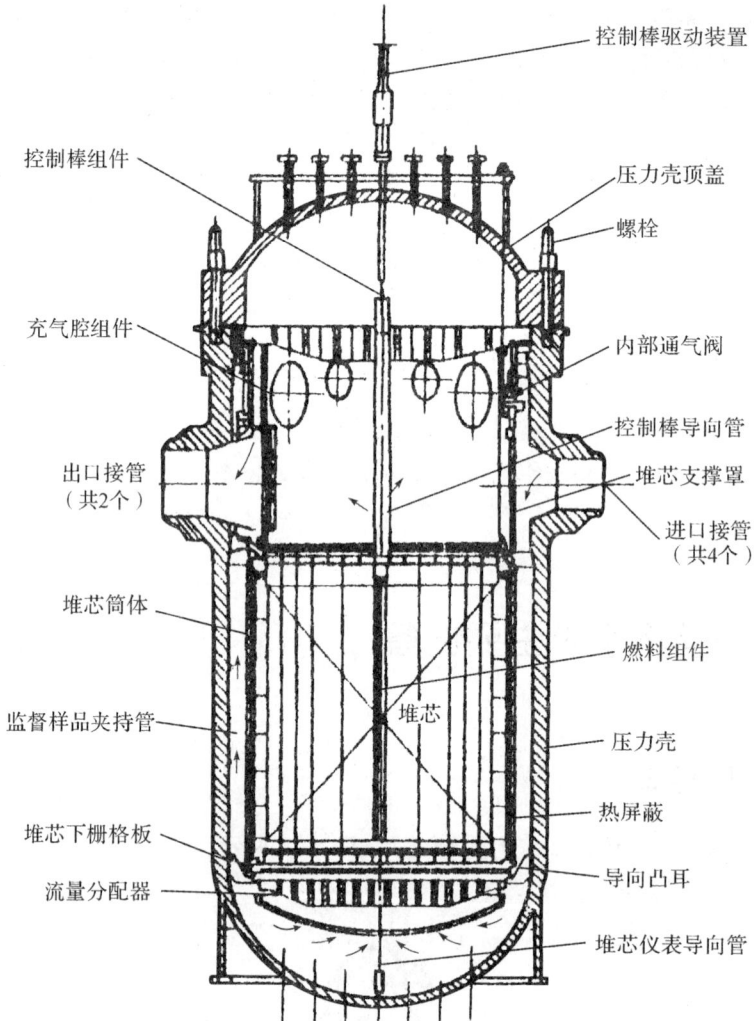

（b）核反应堆结构

图 3-5　核反应堆

1.堆芯

　　堆芯分为燃料组件、控制棒组件（包括驱动机构）、可燃毒物组件、阻力塞组件、中子源组件等部分，统称为堆芯组件。燃料组件按一定数目排列构成圆筒形堆芯，如图 3-6 所示。为了展平中子通量，堆芯内不同富集度燃料组件有三种布置方式：三区布置、棋盘式布置和混合布置（三区＋棋盘式布置）。第一种展平效果较好，但换料时不太方便；第二种换料方便，但均匀性较差；第三种介于两者之间。

　　（1）燃料组件（见图 3-7）

　　在每个燃料组件中，燃料棒按正方形排列。如秦山一期核电站压水堆的燃料棒按 15×15 排列，共 225 个棒位（其中燃料棒 204 根、控制棒导向管 20 根、中子通量测量管 1 根），共有 121 个燃料组件，整个反应堆共有 24684 根燃料棒。燃料棒以锆-4 合金（铁 0.24％，镍 0.007％，锡 1.2％～1.7％，铬 0.05％～0.15％）为包壳，锆-4 合金具有热中子吸收截面小、

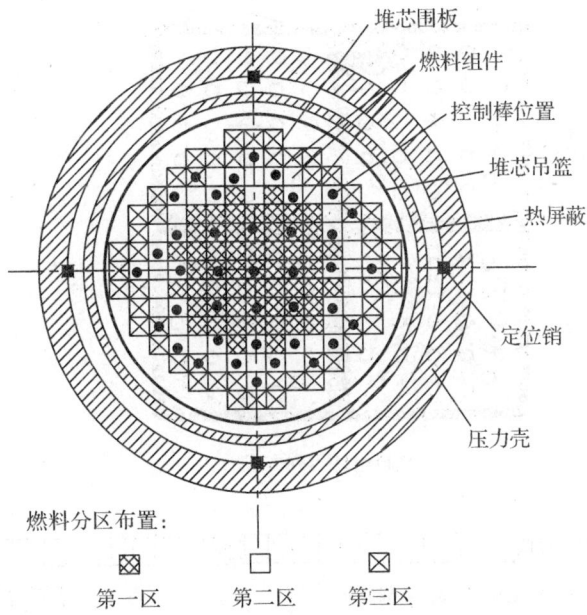

图 3-6 堆芯布置

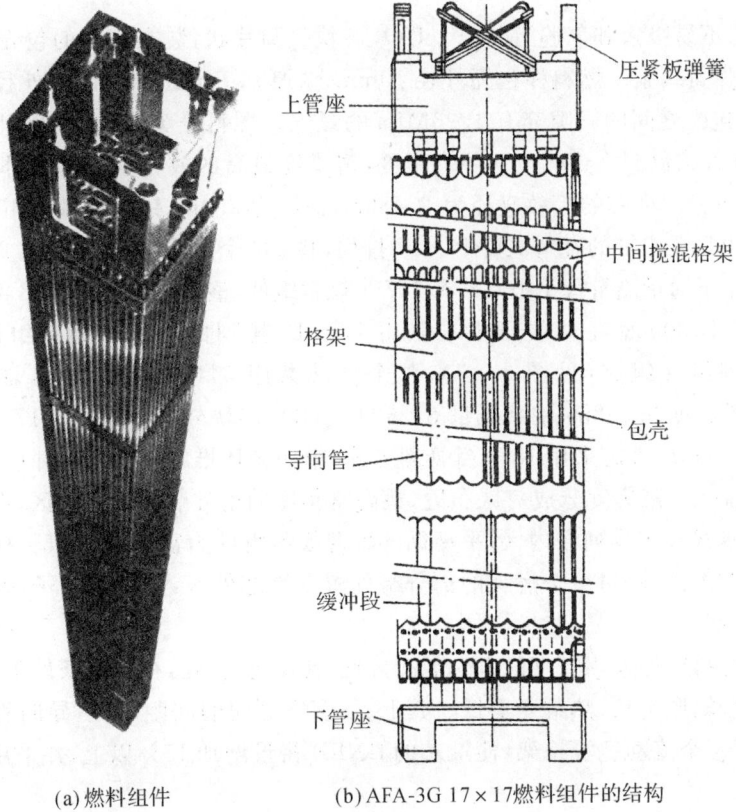

(a)燃料组件　　　　(b) AFA-3G 17×17燃料组件的结构

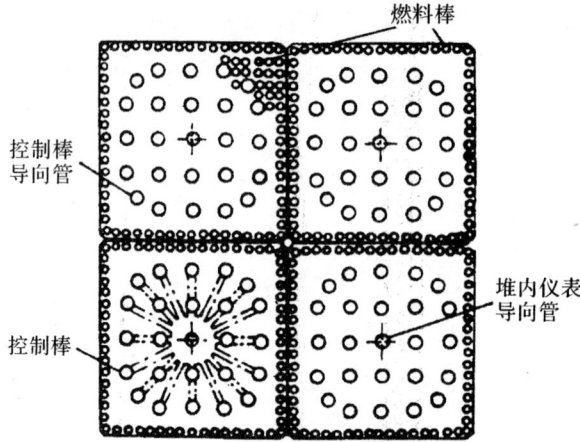

(c) 燃料组件排列方式

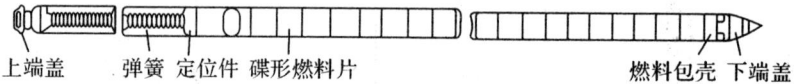

(d) 燃料棒

图 3-7　燃料组件

耐腐蚀性能好、不易吸氢和氢脆等特点。UO_2 芯块呈圆片状,装在密封的包壳管内,一片片相叠并由两端弹簧压紧。燃料棒包壳外径 10mm,壁厚 0.7mm;UO_2 芯块外径 8.19mm,厚 10mm;芯块与包壳之间的间隙充有 1.96MPa 的氦气。燃料分为 3‰(40 个组件)、2.672‰(40 个组件)和 2.4‰(41 个组件)三种富集度,富集度最高的放在堆芯的最外层,其余两种按棋盘式交叉布置。堆芯的等效直径为 2.486m,高度为 2.9m,铀装载量为 40.75t。

大亚湾核电厂压水堆的燃料棒按 17×17 排列,共 289 个棒位(其中燃料棒 264 根、控制棒导向管 24 根、中子通量测量管 1 根),共有 157 个燃料组件,整个反应堆共有 41448 根燃料棒。

我国的 CNP1000 型兆瓦级压水堆采用 17×17 排列的标准型燃料组件——177 组 AFA-3G 型燃料组件组成(见图 3-7),整个堆芯共用 54120 根燃料棒,堆芯等效直径 3.228m,活性段高度 3.658m,铀装载量 81.6 吨。UO_2 芯块外径 9mm、厚 17.8mm,燃料棒包壳壁厚为 0.6mm。堆芯采用 18 个月换料方式,第一循环堆芯的燃料组件按 1.8‰、2.4‰ 和 3.1‰ 三种铀-235 富集度分成三区布置,最高富集度的组件装在堆芯外区,两种较低富集度的组件按棋盘式分布排列在内区;平衡循环堆芯换料组件为富集度 4.45‰ 的 60 组组件,大部分置于堆芯内区,经过一个燃耗的部分组件置于堆芯外区,以减少中子泄漏、提高利用率、延长循环寿期。

AFA-3G 燃料组件采用新型的 M5(锆-1‰铌-氧合金)包壳,在相同条件下,其耐腐蚀性能更好,吸氢量、辐照生长、热蠕变更低。其上、下管座之间的间距增大,导向管的直径和壁厚增大,增加了三个流动搅混格架,使堆芯的 DNBR 裕量增加 15‰ 以上,并采用改进型的防金属异物滤网。

燃料组件由多个定位格架、中间搅混格架、上管座、下管座及控制棒导向管和中子通量测量管组成。目前广泛采用的大型无盒燃料组件的骨架主要由控制棒导向管承担,消除了盒材料对中子的吸收。

(2) 控制棒组件(见图 3 - 8(a))

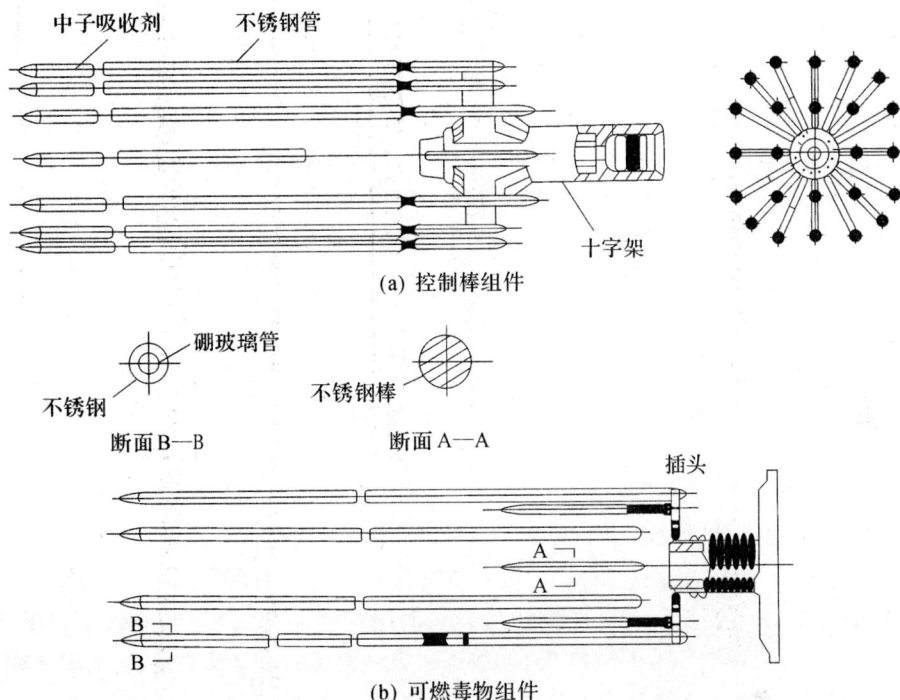

(a) 控制棒组件

(b) 可燃毒物组件

图 3 - 8　控制棒组件和可燃毒物组件

控制棒组件分为长棒束组件和短棒束组件两大类,长棒束组件用于调节棒组和安全棒组(停堆棒组);短棒束组件用于调节轴向功率分布、抑制氙振荡。秦山一期核电站压水堆共用了 37 个长棒束组件。CNP1000 型兆瓦级压水堆采用 61 束控制棒组件,其中 28 束功率补偿棒用于补偿负荷跟踪时的反应性变化;8 束温度调节棒用于调节堆芯平均温度,补偿反应性的细微变化和控制轴向功率偏差;25 束停堆棒组在停堆时全部插入堆芯。

长棒束组件由 20 根或 24 根吸收棒组成。吸收棒是在不锈钢包壳内全长度封装银-铟-镉合金(Ag80%-In15%-Cd5%)。其中铟和银对超热中子吸收性强,对热中子的吸收性中等,而镉对超热中子吸收性弱,对热中子吸收性强。秦山一期核电站压水堆所用控制棒包壳外径 10mm,壁厚 1mm,长度 2700mm。

短棒束组件是仅在包壳下部装有银-铟-镉合金,长度约为 700mm。短棒束组件长期放在堆中会对燃料燃耗产生屏蔽效应。

压水堆控制棒的驱动机构布置在压力壳顶盖上部,常见的有磁力提升型(用于长控制棒)和磁阻马达型(用于短控制棒)等。其驱动轴穿过顶盖伸进压力壳,与控制棒组件的连接柄相连。为了防止冷却剂泄漏,采用控制棒驱动机构的钢制密封壳与压力壳顶盖的管座一体化的结构。

（3）可燃毒物组件（见图 3-8(b)）

压水堆采用硼酸溶液控制，减少了控制棒的数量，但冷却剂中硼酸浓度较高时，出现正的温度系数，影响了反应堆的自调节性能。可燃毒物的使用可以使冷却剂中的硼酸浓度不致过高，保持冷却剂温度系数为负值。可燃毒物还可以改善反应堆功率分布，降低功率不均匀系数。可燃毒物的外形尺寸与控制棒相同，结构与控制棒相似，装入堆芯后不上下移动。

可燃毒物是装在 304 不锈钢包壳内的硼不锈钢、硼玻璃（$B_2O_3 + SiO_2$）、ZrB_2、Er_2O_3 或 Gd_2O_3 等，新装料时布置在堆芯中，以补偿一部分过剩反应性。随着反应堆的运行，可燃毒物逐渐被消耗掉了，到反应堆换料时，将可燃毒物组件（这时吸收中子能力已消耗了 90%）取走。

秦山一期核电站压水堆采用硼不锈钢作为可燃毒物材料；CNP1000 型兆瓦级水堆第一循环采用硼玻璃作为可燃毒物材料，后续循环中采用 Gd_2O_3。

（4）阻力塞组件

阻力塞棒是实心的短金属棒（不锈钢材料），直径比控制棒略粗 1mm，能完全塞住控制棒导向管，其结构与控制棒组件相似。阻力塞组件插在未插有控制棒组件、中子源组件和可燃毒物组件的燃料组件中，用于堵塞控制棒导向管内冷却剂的短路流失，使冷却剂能有效地冷却核燃料元件。

（5）中子源组件

在反应堆启动时可以放出中子实现"点火"，以缩短启动时间，确保安全性。

堆芯一般设置 2 个初级源组件（钋-铍源或锎源）和 2 个次级源组件（锑-铍源）。初级源一般由直径 1.06mm、长 17.7mm 的锎棒封装在两层钢套内制成，外形类似控制棒，位于堆芯内约 1/4 高度，工作期 500～1000 天，初级源在第一次换料时全部取走，换上阻力塞。次级源用非放射性的锑-铍混合物制成芯块封装在不锈钢管内制成，类似控制棒。经过辐照，锑-123 经过 (n,γ) 反应放出 γ 射线衰变为锑-124，铍经过 (n,γ) 反应产生中子并放出 α 粒子。

2. 堆内构件

堆内构件包括吊篮部件、压紧部件、堆内温度测量系统和中子通量测量管。其作用主要是：

（1）承受燃料组件等的重量和压紧力；

（2）固定燃料组件在堆芯中的位置，防止在冷却剂冲击下发生移动；

（3）保证控制棒组件在燃料组件内的定位和对中；

（4）引导冷却剂沿一定方向流动；

（5）固定与导出堆内温度（从上部引出）和中子通量（从下部引出）测量装置；

（6）补偿堆芯与支撑部件之间的尺寸误差和热膨胀差异；

（7）减弱中子与 γ 射线对压力壳的辐照。

堆内构件与堆芯部件一样十分重要，它由许多非标准零部件组成，有些是薄壁或小型零件，有些十分庞大，精度要求都很高，堆芯上板、下板及上下支承板等要开几百个孔，公差要求极高。堆内构件组装后的综合精度也非常重要。

堆内构件的材料一般采用奥氏体不锈钢。对一些紧固件，采用高温下强度更好的镍基合金，如镍基合金 GH-169（含 Ni 50%～55%，Cr 17%～21%，Nb 4.75%～5.50%，Mo 2.80%～3.30%）。

3. 压力壳

压力壳是容纳堆芯、堆内构件的一个钢制圆筒形压力容器,其上、下封头为球碗形,如图 3-9 所示。

压力壳在高温、高压、受放射性辐照的条件下工作,其材料要求具有较高的强度极限和屈服极限、良好的塑性和冲击韧性、低的脆性转变温度(NDT)以及良好的焊接性能和抗中子辐照性能。NDT 随着中子辐照量的增加而升高,因此必须在选材、制造及运行中采取相应的措施,使 NDT 始终低于压力壳的温度,避免钢材和焊缝发生严重脆化。目前广泛采用含 Mn-Mo-Ni 的低合金细晶粒钢,但它的抗腐蚀性能稍差,在压力壳各段拼焊后,必须在其内壁堆焊 6~8mm 的不锈钢层。压力壳是不能更换的,其使用寿命决定了整个反应堆的运行寿命,设计寿命一般为 40 年,目前已达到 60 年设计寿命(CNP1000 型兆瓦级压水堆)。

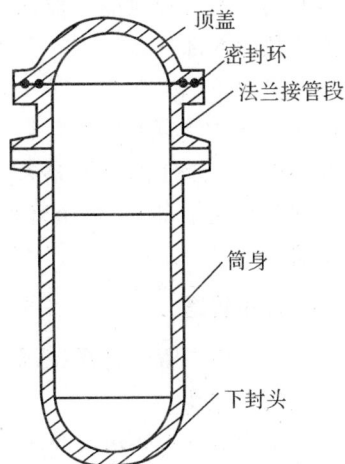

图 3-9　压力壳

秦山一期核电站压水堆的压力壳总高 10.705m,筒体外径 3.732m,筒身壁厚 175mm,全部用锻件制造(SA-508-Ⅲ钢),避免了纵向焊缝。顶盖和筒体间的密封靠两个 O 形环及 48 个螺栓(直径 150mm)压紧来实现。法兰接管段上焊有 4 个冷却水进、出口接管。

900MW$_e$ 级压水堆(如大亚湾核电厂)的压力壳总重 329.7 吨(筒体重 260 吨、顶盖重 54.3 吨、螺栓等重 15.4 吨),筒体外径 3.99m,总高 13m 以上,筒身壁厚 200mm,采用 C 形密封环,工作压强为 15.5MPa,平均工作温度 305℃,冷却剂进口温度 300℃左右,出口温度 330℃左右,冷却剂流量约 6 万吨/小时。设计参数:压强 17.13MPa(约为工作压强的 1.1 倍),温度 343℃。水压试验压强为 21.4MPa(设计压强的 1.25 倍)。

CNP1000 型兆瓦级压水堆的筒体内径比大亚湾核电站的更大,达 4.34m,筒身壁厚 220mm,工作压强为 15.5MPa,平均工作温度 310℃左右。

3.2.2　主泵及主管道

1. 主泵

主泵又称主循环泵,用于驱动高温高压放射性冷却剂,使其在一回路中循环流动。

压水堆主泵有屏蔽泵和轴封泵两种。屏蔽泵将电动机和泵体装在一个全密封的结构内,密封性很好,但容量较小,主要用于舰船的核动力装置。

压水堆核电厂一般采用轴封泵(见图 3-10)。轴封泵不采用全密封结构,其电动机和泵体分开组装,为了防止放射性的冷却剂沿泵轴向外泄漏,在泵轴上设有轴密封。泵的叶轮为悬挂式,泵轴支承在导叶组件上。泵机组自由悬挂在三根垂直支承上,可补偿由于运行温度变化所引起的主管道长度的伸缩变化。泵和电机通过特殊的端面齿轮联轴器连接。泵轴有特殊的三级流体动力轴密封,运行时,轴封水注入系统将净化过的高压轴封水注入第一级轴封,以造成静压密封动静环之间的很大压差而形成水膜,防止一回路冷却剂向外泄漏,还对下部径向轴承及三级轴封进行润滑,可避免反应堆冷却剂的不可控泄漏。轴密封部件是主泵的关键部件,也是易发生故障的部件。

主泵的转速为 1500r/min,向安全壳内泄漏量小于 200cm³/h,要求能连续运行 1 年以上。每台主泵一般承担 300MW$_e$ 左右的电功率,冷却水流量 15000~20000m³/h。无论一回路有几个环路,每个环路上都有 1 台主泵及 1 台蒸汽发生器。

2. 主管道

一回路主管道是系统承压边界的一部分,与压力壳一样,不能发生破裂。

主管道材料要求有足够的强度、高塑性和韧性、耐高温高压水腐蚀、加工性及焊接性良好。一般采用控氮奥氏体不锈钢,也有采用与压力壳相同的低合金钢管内壁堆焊不锈钢衬里作主管道。

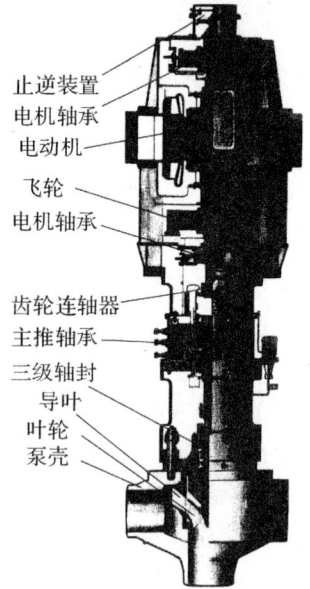

图 3-10 主泵

一个承担 300MW$_e$ 左右电功率的环路,其主管道尺寸为:反应堆入口管内径 27.5in(698.5mm),壁厚 2.38in(60.4mm);反应堆出口管内径 29in(736.6mm),壁厚 2.5in(63.5mm);主泵吸入管内径 31in(787.4mm),壁厚 2.63in(66.8mm)。

3.2.3 稳压器

一回路系统不论有几个环路,稳压器都只有一个。稳压器的作用是:

(1) 稳态运行时将一回路系统的压强波动限制在很小范围内,如±0.2MPa 内;

(2) 变工况运行时将压强波动限制在±1MPa 或更小的允许范围内;

(3) 提供超压保护。

压水堆核电厂采用电热式稳压器(见图 3-11)。

稳压器是一个立式圆柱形高温高压容器,总容积通常为 40~50m³,上半部充满饱和蒸汽,下半部充满水。稳压器材料选用和压力壳相同的低合金钢,内壁堆焊不锈钢。电加热器采用大功率、高功率密度的电加热元件,单根功率为 10~30kW。

当正常运行时,部分电加热器投入工作,补偿稳压器自身散热引起的热损失,使水和蒸汽处于饱和温度不变,维持一回路系统的压力稳定;当负荷降低时,一回路水压升高,稳压器水位也上升,顶部喷淋嘴喷出雾状冷水,使部分蒸汽凝结,压力恢复,若较大的喷淋量都不能使压力下降,则泄压阀自动打开,将多余蒸汽排到泄压罐,若压力仍然上升,则自动开启安全阀;当负荷升高时,一回路水压降低,稳压器水位下降,电加热器自动打开进行加热,使压力恢复。

3.2.4 蒸汽发生器

蒸汽发生器是向二回路汽轮机提供蒸汽的设备,是二回路的水吸收一回路冷却剂的热

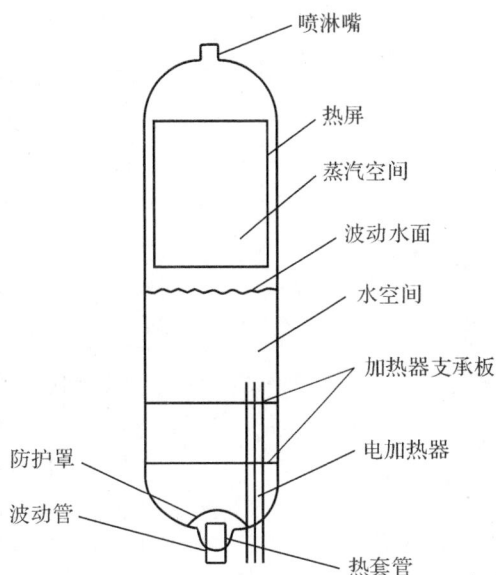

图 3-11　稳压器

量后汽化成为一定压力蒸汽的热交换器。蒸汽发生器将二回路水加热至 280℃ 左右、6～7MPa 的高温蒸汽。蒸汽发生器的热功率就是核蒸汽供应系统的热功率。一般核蒸汽供应系统的热功率会比反应堆热功率大 5～22MW,这部分增加的热量来自主泵。

常用的蒸汽发生器有两类:带汽水分离器的饱和蒸汽发生器和产生微过热蒸汽的直流蒸汽发生器。

1. 饱和蒸汽发生器

饱和蒸汽发生器又可分为立式和卧式两种。目前常用的是立式,立式的特点是结构紧凑、有利于汽水分离和自然循环及对蒸汽微过热。卧式的优点是存水量多、热惯性大、蒸汽参数稳定、传热管破损率低,缺点是体积和重量大,功率达到 250MW。时外形尺寸已达到运输极限。

立式饱和蒸汽发生器如图 3-12(a)所示,分为上、下两部分:下部是直径较小的蒸发段,装有倒 U 形管束(由数千根直径 22mm 的 U 形管组成);上部是直径比较大的汽包段,装有多台旋叶式汽水分离器和带钩波形板干燥器。高温的冷却剂从下封头的一侧进入蒸汽发生器,流进 U 形管束,将热量传给 U 形管外的二回路水,使其汽化,然后从下封头的另一侧离开蒸汽发生器。二回路水从上筒体的进水口进入蒸汽发生器,经环形通道预热到达底部,在 U 形管外在自然循环的作用下上升,发生沸腾,产生的蒸汽经多级汽水分离器和干燥器后干度达到 99.75％ 以上,由蒸汽出口离开蒸汽发生器,未汽化的水再循环加热。

U 形管束的材料需要有高的强度和抗腐蚀性能,一般采用高镍合金 Inconel-600(含 Cr 14％～17％)、Incoloy-800(含 Cr 19％～23％)、Inconel-690(含 Cr 28％～31％)。蒸汽发生器下封头是碳钢铸件,内表面堆焊 6mm 厚不锈钢,管板是 600mm 厚的低合金钢锻件,一回路侧堆焊因科镍层,筒体由低合金钢锻件或板材制成。

立式饱和蒸汽发生器的总高度一般为 19～22m,总重 300～400t,单台蒸汽产量最大可达到 1600～2000t/h,相当于 260～340MW$_e$ 的功率,蒸汽压强为 5.5～7.5MPa。

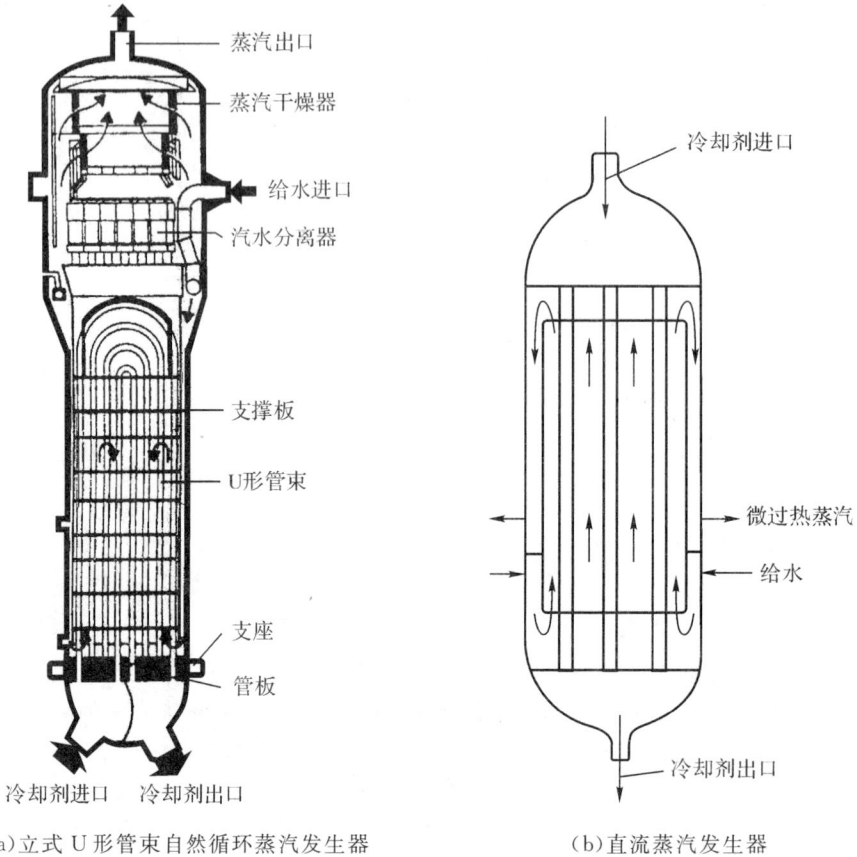

(a)立式 U 形管束自然循环蒸汽发生器　　　　(b)直流蒸汽发生器

图 3-12　蒸汽发生器

2.直流蒸汽发生器

直流蒸汽发生器(见图 3-12(b))的传热管是直管,不带汽水分离器,可直接产生微过热蒸汽(过热度 20～28℃),是美国 B&W 公司的独特设计,可提高电站热效率 1% 左右,但它的水容量小,对水质的要求高,安全性较差。

3.3　一回路辅助系统

3.3.1　化学与容积控制系统(CVCS)

化学与容积控制系统(CVCS)简称化容系统,如图 3-13 所示。化容系统的一小部分设备安装在安全壳内,大部分设备安装在安全壳外的核辅助厂房内。化容系统的主要功能有:

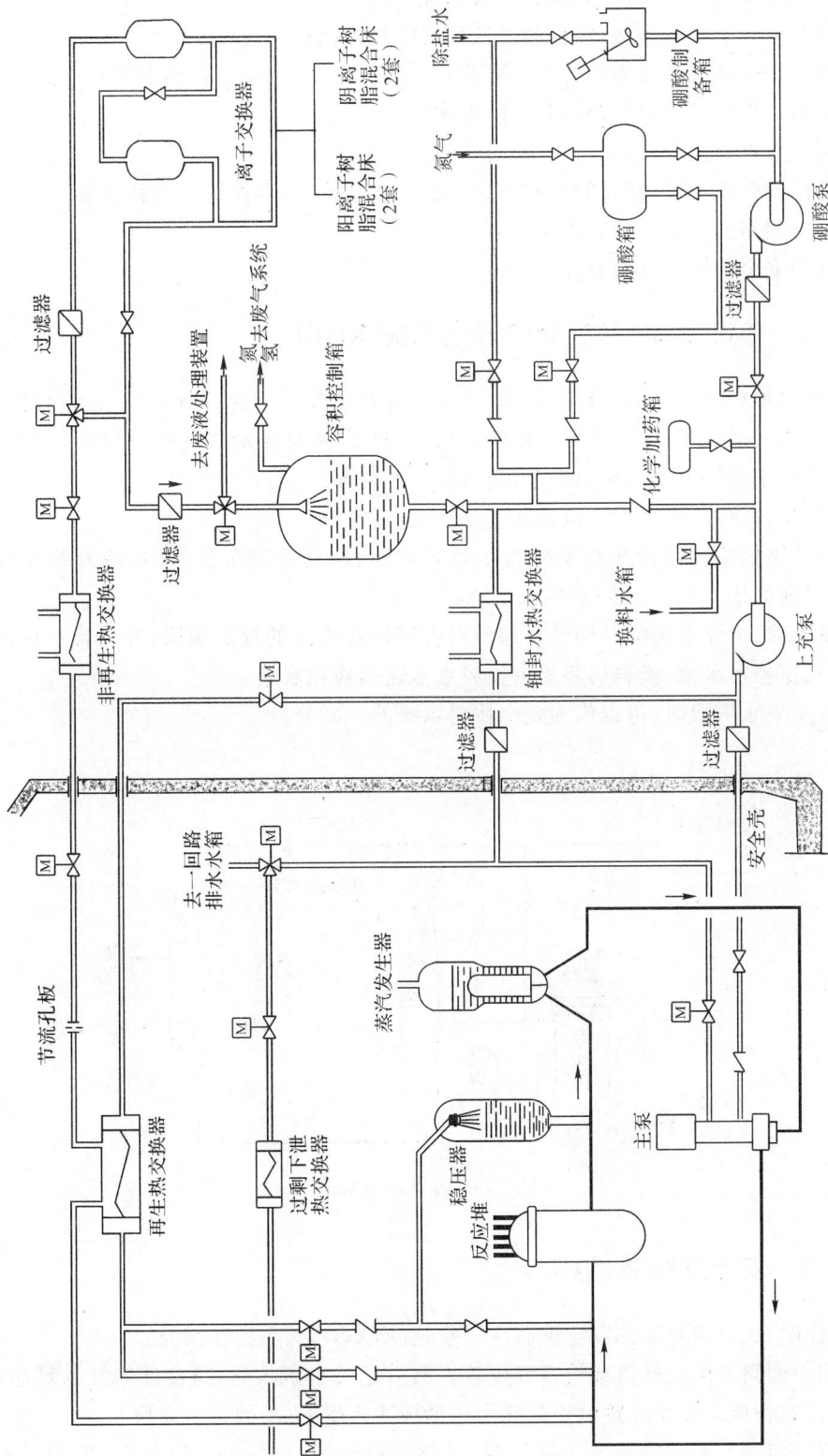

图 3 - 13　化学与容积控制系统

(1)净化冷却剂,减少其中的裂变与腐蚀性产物;

(2)调节冷却剂中的硼浓度,控制反应性的缓慢变化;

(3)保持一回路主系统中冷却剂的容积,调节稳压器液位与运行功率匹配;

(4)主泵停用后提供稳压器的辅助喷淋水;

(5)为主泵轴封提供轴封水;

(6)向冷却剂添加腐蚀抑制剂,如氢、联氨、氢氧化锂等,以保持一回路水质;

(7)为一回路进行水压试验供水;

(8)作为安全注射系统的补充应用。

3.3.2 停堆冷却系统(余热导出系统 RHRS)

反应堆停堆后,仍有一部分剩余功率存在(约为稳态功率的百分之几),来自剩余裂变产生的功率和一部分裂变产物衰变发出的功率,这部分剩余发热功率可以用经验公式计算。这部分热量如果不及时导出堆芯,足以将堆芯烧毁。

停堆冷却系统如图 3-14 所示,其主要功能包括:

(1)冷停堆的第一阶段仍用蒸汽发生器导出热量,到第二阶段(一般冷却剂压强低于 3.1MPa、温度低于 176.7℃后)启用该系统;

(2)换料时,由该系统将一回路冷却剂温度保持在较低的预定温度,并在换料前将水由换料水箱送至换料水池,换料后将水由换料水池送回换料水箱;

(3)发生失水事故时,可以作为安全注射系统的一部分。

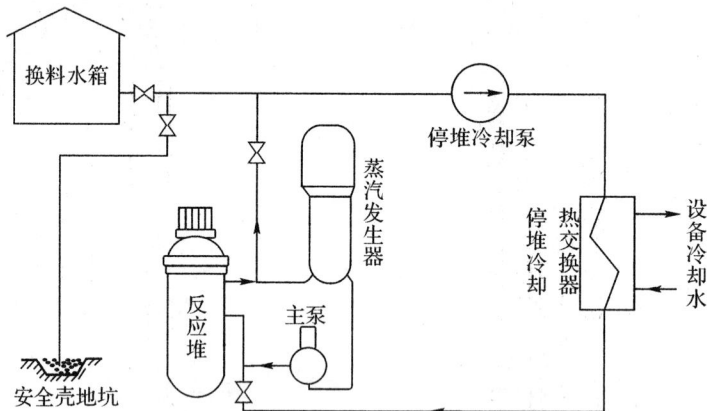

图 3-14 停堆冷却系统

3.3.3 安全注射系统(SIS)

安全注射系统(SIS)又称紧急堆芯冷却系统(ECCS),其主要功能是:

(1)当一回路系统的管道或设备发生破损而引起失水事故时,将冷硼水注入堆芯(事故第一阶段),对积聚在安全壳地坑里的硼水再循环注入堆芯(事故第二阶段);

(2)当二回路主蒸汽管道发生破裂时,尽快将高浓度(12%)的硼酸注入堆芯抵消因失控的慢化剂冷却所引入的反应性。

典型的安全注射系统可分为以下三个子系统。

1. 高压注射系统

当一回路系统发生破损事故,压强下降到某一值(如 12～13MPa)时,高压安全注射泵自动启动,将换料水箱内的 2000mg/kg 左右的硼水注入堆芯。注入管先经过一个容积为 3～4m³ 的硼注入箱内,箱中充满浓度为 12% 的硼酸溶液。注入管接在每一环路的冷端或冷、热端。有些压水堆的安注泵与化容系统的上充泵合用。

2. 蓄压注射系统

每一环路都有一个容积 40～50m³ 的安全注射箱(在安全壳内),内储浓度约 2000mg/kg 的硼酸溶液 30～40m³,箱内充有压强为 4～5MPa 的氮气。当系统失压至低于氮气压强时,安全注射箱内的硼水就将逆止阀顶开注入堆芯。

3. 低压注射系统

当一回路冷却剂管道发生大破裂,冷却剂压强下降到大约 0.7MPa 时,低压安全注射泵投入运行,将换料水箱中的硼水注入每个环路的冷端。当换料水箱的硼水用完后,低压安注泵可改吸地坑中的水进行再循环。有些压水堆的停堆冷却泵兼作低压安注泵。

3.3.4　安全壳喷淋系统(CSS)

安全壳喷淋系统(CSS)如图 3-15 所示。当发生事故时,安全壳内充满高压蒸汽出现压力过高信号,喷淋泵自动启动,将换料水箱中的冷硼水和氢氧化钠储箱内供除碘(放射性)用的 NaOH 溶液混合,从安全壳顶部喷下,使整个安全壳内降温降压。当安全壳地坑水位达到一定值时,在换料水箱低水位信号作用下,切换到从地坑中取水,继续喷淋。该系统可以在事故时使安全壳内的压力和温度保持在一定范围内。

在核电厂失电情况下,喷淋泵与安全注射泵都由应急柴油发电机自动供电。

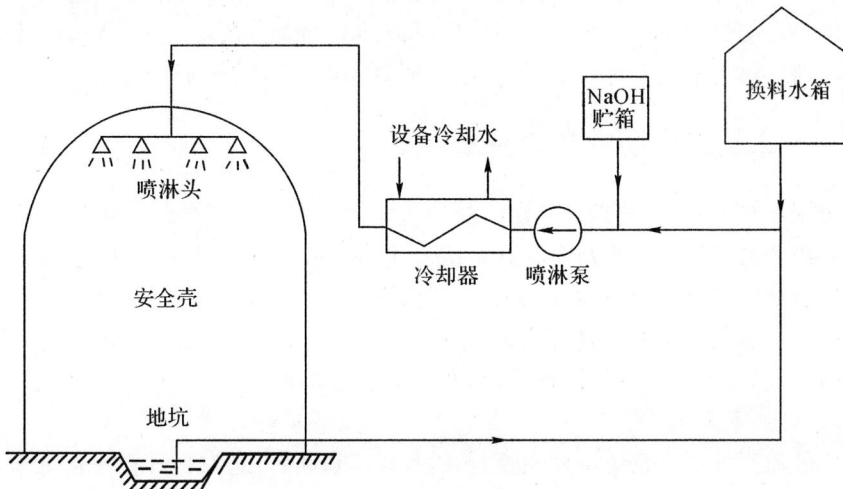

图 3-15　安全壳喷淋系统

3.3.5 设备冷却水系统(CCWS)

该系统在各种运行工况下为核电厂主、辅系统接触放射性介质的设备和热交换器提供冷却水。停堆时,冷却停堆冷却系统的热交换器。

这是一个闭式的冷却水中间回路,其热量由设备冷却交换器传给江水或海水。该系统将带放射性的冷却剂与外界冷却水源隔开。系统中的冷却水波动箱用来补偿水的热胀冷缩引起的体积波动,还可用于储存和补给冷却水或添加缓蚀剂。

3.3.6 公用水系统(SWS)

该系统主要是用来冷却设备冷却水热交换器及核辅助厂房内的通风设备,其布置与设备冷却水系统相似。

3.3.7 紧急公用水系统(ESWS)

该系统是专设安全设施,用于防止在发生一回路失水事故等严重事故时堆芯熔化和放射性外泄,包括安全注射系统、安全壳喷淋系统、安全壳隔离措施、安全壳消氢系统、安全壳空气净化系统、二回路辅助给水系统和安全可靠的电源等。在核电厂发生电网失电及失水事故,且一台柴油发电机损坏的情况下,该系统可以保证必需设备的冷却。

3.4 二回路热力系统

二回路热力系统是核电厂常规岛的主体,其作用为将核蒸汽供应系统产生的蒸汽的热能转化为电能;在停机或事故情况下保证核蒸汽供应系统的冷却。

根据发电厂热力循环的特征,将热力部分主辅设备及其管道附件连接成一个整体的线路图称为发电厂的热力系统。根据不同的应用目的和编制方法,热力系统可分为原则性热力系统和全面性热力系统两种,这里仅介绍二回路原则性热力系统。

3.4.1 二回路原则性热力系统

所谓原则性热力系统,是指以规定的符号表明工质在完成某种热力循环时所必须流经的各种热力设备之间的联系线路图。其实质是表明工质的能量转换及其热量利用的过程,反映发电厂能量转换过程的技术完善程度和热经济性。原则性热力系统图只表示工质流过时发生压力和温度变化的各种必需的热力设备及设备之间的主要联系,同类型、同参数的设备在图上只表示一个,备用设备、管路和附属设施都不画出,除额定工况时所必需的附件外,一般附件均不表示。

核电厂的原则性热力系统主要由反应堆的型式来确定,它对设计汽轮机装置及其运行起着决定性的作用。特别是作为工质的蒸汽或气体是否带有放射性或是否清洁也由原则性热力系统来确定。一般可将原则性热力系统分成三种基本形式:单回路、双回路和三回路系统。

1. 单回路系统

工质直接由反应堆进入汽轮机或燃气轮机,如图 3-16 所示。它可以采用沸腾的普通水或高温气体作为载热质,同时又是工质。这种系统的优点是简单而价廉,缺点是工质带有放射性,对运行和设计提出防护等方面的专门要求。主要适用堆型:沸水堆、石墨沸水堆和高温气冷堆。

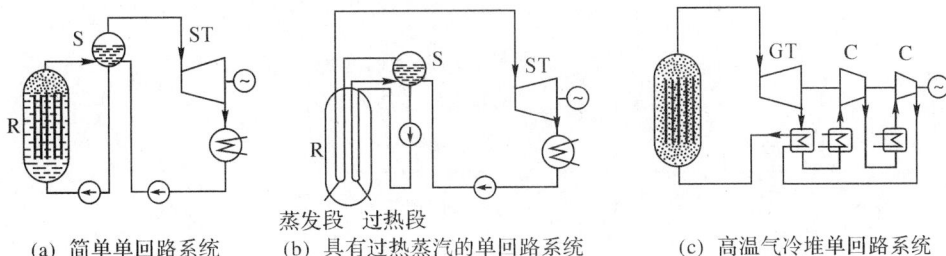

(a) 简单单回路系统　　(b) 具有过热蒸汽的单回路系统　　(c) 高温气冷堆单回路系统

R:反应堆　S:汽水分离器　ST:汽轮机　GT:燃气轮机　C:压气机

图 3-16　单回路原则性热力系统

2. 双回路系统

双回路原则性热力系统如图 3-17 所示。载热质在一回路里循环,从反应堆中吸收热量,然后进入蒸汽发生器,将热量传给二回路工质使之产生蒸汽,蒸汽引入汽轮机做功。主要适用堆型:压水堆、石墨气冷堆(天然铀)、改进型石墨气冷堆(低浓缩铀)和高温气冷堆。

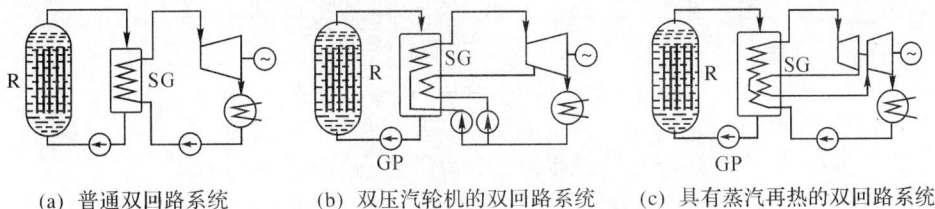

(a) 普通双回路系统　　(b) 双压汽轮机的双回路系统　　(c) 具有蒸汽再热的双回路系统

R:反应堆　SG:蒸汽发生器　GP:风机

图 3-17　双回路原则性热力系统

3. 三回路系统

三回路原则性热力系统如图 3-18 所示,主要适用于快中子增殖堆。

压水堆核电厂二回路系统是双回路系统,其组成及功用与火电厂基本相同,主要由汽轮发电机组(包括汽轮机、汽水分离-中间再热器、冷凝器和发电机)、电气系统和二回路子系统(包括主蒸汽系统、主蒸汽排放系统、循环水系统、回热抽汽系统、凝结水和给水系统、事故给水系统和蒸汽发生器排污系统等)组成。

图 3-19 所示是 $900MW_e$ 压水堆核电厂的二回路原则性热力系统。其主要参数为:进入高压缸的蒸汽量为 5808t/h,蒸汽压强为 6.43MPa,蒸汽干度为 0.9953;进入低压缸的蒸汽量约为 4000t/h,蒸汽压强为 0.755MPa,蒸汽温度为 265.1℃;冷凝器蒸汽背压为 7.5kPa;给水温度为 226℃;额定工况时,汽耗率为 10629kJ/(kW·h)。

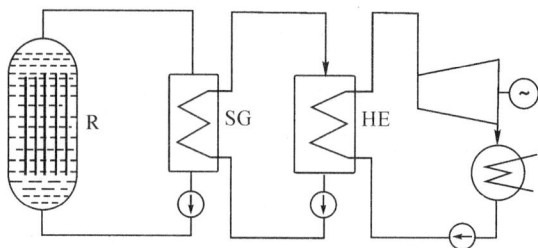

R:反应堆　SG:蒸汽发生器　HE:热交换器

图 3-18　三回路原则性热力系统

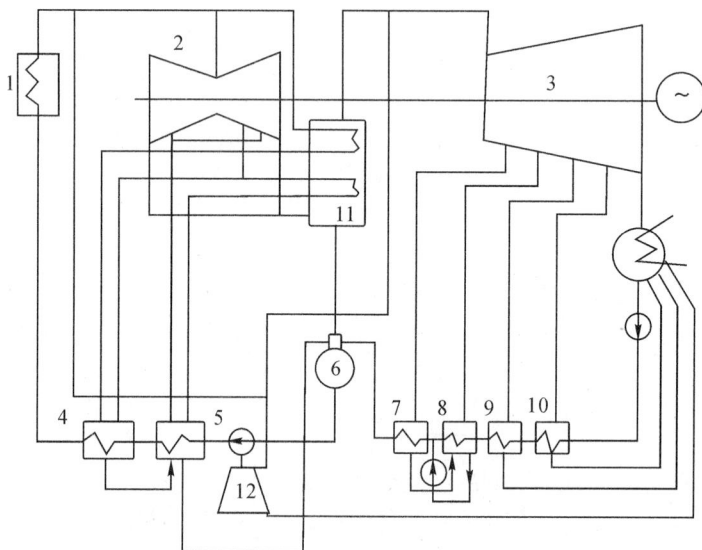

1:蒸汽发生器　2:高压缸(1个双流缸)　3:低压缸(3个双流缸)

4、5:2个高压加热器　6:除氧器　7、8、9、10:4个低压加热器

11:汽水分离-再热器　12:汽轮机传动给水泵

图 3-19　大亚湾核电厂二回路原则性热力系统

3.4.2　二回路热力系统介绍

压水堆核电厂二回路热力系统由各子系统组成,与常规火电厂相比,有下述特点:

(1)必须适应反应堆负荷特点。压水堆对汽轮机负荷的跟踪及适应性不及火电厂锅炉设备,所以不允许负荷发生大幅度变化。一般工况下,只允许每分钟负荷变化 5%,瞬间负荷变化 10%。当瞬间负荷下降率超过 10%时,二回路热力系统必须迅速提供一个人造负荷,由汽轮机蒸汽旁路系统承担。

(2)保证反应堆事故工况下安全运行和停堆。压水堆具有较大的热惰性,在失去厂用电或汽轮机甩负荷、冷凝器真空破坏等情况下,要求二回路能连续有效地向蒸汽发生器供水,同时将生成的蒸汽向大气释放,带走反应堆剩余热量,因此必须有事故给水系统及对空释放系统(对空安全阀及释放阀)。

1. 主蒸汽系统

主蒸汽系统连接蒸汽发生器和汽轮机,在正常运行时,向汽轮机输送蒸汽发生器产生的蒸汽;在机组甩负荷、汽轮发电机跳闸、机组降负荷超过允许值、机组启动或发生事故等情况下排放多余蒸汽,保护压水堆。

压水堆核电厂的主蒸汽管道系统是一种母管式单元制系统,即由蒸汽母管连接一个反应堆及一台汽轮机组成单元。它不同于火电厂的各种主蒸汽管道系统。

例如一个900MW级压水堆核电厂有3台蒸汽发生器,出口侧在安全壳外连接有3根外径约800mm的蒸汽母管,由母管共引出6根外径约600mm的主蒸汽管道进入汽轮机高压缸。正常情况下,汽轮机在额定负荷运行只需4根主蒸汽管道供汽,当超负荷运行时则由6根主蒸汽管道供汽。

2. 主蒸汽排放系统

主蒸汽排放系统中的一个重要组成部分是主蒸汽旁路系统(汽轮机蒸汽旁路系统),设置旁路系统的目的不仅为了适应再热单元式机组的启停和事故处理,还为了满足汽轮机组甩负荷时不必停闭反应堆,是反应堆的一个事故保护系统。

压水堆核电厂旁路系统的容量通常是额定蒸汽排放量的40%～85%,一般为85%,比火电厂旁路系统容量(一般不超过40%)大得多。旁路阀分为减压阀及减压减温阀两种,往往串联布置。旁路阀要求能在15s内迅速全部开启通过85%的蒸汽流量,在紧急情况下要求能在2～4s内开启(普通火电厂旁路阀的开启时间是30s)。

安全阀及释放阀是主蒸汽排放系统的另一个组成部分,安装在蒸汽发生器的出口。安全阀容量一般为蒸汽额定流量的105%。当蒸汽压力达到额定压力的110%时,安全阀动作。释放阀的容量一般为额定蒸汽流量的10%。释放阀提供了一个辅助的蒸汽对空排放出口,以便减少安全阀动作的概率。

3. 回热抽汽系统

压水堆核电厂的回热抽汽系统与火电厂相同。从汽轮机的高压缸与低压缸抽汽,分别送入高压加热器及低压加热器。如900MW级压水堆核电厂为7级回热抽汽,分别供给2只高压加热器及汽水分离-中间再热器(加热蒸汽为进入汽轮机前的新蒸汽和汽轮机的一级抽汽)、1只除氧器及4只低压加热器。

4. 凝结水、给水系统

压水堆核电厂的凝结水、给水系统与普通火电厂相同。该系统由凝结水泵、凝结水除盐装置、低压加热器、除氧器、给水泵、高压加热器等设备所组成。以900MW级压水堆核电厂为例,有3台50%容量的电动凝结水泵,每台流量1980t/h,电动机功率3550kW,其中1台备用。低压加热器及高压加热器采用两行并列布置形式。给水泵有50%容量的汽动泵,每台流量为2275t/h,汽轮机功率为3350kW。两路给水汇合后,再分三路通往3台蒸汽发生器。给水系统属母管式单元制系统。

根据蒸汽发生器对给水中氯离子及其他杂质的严格要求,运行中要对部分或全部凝结水进行除盐和除氧处理。

5. 蒸汽发生器排污系统

每台蒸汽发生器都有自己的排污装置,能连续地和定期地从蒸汽发生器二次侧排污,以控制水质指标,在有泄漏时对二次侧去污,能把二次侧的水放干。

排污系统包括 1 只冷却排污水的热交换器,下接 2 条管线。如果排污水无放射性,则直接排入排放箱;如有放射性,则排污水进入处理管线,通过过滤及离子交换,再排入排放箱。排污系统的设计选择各种设备可能泄漏量的最大值作为设计时应确定的最大排污量,如900MW 级压水堆核电厂蒸汽发生器的正常排污量为 10t/h,事故排污量为 50t/h。

6. 事故给水系统

事故给水系统的目的是在给水系统出现故障时能立即向蒸汽发生器供水,其可靠性不但关系着核电厂的安全生产,而且关系着设备的可靠运行。此外,压水堆启动、升温和停堆时,由事故给水系统向蒸汽发生器供水。

事故给水系统的水源单独来自除盐水箱。如 900MW 级压水堆核电厂事故给水系统有汽动泵 1 台,流量 160t/h;电动泵 2 台,单台流量 80t/h。每台电动泵均连接到一组双母线上,每条母线都与应急柴油发电机组相连接。给水通过调节阀送至蒸汽发生器给水管进口段,并与给水的调节阀分开,以保证事故状态下给水的紧急供应。选择给水泵容量应保证任一环路蒸汽或给水管道发生断裂事故时,其他蒸汽发生器内的水不被蒸干。CNP1000 的事故给水系统设置了互为冗余并相互隔离的 2 个系列,每个系列包括 1 台 100% 流量的电动泵和 1 台 100% 流量的汽动泵,并由 2 台水箱供水。

反应堆在启动和升温时,可用电动泵保证蒸汽发生器的供水或充水;其余情况下,首先投入汽动泵,当反应堆处于停堆热备用状态时,如果堆芯余热不足以产生足够蒸汽供应汽动泵,则电动泵投入运行。除盐水箱有效贮水量为 $625m^3$,可满足反应堆 6 小时冷却所需水量。

7. 循环水系统

循环水系统供应冷凝器冷却用水。压水堆核电厂的循环水系统与普通火电厂相同,但与同功率的火电厂相比,循环水量较大。其原因是核电厂的热效率比火电厂低,且核电厂没有排烟损失,反应堆放出的热量除了发电及一些散热损失外,其余热量全部由循环水带走。

核电厂的循环水水源可以取用海水、江水、河水或建造冷却塔。为防止微生物的滋生和有机物的沉积与污染,对循环水进行氯化处理被证实是有效的办法。将循环水加氯(含量为 1mg/kg)及与二次滤网并用是保持冷凝器清洁的最佳方案,必要时再装设胶球清洗装置。

3.5 二回路系统的主要设备

3.5.1 汽轮机

二回路主系统如图 3-20 所示。图 3-21 为压水堆核电厂的汽轮机车间。目前,一座核反应堆只配一台汽轮机,所以随着反应堆功率的增大,汽轮机的体积也越来越大,一个 1300MW(130 万千瓦)的核电站,汽轮机长度达 40m,加上发电机后,整个汽轮发电机组的长度达到 56m。

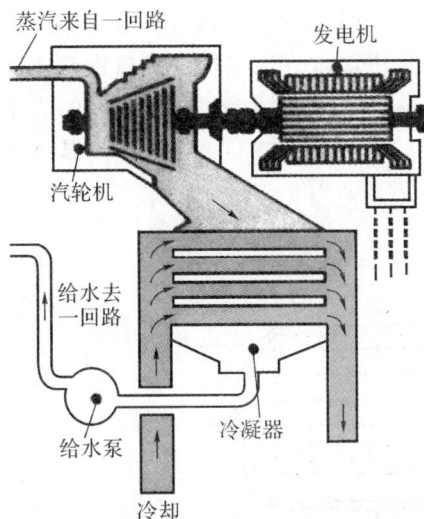

图 3-20　二回路主系统

图 3-21　汽轮机车间

压水堆核电厂的汽轮机是饱和蒸汽轮机,进汽压强为 5.5～7.5MPa,温度为 270～290℃,蒸汽湿度不超过 0.5%(蒸汽发生器出口处为 0.25%)。和常规火电厂的汽轮机相比,其蒸汽的可用焓降仅为常规汽轮机的 65% 左右,汽耗约大一倍,在相同的背压下,汽轮机容积流量大 60%～70%。因此,压水堆核电厂所有的汽轮机具有如下特点:

(1)较多采用半速机组。目前,世界上压水堆核电厂的汽轮机容量分为四个等级:300MW、600MW、900～1000MW 和 1300MW。其中,300MW 和 600MW 以全速(3000r/min)设计较多,后两者以半速(1500r/min)设计较多。在初终参数、功率相同的条件下,半速机组的末级叶轮直径增大 1 倍,蒸汽流通截面增加 4 倍,排汽量大大增加,效率比全速机组高1%～1.5%,并可减少汽缸数,简化布置;但半速机组的主要部件(汽缸、转子、末级叶片和轴承等)的尺寸和重量增大,一台 150MW 的核电站汽轮机的尺寸相当于一台 250MW 的常规汽轮机。因此其加工的关键技术是长达 1500mm 以上的末级叶片的加工、重达 200t 以上的低压缸转子的加工和大尺寸的低压缸的加工。

(2)蒸汽湿度较高易引起水蚀。汽轮机大部分汽级在湿蒸汽区域工作,喷嘴、隔板易引起水蚀。防护措施之一是设置汽水分离-再热器,措施之二是采用抗蚀材料与改善流通部分的除湿效果。

(3)采用双层汽缸以减少启、停过程中的热应力与热变形。

(4)甩负荷时要防止闪蒸引发的机组超速(目前最有效的措施是在低压缸进口处安装快速截止阀)。

(5)对调节系统有特殊要求。

(6)采用单轴形式。

3.5.2　汽水分离-中间再热器

汽水分离-中间再热器将来自汽轮机高压缸的湿蒸汽在外置式汽水分离器中进行分离，再用新蒸汽和高压缸的抽汽在中间再热器中进行一级或二级再加热，使蒸汽具有一定的过热度，然后通入汽轮机的低压缸，从而大大降低低压缸排汽湿度。当汽轮机进口饱和蒸汽初压为6MPa、终压为4kPa时，如果不采取任何除湿措施，末级叶片最终湿度为24%；当采用内部除湿和先进的外部分离后，最终湿度为14%，如果再加上中间再热，再热温度为260℃时，最终湿度只有10.6%。卧式汽水分离-中间再热器如图3-22所示。

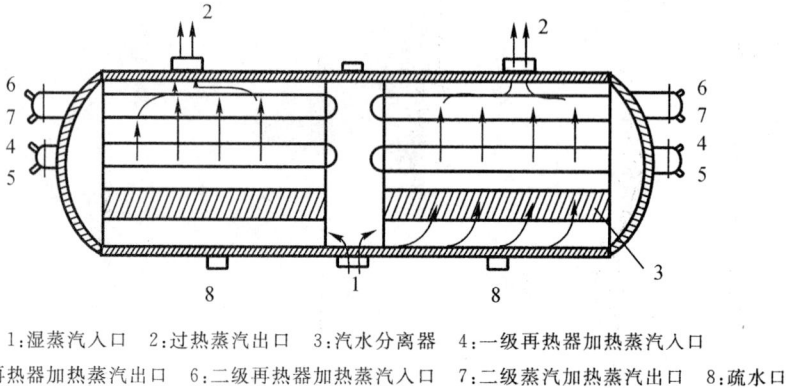

1：湿蒸汽入口　2：过热蒸汽出口　3：汽水分离器　4：一级再热器加热蒸汽入口
5：一级再热器加热蒸汽出口　6：二级再热器加热蒸汽入口　7：二级蒸汽加热蒸汽出口　8：疏水口

图3-22　卧式汽水分离-中间再热器

3.5.3　冷凝器

现代压水堆核电厂采用的是表面式冷凝器。核电厂所用冷凝器，不仅对来自低压缸、旁路系统、汽动给水泵及排污水箱的蒸汽进行冷凝，并在冷凝器热井中对凝结水进行除氧，给水经冷凝器除氧能保证其含氧量在5～7μg/L之内，此外冷凝器还可回收启动时的排水和回热加热系统的疏、排水。

由于饱和蒸汽轮机进汽参数低、排汽量大，核电厂的冷凝器比同容量火电厂的冷凝器几乎大一倍。若循环冷却水是普通淡水，则管板用厚15～25mm普通钢板，管材用铜-锌合金；若循环冷却水是海水（其氯离子含量较高），则可采用镍铬不锈钢的双层管板，管材用钛合金管。采用钛管的核电机组冷凝器造价约为所配套汽轮机造价的40%，与堆内构件相当，高于压力壳、蒸汽发生器或主泵的造价。

3.5.4　发电机

发电机是把机械能转变为电能的设备。核电厂的发电机除其转速随汽轮机有全速与半速（即两极或四极）之区别外，其他与现代大功率火力发电厂的发电机基本相同。

　　转子是汽轮发电机的关键部分。转子的主要部件是转子铁芯、励磁绕组、转子护环。铁芯由于要导磁和固定励磁绕组,所以它是由机械强度高、导磁性能比较好的铬镍、钼合金与轴锻成一个整体。在大容量高转速的汽轮发电机中,转子本体及转子各部件都承受着很大的离心力,转子的直径受到离心力作用的限制,随着电机容量增大,只能增加转子的长度,故现代大型汽轮发电机转子都做成细长圆柱体,转子长度的增加,也产生刚度和振动等因素的影响。励磁绕组的作用是通入需要的直流电,激励出需要的直流磁场。现代新型发电机的励磁方式已广泛采用无刷旋转半导体硅整流系统励磁,取消了碳刷和滑环。

　　发电机定子由铁芯、线圈、机座组成。定子铁芯由扇形硅钢片叠成,与转子本体一起构成封闭电机主磁回路。定子是发电机的最重部件,在压水堆核电厂中往往超过压力壳或蒸汽发生器的重量。用于 900MW 级压水堆核电厂的发电机定子外径约 4m,长达 12.1m,重335t,但制造比转子容易。

　　发电机运行时,线圈和铁芯都要发热,为了不使发电机绝缘温度过高,大型发电机必须采取有效的冷却方式。目前,国外压水堆核电厂的发电机大多采用定子线圈水冷、转子线圈氢冷、定子铁芯氢冷的方式。

3.5.5　厂用电系统

　　核电厂厂用电系统是保证整个电厂安全运行极为重要的环节。核电厂的厂用电率一般为 4%～5%,比同容量火电厂低,主要供给厂用机械、照明设备、试验及检修用电。核电厂必须有两个独立的外部电源,在失去电源又停堆时,可以自启动并连接到厂用电网,以确保压水堆安全停运时对电源的最低限度的需要。

　　核电厂的工程安全保护装置有 A、B 两套,提供了双重保险。主要辅助设备都由两路互相独立的电源供电。当一路电源故障时,另一路电源可投入。在正常情况下,主要辅助设备厂用电母线是由汽轮发电机组经过降压变压器直接供电,如果发电机停机,由外电源供电。在失去外电源情况下,由柴油发电机供电。非主要辅助设备通过降压变压器上的厂用电母线供电或通过辅助变压器供电。

　　压水堆核电厂备有至少 2 台应急柴油发电机组,分别接在两段工程安全母线上,在主电网故障、汽机停转、辅助电网也失去的情况下投入工作。要求自动启动到额定转速的最大时间不超过 10s,并经常处于热备用状态。

　　核电厂厂用电系统的绝大部分设备使用交流电源,个别设备使用直流电源。交流电源分高压与低压两种。高压交流电源为 6.0～10.0kV,用于大型设备冷却剂泵、凝结水泵、循环水泵、高/低压安全注入泵等;小型设备(电动机容量小于 200kW),用低压 380/200V。对重要测量仪表和电厂计算机设备的供电专门设置交流机组(由整流后的直流 220V 或 125V 变为交流 220V 或 380V)。直流电源用于全厂信号系统、仪表、继电保护、交流机组、事故照明等重要设备,它也可分高、低压两种,一般采用 220V 直流电源,信号系统则采用 24V 直流电源,每种电压有两套独立的蓄电池组,正常时由整流设备供电。

3.6 核电厂的热经济性分析

3.6.1 压水堆核电厂的效率

在核电生产中,能量转换过程是通过一、二次回路系统完成的,不可避免地存在着各种形式的热损失。

在一回路系统中,热损失主要由两部分组成:安全壳通风系统中带走的一回路系统与设备的散热总值;通过设备冷却水系统带出的一回路热量,包括由主泵及化学与容积控制系统等换热器带出的热量。一回路系统和设备热损失用反应堆的热量利用率、蒸汽发生器的热量利用率、一回路管道效率来表示。对于900MW级压水堆核电厂,由于一回路主泵附加给冷却剂的热量(约为16MW)大于系统热损失(6MW),使核供热系统的热功率超过反应堆热功率10MW,使一回路的管道效率大于1.0。

在二回路系统中,由于进汽节流,汽流通过喷嘴和叶片时发生摩擦、叶片顶部间隙漏汽、鼓风、冲击以及余速损失等,只能使蒸汽的部分可用焓转变成功。汽轮机内部结构的完善程度通常用汽轮机相对内效率(蒸汽实际焓降与可用焓降之比)表示,近代大型核电汽轮机各段相对内效率一般在0.82~0.86。汽轮机的机械效率考虑了轴承中的摩擦损失、调节系统及供油系统的能量消耗,其效率等于输出有效功率与实际内功率之比,为0.96~0.98。汽轮机排汽在冷凝器中的放热损失由两部分组成:一部分只与循环的形式和参数有关,用循环热效率表示,为40%~50%;另一部分与工质在汽轮机中的不可逆膨胀过程有关,已在汽轮机相对内效率中反映。发电机损失包括机械方面的轴承摩擦损失和电气方面的激磁铁芯及线圈发热损失,可用发电机效率(发电机输出功率与汽轮机输出有效功率之比)来反映,现代大型发电机的效率:空冷为0.97~0.98、氢冷为0.98~0.99、水冷为0.98~0.99。

综合上述各种损失,压水堆核电厂的毛效率为0.355~0.385,比纯凝汽式电厂效率低。实际上除了上述损失外,还应考虑工质泄漏、电厂自用能量、设备工况变化等因素。

3.6.2 核电厂的主要技术经济指标

技术经济指标主要用来说明电厂热经济性的好坏,在相同或接近条件下,可以用技术经济指标来比较或评价热力设备及发电厂之间的热经济性差异。主要有下述几个常用指标:

1. 热经济指标

(1)汽轮发电机组的汽耗量和汽耗率。汽耗量是指汽轮发电机组每小时所消耗的蒸汽量。汽耗率是指每生产1kW·h的电能所需要的蒸汽量。

(2)汽轮发电机组的热耗量和热耗率。热耗量等于进入汽轮机前的新蒸汽的焓与进蒸汽发生器的给水的焓之差与汽耗量的乘积。热耗率是指每生产1kW·h的电能所需要消耗的热量,压水堆核电厂的热耗率为10000~11000kJ/(kW·h)。

(3)蒸汽发生器的热负荷,即蒸汽发生器每小时输出的有效热量。

(4)汽轮发电机组的绝对电效率。

(5)二回路管道效率。

(6)核电厂毛效率(发电效率)。

(7)反应堆热功率。

(8)核电厂净效率(供电效率)(扣除厂用电后),一般为31.5%~34.5%。

(9)反应堆燃料消耗率。

2. 其他技术指标

(1)单位功率投资(元/kW)及发电成本[元/(kW·h)]。这是压水堆核电厂与火电厂比较经济性时的两个主要指标。

(2)核燃料的燃耗。燃耗表明在一次装料中核燃料利用的程度。核燃料的燃耗以每吨铀所发的热量(MW·d)来表示,压水堆目前可达到33000MW·d/tU左右。

(3)可利用率及负荷因子。设备可利用率是指一套机组能够提供运行的时间占其统计期间的比例(不论机组是否运行,也不论能够提供多少容量),压水堆核电厂的可利用率在80%以上。负荷因子是指一座核电厂实际发电量占额定发电量的比例,其大小与实际负荷和停运时间有关,压水堆核电厂的负荷因子在75%以上。

(4)核电厂的设计寿命。核电厂的设计寿命一般定为40年,因为压力壳材料吸收的中子积分通量达到一定数量(如 $5 \times 10^{19} \text{n/cm}^2$),会引起材料变脆。目前,设计寿命已经达到60年(如CNP1000压水堆)。

3.7 先进压水堆核电厂

压水堆是目前核电站动力堆的主要堆型,也是最成熟的一种核电技术。全世界的核电站中压水堆占核电总装机容量的60%以上。先进反应堆在堆芯及堆体结构、燃料组件、控制棒、蒸汽发生器、工程安全系统、汽轮发电机系统、控制测量系统、设备布置等方面进行了一系列改进。

为了解决三哩岛核事故和切尔诺贝利核事故带来的负面影响,20世纪90年代,国际核电业界对严重事故的预防和缓解进行研究和攻关,美国和欧洲先后出台了"先进轻水堆用户要求文件(utility requirements document,URD)"和"欧洲用户对轻水堆核电站的要求文件(european utility requirements document,EUR)",进一步明确了预防与缓解严重事故、提高安全可靠性和改善人因工程等方面的要求。目前,把满足URD或EUR要求的核电机组称为第三代核电机组。先进反应堆的设计可以分为改良型、革新型和革命型三大类。

改良型反应堆的设计是在已有成熟设计的基础上改进或增加安全设施,以增加安全裕量。如ABB-CE公司(已与美国西屋电气公司合并)的System 80+型,采用双层安全壳、安全降压系统、堆坑熔渣室、大堆腔底部容积、堆腔淹没系统、消氢系统、安全壳喷淋系统等,功率为1350MW$_e$。此外,该反应堆降低了一回路的出口温度,增加了稳压器和蒸汽发生器的体积,改进了反应堆压力壳的材料和蒸发器的管材,采用了全数字化的仪器和控制系统。美国以 System 80$^+$ 型为基础发展了 AP600 和 AP1000;韩国在 System 80$^+$ 型的基础上又改进研发了 APR1400 先进压水堆,功率为 1400MW$_e$。欧洲压水堆 EPR 是以法国和德国现有的大型压水堆 N4 堆和 Konvoi 堆为基础,由法国法马通(Framatome)公司和德国西门子(Siemens)公司共同改进开发的,在重要的安全系统方面采用了一套运行、三套备用的四重冗余设计,双层安全壳,增加蒸汽发生器和稳压器体积等改进措施。在核废物最小化方面,美国压水堆单台机组固体废物产量已经从 1990 年的 500m^3/(GW・a)降至目前的 20m^3/(GW・a)水平,我国也逐步对此加以重视,广东阳江核电站 3 号机组的固体废物产量预期达到 50m^3/(GW・a)的先进水平。

革新型反应堆的设计重点在于事故预防,通常选用低功率密度堆芯,大幅度简化系统设计,并大量采用非能动安全系统,这样不需运行人员的干预或交流电源的支持就可以维持堆芯冷却和安全壳的长期完整。如美国西屋电气公司设计的革新型压水堆 AP600,采用了非能动堆芯冷却系统、非能动安全壳冷却系统、主控室可居留性系统、安全壳隔离设施、堆芯收集器等。所谓非能动设计,就是依靠重力、自然循环、对流、热传导和辐射等自然换热规律,而非依靠交流电源和电动机驱动部件。AP600 的非能动安全系统可以应对所有的设计基准事故,在事故发生后的 72 小时内在无任何运行操作的情况下可以保证堆芯和安全壳的冷却。AP1000 的基本设计和非能动安全系统都和 AP600 相同,但输出功率进一步提高,经济性也得到了改善,其发电成本比 AP600 降低 30%,估计为 0.036 美元/(kW・h)。其安全目标的两个指标反应堆堆芯熔化率和大规模释放放射性物质的概率,目前运行中的二代堆分别为 10^{-4}/堆年和 10^{-5}/堆年(即每堆每年出现万分之一的堆芯熔化可能性和 10 万分之一的大规模释放放射性物质可能性)。两次核电事故发生后,法规和标准对安全目标的要求分别提高到 10^{-5}/堆年和 10^{-6}/堆年。在 AP600 的基础上,AP1000 的安全目标定得更高,分别为 5.08×10^{-7}/堆年和 5.94×10^{-8}/堆年。

革新型模块式小型堆(SMR)由 30 个国家共同参与研发,包括美国、日本、意大利、英国、巴西、西班牙、墨西哥、法国等,涌现了 45 种以上的革新型中小型反应堆概念。它是一种模块化、中小型功率规模的一体化新型压水堆。由于采用了一体化结构,减少了冗余设备,提高了安全性,降低了投资成本;同时,系列化、标准化和模块化堆型的建造,大大提高了经济性。这些革新型堆型大多数允许或明确促进非电力应用,如核能海水淡化或核能热电冷联产等。

革命型设计,如瑞典的 PIUS,它采用"工艺固有极限安全"原则,堆芯安全仅依靠重力和热工水力学定律来保证,如依赖完全的自然循环和堆芯直接泡在极大的水池内等。

2000 年以后,美国核学会和能源部提出了"第四代核能系统(generation Ⅳ)"计划。所谓四代核能系统是指:

"第一代核能系统(generation Ⅰ)"——20 世纪 50—60 年代建造的早期核反应堆,如 Shipping port 压水堆、Dresden 沸水堆、Magnox 石墨气冷反应堆等。

"第二代核能系统(generation Ⅱ)"——20 世纪 60 年代后期至 90 年代大量建造的单机容量为 600~1400MW$_e$ 的标准型商用核电站,如压水堆、沸水堆、坎杜堆等。

"第三代核能系统(generation Ⅲ)"——20 世纪 80 年代末开始研发,至 21 世纪逐步投入市场的先进轻水堆,采用非能动系统设计,增加安全系列,采取完善的严重事故预防和缓解措施,增强对外部事件的防御能力,提高了安全性,也通过增大容量、简化设计、延长设计寿期和换料周期等手段提高了经济性。如法国的 EPR、美国的 AP1000、韩国的 APR1400、俄罗斯的 VVER-1000、法国与日本合作的 Atmea-1、中国的 CAP1400 和华龙一号等。

"第四代核能系统(generation Ⅳ)"——要求总的电力成本低于每度电 3 美分,能够与其他电力生产方式竞争;初投资小于每千瓦发电装机容量 1000 美元;建设周期小于 3 年;堆芯熔化概率低于 10^{-6}/堆年;事故条件下不需厂外应急,即无放射性厂外释放等,更彻底地解决增大安全性、提高经济性、废物处理、防止核扩散和提高燃料循环利用率等问题。

2000 年美国首先提出了第四代先进核能系统,并随后与发达国家联合组成了"第四代国际核能论坛",提出了开展第四代核能系统的四个方面要求:①可持续性,要求大幅度提高资源利用率和放射性废物减少到最小化;②安全性和可靠性,要求非常低的堆芯熔化概率和无需厂外应急;③经济性,要求在工作寿命期内与其他类型能源具有可比性,并能避免财务风险,做到可控;④"核不扩散",要求系统要具有防扩散和反恐能力。

表 3-1、表 3-2 所示分别为目前国际市场上第三代压水堆的主要堆型统计,以及几种先进压水堆的主要参数。

表 3-1　国际市场上第三代压水堆的主要堆型统计

型号	供应商	净功率/MW	数量	运行或在建机组项目
AP1000	美国西屋电气	1200	在建 8 台	中国三门 1#、2#,海阳 1#、2#;美国萨摩尔 2#、3#,沃格特勒 3#、4#
EPR	法国阿海珐	1750	在建 4 台	芬兰奥尔基洛托 3#;法国弗拉芒维尔 3#;中国台山 1#、2#
VVER-1000/1200	俄罗斯国家原子能	1000～1200	在运 2 台,在建 10 台	中国田湾 1#、2#(在运),田湾 3#、4#;印度古丹库兰 1#、2#;俄罗斯新沃罗涅日斯基二期 1#、2#,列宁格勒二期 1#、2#,波罗的海 1#;白俄罗斯 1#
APR1400	韩国电力	—	在建 6 台	韩国新谷里 3#、4#,新蔚珍 1#、2#;阿联酋布拉卡 1#、2#
APWR	日本三菱重工-美国西屋电气	1700	—	—
Atmea-1	法国阿海珐-日本三菱重工	1100	—	—

表 3-2　几种先进压水堆的主要参数

项目	CNP1000/CPR1000	AP1000	EPR	VVER
热功率(MW$_t$)	2895	3415	4590	3000
电功率(MW$_e$)	1080	1250	1750	1060

续表

项目	CNP1000/CPR1000	AP1000	EPR	VVER
环路数	3	2	4	4
设计寿期(年)	40	60	60	40
换料周期(月)	12(18)	18	18	12(18)
电厂可用率(%)	≥90	≥93	≥91	≥90
燃料组件数	157	157	241	163
安全停堆地震(g)	0.2	0.3	0.25	0.25
安全壳形式	单层安全壳	钢制安全壳＋屏蔽厂房	双层安全壳	双层安全壳
堆芯熔化概率(次/堆年)	10^{-5}	5.08×10^{-7}	10^{-6}	4.77×10^{-6}
大量放射性释放概率(次/堆年)	10^{-6}	5.94×10^{-8}	10^{-7}	5×10^{-7}

3.7.1　先进的堆芯设计

现代压水堆设计改进是以追求事故下更低的堆芯熔化概率和更高经济性为目标,改进堆芯设计和燃料管理是最主要的途径之一。具有代表性的有法国法马通公司用 AFA-3G 燃料组件组成的堆芯、美国西屋电气公司的 Performence 燃料组件堆芯及新一代耐事故燃料 EnCore™、ABB 公司的 System 80⁺ 堆芯和我国的 AC-600 堆芯。先进压水堆堆芯设计和燃料管理具有如下特点:

(1)燃料组件的改进。以 AFA-3G、Performence 和西门子的 HTP 以及 ABB 公司为代表,在原有的 17×17 燃料组件基础上,采用新型锆合金作包壳材料,改善其抗腐蚀、防氢化和防燃料棒辐照生长等性能,改进导向管和其他部件,从而增加组件抗弯曲能力,增加中间搅混格架,提高堆芯热工水力性能和安全裕量。燃料组件自第七代起逐渐成为定型产品,排列与棒径标准化,各国的燃料组件结构相容,具有互换性。燃料元件堆内使用的破损率也进一步降低。堆芯组件设计燃耗不断提高,可达 60GW·d/tU 以上。

(2)长循环低泄漏装载堆芯是先进堆芯的标志之一。采用提高燃料浓度(从 3.3%～3.5%提高到 4.5%)、增加轴向再生层(燃料棒两端加 15cm 的天然铀)等方法延长循环长度。目前国际上设计的先进堆芯循环寿期大多在 18～24 个月,与年换料制相比,减少了大修次数,从而大大提高了电站的经济性;采用低泄漏装载可有效地降低压力容器中子积分通量,使反应堆使用寿命延长到 60 年。

(3)低功率密度是先进堆芯的主要特点之一。目前国际上设计的先进堆芯大幅度降低了线功率密度。如大亚湾核电站的堆芯线功率密度为 186W/cm,秦山二期核电站的堆芯线功率密度为 161W/cm,而国际上先进堆芯线功率密度为 130～140W/cm。这使堆芯燃料棒具有较低的贮能,从而大大增加堆芯正常运行及事故工况下的安全裕量。

(4)先进堆芯具有灵活的运行模式。MODE-G 运行模式采用灰体棒束控制组件满足日负荷跟踪要求,简化化容系统调硼,减少废水量,增加运行的灵活性。

(5)可燃毒物的改进。这是使先进压水堆堆芯增加后备反应性和延长换料周期的重要手段。要求采用的可燃毒物吸收体具有中子吸收能力强、布置灵活、循环末期中子寄生俘获少等特点,使反应堆能有效地利用中子和展平堆芯功率分布。可燃毒物材料有 Gd_2O_3、ZrB_2 和 Er_2O_3 等。

(6)先进堆芯设计包括采用金属反射层、LOCA 和 DNB 在线监测系统设计、数字化仪控系统设计、模块化设计、非能动安全系统设计。

(7)先进堆芯设计包括先进的设计软件和先进的燃料管理设计等。

3.7.2 结构和系统的改进

在已有运行经验、研究、设计的基础上,系统地考虑安全目标,采用新概念(如非能动安全概念、新材料、新工艺等)设计建造下一代核电站,使其具有更高的固有安全性(如更大的热工裕量和反应性裕量等),并设有针对某些严重事故序列的设施,从而保证设计中考虑的所有严重事故都没有严重的放射性后果,而任一可能导致严重放射性后果的严重事故发生频率极小。这样,就不需要严格的厂外应急响应方案(如紧急通告、疏散安置等)。

应付严重事故的策略主要是:

(1)设置自动卸压系统以防止高压堆芯熔化;

(2)采用"压力容器内容纳"法或其他措施来避免和减缓熔融物的熔穿作用;

(3)压力容器周围提供足够的承载空间以减小机械载荷;

(4)为增加可冷却性,提供较大的碎片散布区域以减小热载荷;

(5)提供足够的安全壳空间以降低氢浓度;

(6)使用点火器、催化复合器或惰性安全壳以避免氢气爆炸;

(7)设计安全壳垫层及可靠隔离系统以防止安全壳旁路型严重事故;

(8)采取长期、固定的热导出手段,尽量减少通风系统的使用。

目前先进的压水堆核电厂具体采取的各种措施如下:

(1)堆容器筒体增高 30cm(相关的堆内构件也增高 30cm),堆芯顶部以上水层相应增加 30cm,使容器上部焊缝处和连接管与主泵间操作区的中子剂量率均降低 1 个数量级,同时,在失水事故(LOCA)发生时增大堆芯不暴露的可能性。

(2)采用改进型主循环泵,用水代替油润滑止推轴承,并且在密封结构上消除了在电源长时间(24h)丧失情况下泄漏的可能性。这种改进明显有利于提高安全性,特别是防火安全性。

(3)主管道设计中应用"破前泄漏(LBB)"原理。

(4)设置了主设备的综合诊断和监测系统。

(5)能动安全系统由原 3 通道改为 4 通道结构,即每个能动安全系统由 4 个完全独立和实体隔离的通道组成。如果第一个通道处于技术维护或检修状态,第二个通道发生与初始事件相关的故障,第三个通道发生单一故障,则还有一个通道可投入使用,从而显著提高了安全系统的冗余度和执行功能的可靠性。原 3 通道系统中,处于检修的 1 个通道必须在 72 小时内修复,否则必须停堆,而 4 通道结构克服了这种限制。

(5)增设应急浓硼注入系统。在反应堆事故发生时保护系统拒动、无法停堆的情况下向一回路系统快速注入高浓度硼酸溶液,使反应堆迅速进入次临界状态。

(6)采用双层安全壳。内层壳为衬有密封钢覆面的预应力钢筋混凝土,外层壳为普通钢筋混凝土。两层壳之间的环形空间由通风系统维持负压。外层壳能经受飞机的撞击。环型空间的通风过滤系统能使应急电源不丧失的设计基准事故下,对环境的放射性排放量大幅度降低。

(7)设置非能动消氢系统,防止超设计基准事故时产生的氢气在安全壳内积累爆炸,从而保障安全壳的完整性。

(8)设置事故卸压排放过滤系统,对安全壳进行超压保护并有控制地使放射性裂变物通过高效过滤装置排入环境大气。在发生堆芯熔化事故情况下,放射性排放量不超过欧洲用户要求文件(EUR)规定的对新一代核电厂的要求限值,也就是不需要采取撤离居民的措施。

(9)堆芯熔融物捕集和冷却系统,以抑制堆芯熔融物与混凝土底板的相互作用和保持安全壳的完整性。

3.7.3 第三代新型核能系统 AP1000

AP1000 是目前世界市场上现有的最安全、最先进的商业核电技术,是由美国西屋电气公司在已开发的非能动先进压水堆 AP600 的基础上延展开发的,是唯一得到美国核管会最后设计批准的"新三代+"核电站,具有理想的基本发电负荷容量、模块化设计、更少的零部件和系统以及最先进的仪表和控制系统,符合新一代商用反应堆的要求和条件。

AP1000 为单堆布置两环路机组,电功率 1250MW$_e$,设计寿命 60 年,主要安全系统采用非能动设计,布置在安全壳内,安全壳为双层结构,外层为预应力混凝土,内层为钢板结构。AP1000 的主要特点如下:

(1)主回路系统和设备采用成熟设计。堆芯采用美国西屋电气公司的加长型堆芯设计,这种堆芯设计已在比利时的 Doel 4 号机组、Tihange 3 号机组等得到应用;燃料组件采用可靠性高的 Performance$^+$;采用与正在运行的大型蒸汽发生器相似的增大型蒸汽发生器(D125 型);稳压器容积也有所增大;主泵采用成熟的屏蔽式电动泵;主管道简化设计,减少焊缝和支撑;压力容器与西屋标准的三环路压力容器相似,取消了堆芯区的环焊缝,堆芯测量仪表布置在上封头,可在线测量。

(2)燃料组件为 17×17 结构,活性区长度 4267mm,燃料棒两端设有再生区,燃料组件平均燃耗 60GW·d/tU,换料周期为 18 个月;壳体材料为 ZIRLO 锆合金,端部格架和保护格架材料为因科镍 718 合金,采用一体化可燃吸收体;燃料棒实心芯块表面涂覆 ZrB$_2$,燃料棒下端有抗腐蚀氧化层;导向管采用管中管结构,管座采用精密铸造工艺。

(3)采用模块化设计和建造技术。整个核电站分四类模块:结构模块 122 个、管道模块 154 个、机械设备模块 55 个和电气设备模块 11 个。模块化建造技术更易保证质量,平行进行的各个模块建造减少了现场的人员活动和施工量,建设周期只需 60 个月,其中从浇筑第一罐混凝土到装料只需 36 个月。

（4）简化的非能动设计。基本依靠高位或加压的水箱实现非能动安全功能，包括非能动应急堆芯冷却（安全注射）①、非能动堆芯余热导出②、非能动堆内熔融物滞留（堆腔淹没）③以及非能动安全壳冷却④（见图 3-23）。系统简单，不依赖交流电源，可长期保持核电站安全，提高了安全壳的可靠性。针对严重事故的设计可将损坏的堆芯保持在压力容器内，避免放射性释放，其内部事件的堆芯熔化概率和放射性释放概率分别为 5.1×10^{-7}/堆年和 5.9×10^{-8}/堆年，远小于第二代的 1×10^{-5}/堆年和 1×10^{-6}/堆年的水平。简化的非能动设计

图 3-23　AP1000 的非能动设计思路

大大减少了安全系统的设备和部件，阀门、泵、安全级管道、电缆、抗震厂房容积等与正在运行的核电站相比分别减少了约 50%、35%、80%、70% 和 45%。简化及标准化的设计更便于采购、运行和维护，使经济性大为提高，发电成本小于 3.6 美分/（kW·h），可以和天然气发电相竞争。

（5）多重严重事故预防与处理措施。设计中考虑了各种严重事故的预防和处理：①采用了将堆芯熔融物保持在压力容器内（IVR）的设计，发生堆芯熔化事故后，将水注入到压力容器外壁和保温层之间以冷却掉到压力容器下封头的堆芯熔融物，有效防止堆芯熔融物熔穿压力容器后发生的"堆芯和混凝土相互反应事故"。②主回路设置了 4 列可控的自动卸压系统（ADS），其中 3 列卸压管线通向安全壳内换料水储存箱，1 列卸压管线通向安全壳大气，通过多渠道降低一回路压力，避免"高压熔堆事故"的发生。③设计使从反应堆冷却剂系统逸出的氢气远离安全壳壁，避免氢气火焰对安全壳壁的威胁，同时在环安全壳内部布置多样的氢点火器和非能动自动催化氢复合器以消除氢气，降低"氢气燃烧和爆炸事故"对安全壳的危害。④多样的自动卸压系统可以避免"高压蒸汽爆炸事故"的发生；而在低压工况下，由于 IVR 技术使堆芯熔融物不能和水直接接触，避免了"低压蒸汽爆炸事故"的发生。⑤非能动安全壳冷却系统的两路取水管线的排水阀在失去电源和控制时处于故障安全位置，同时设置一路管线从消防水源取水，确保冷却的可靠性。事故后长期阶段仅靠空气冷却就足以带出安全壳内的热量，有效防止"安全壳超压事故"的发生。此外，IVR 技术还避免了堆芯和混凝土相互反应产生非凝结气体引起的"安全壳超压事故"。⑥通过改进安全壳隔离系统设计、减少安全壳外失水事故（LOCA）发生等措施来减少"安全壳旁路事故"等的发生。

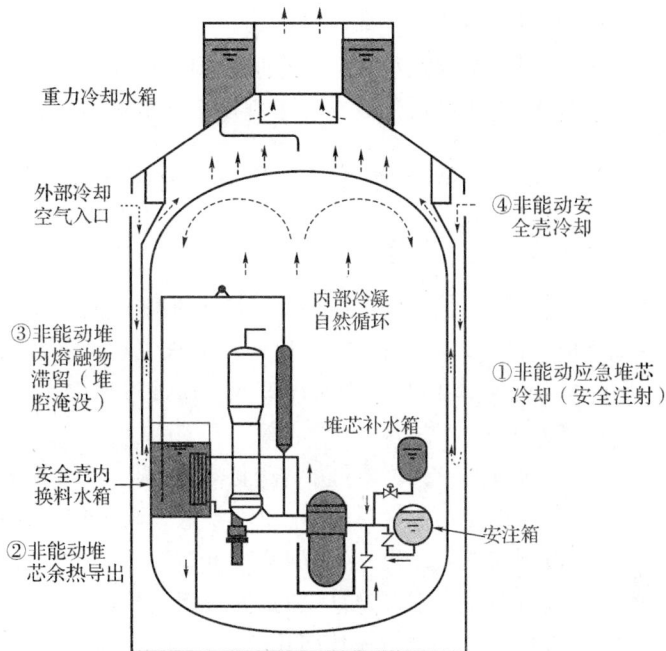

(6)先进的仪控系统和主控室设计。采用成熟的数字化技术设计,通过提供多样化的安全级、非安全级仪控系统和信息避免发生操作失效。主控室采用布置紧凑的计算机工作站控制技术,人机接口设计充分考虑了运行电站的经验反馈。

3.7.4　中国先进堆 CNP1000 和 CPR1000

1. CNP1000

中国核电国产化标准堆型 CNP1000 型核电站的研制工作由中国核工业集团公司组织核动力院、核工业第二研究设计院与上海核工程设计研究院这三家科研设计单位于 2003 年 8 月启动,2004 年 11 月完成初步设计并通过审查。

CNP1000 主要有下述设计改进:

(1)改进堆芯设计,降低功率密度,提高堆芯安全裕度;

(2)改进电站布置设计,采用单堆布置和满足实体分隔、防火要求的核岛布置方案;

(3)改进安全系统设计,提高系统可靠性;

(4)改进安全壳系统设计,加大安全壳容积;

(5)采用先进的分布式数字化仪表控制系统,提高电厂的可用性和安全性,提高自动化控制水平和可操作性;

(6)考虑了严重事故下的氢气控制措施;

(7)设置安全壳内换料水箱,取消安全注射和喷淋再循环切换,提高系统可靠性;

(8)设置堆腔淹没系统,防止在严重事故下堆芯熔融物熔穿压力容器;

(9)采用 LBB(破前泄漏)技术,取消或减少防甩装置;

(10)汽轮机组采用半速机,提高电厂效率。

CNP1000 主要性能指标为:电站设计寿命 60 年(在此之前是 40 年),堆芯热工裕量大于 15%,堆芯熔化概率小于 1×10^{-5}/堆年,大量放射性物质释放概率小于 1×10^{-6}/堆年,机组可利用率大于 87%(在此之前是 75%左右),换料周期为 18 个月(在此之前是 12 个月),比投资 1350 美元/kW 左右,上网电价可控制在 5 美分/(kW·h)以下。当批量化生产达到 4~6 台机组时,比投资可达到 1300 美元/kW 以下。

CNP1000 无论是性能上、经济上还是安全上都比国内现有的已运行核电站水平高,达到了国际上第二代改进型的水平,这是我国核电站建设中一个非常重要的突破。其安全性主要通过能动系统来实现,采用能动余热导出系统②、能动安全壳喷淋系统③以及能动+非能动(依靠高位或加压的水箱实现)应急堆芯冷却系统(安全注射系统)①(见图 3-24)。

在自主化的道路上,继 CNP1000 进一步发展 CAP1400 型技术,和引进国外第三代技术 AP1000 型与欧洲压水堆 EPR 相结合,为中国核电大发展提供了强有力的技术支持。

2. CPR1000

CPR1000 是中广核集团推出的中国改进型百万千瓦级(1000MW)压水堆核电技术方案,是在引进、消化、吸收法国百万千瓦级堆型 M310 技术的基础上,结合 20 多年来的渐进式改进和自主创新形成的"二代加"百万千瓦级压水堆核电技术。法国 M310 堆型的前身是美国西屋电气公司的标准 312 堆型。CPR1000 技术已在广东岭澳二期核电站、辽宁红沿河核电站、福建宁德核电站、广东阳江核电站和广西防城港核电站得到应用。其技术特点是：

（1）基于状态导向的事故处理规程（SOP），该技术可以减轻操作人员负担，降低人为失误，且有利于处理多重事故以及与严重事故处理规程接口。

（2）首炉 18 个月换料方案，减少了换料和大修次数，降低大修成本、燃料循环成本、放射性废物的产生量、反应堆压力容器的中子流量和工作人员的受辐照剂量，提高核电站的可利用率和年发生电量。

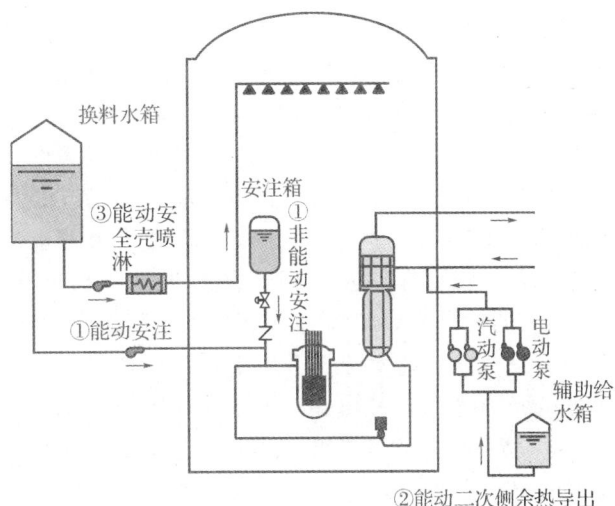

图 3-24　"二代加"系统的安全设计思路

（3）堆腔注水技术，有利于防止或延迟压力容器熔穿，防止堆芯熔融物与混凝土反应，防止安全壳底板熔穿，抑制安全壳内氢的产生量，提高安全壳保持完整性的概率。

（4）长寿命压力容器（设计寿命达 60 年），低泄漏设计，减少中子对压力容器的辐照，采用严格控制 Cu、P、S、Ni 含量材料的整体锻件，延长压力容器的使用寿命，并最终延长核电站的使用寿命。

（5）采用主回路破前泄漏（LBB）技术，简化系统（如取消主管道防甩止挡板、减少主管道阻尼器等），节约成本，且可改善维修及在役检查的可接近性，降低工作人员的辐照剂量。

（6）可视化进度控制，能直接在三维模型上显示施工进度的进展和状态，检验施工顺序和方案，展示进度和计划的差异，为施工计划的安排和优化提供支持和服务。

（7）三维辅助设计，可进行系统三维布置校验，检验接口是否自洽，也可进行三维空间布置校验，设置最佳路径，缩短大修工期。

3.7.5　中国自主先进压水堆"华龙一号"、CAP1400 和 ACPR1000

1."华龙一号"

"华龙一号"（图 3-25）是由中核集团（CNNC）和中广核集团（CGN）结合我国 30 余年核电科研、设计、制造、建设和运行经验，在 ACP1000（中核集团）和 ACPR1000⁺（中广核集团）的技术基础上，共同研发的自主创新第三代百万千瓦级压水堆核电技术，融合了三代核电技术的先进设计理念，充分借鉴了包括 AP1000、EPR 在内的先进核电技术，汲取了三哩岛、切尔

图 3-25　"华龙一号"的双堆系

诺贝利和福岛核事故经验教训,满足我国最新核安全法规以及国际最新安全标准,充分利用我国目前成熟的装备制造能力、具有完整的自主知识产权,实现了先进性和成熟性的统一、安全性和经济性的平衡、能动与非能动的结合,具有全面参与国内和国际核电市场的竞争的能力。"华龙一号"的崛起,标志着中国成为世界上举足轻重的核电强国。

"华龙一号"以"177组燃料组件堆芯"、"多重冗余的安全系统"和"能动与非能动相结合的安全措施"为主要技术特征,提出了"能动和非能动相结合"的安全设计理念,采用177个燃料组件的反应堆堆芯、多重冗余的安全系统、单堆布置、双层安全壳,全面平衡贯彻了"纵深防御"的设计原则,设置了完善的严重事故预防和缓解措施,其安全指标和技术性能达到了国际三代核电技术的先进水平。目前,"华龙一号"已依托中广核防城港核电站3号和4号机组、中核福清核电站5号和6号机组建设"华龙一号"国内示范项目。2015年5月7日,福清核电站5号机组主体工程正式浇筑第一罐混凝土(FCD),标志着"华龙一号"全球首堆正式开工建设。首台套的国产化率已达到86.42%,设计技术、软件实现自主化,经济性较之当前国际订单最多的俄罗斯核电技术产品具有竞争力。

在安全性方面,"华龙一号"在能动设计的基础上增加了非能动的事故处理措施。非能动系统的优点就是不依赖电源,而是利用重力、温差、密度差这样的自然驱动力多样化手段实现流体的流动和传热等功能,主要有能动+非能动应急堆芯冷却(安全注射)①、能动+非能动余热导出②、能动+非能动堆内熔融物滞留(堆腔淹没)③、能动+非能动安全壳热量导出④(见图3-26),同时还设置了移动电源和移动泵,提高了厂房的抗震能力,对海啸和外部洪水也采取了有效防范措施,并且能够抵御大型商业飞机撞击。

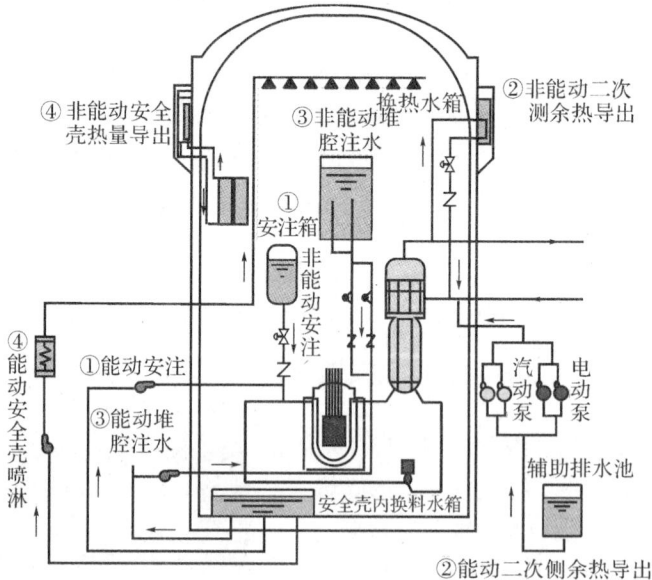

图3-26 "华龙一号"的能动+非能动设计思路

假如一旦发生全厂断电事故(即外电网和应急柴油发电机全部失效),在确保主泵轴封完整性的前提下,"华龙一号"的一回路将建立自然循环,将堆芯余热传递至蒸汽发生器一次侧。这时可通过辅助给水系统向蒸汽发生器二次侧供水,带走一回路热量。为了保持主泵轴封的完整性,可由专门的小型柴油发电机或者移动柴油发电机向主泵提供轴封水,或者选择断电即可实现停机密封的主泵。此外,二次侧非能动余热排出系统也可投入使用,冷凝水在重力作用下注入蒸汽发生器,提供二次侧补水。非能动安全壳热量导出系统配置有 3 个冷却水箱,共 3000t 左右的水装量,作为严重事故后安全壳内释热的最终热阱。在安全壳内设置 12 个换热器,总换热面积超过 1000m²。另外,还有最后的应急补水方案,在充分卸压的情况下,利用核岛消防系统对一、二回路直接补水,甚至利用厂内其他水源以及移动设备(消防车或移动泵)实现对一、二回路的补水。

大容积的双层安全壳,其自由容积比日本福岛核电站的安全壳容积增大了一个数量级,能够更好地包容严重事故情况下的气体释放。安全壳氢气监测系统可在严重事故后实时连续监测安全壳内的氢气浓度,并将结果传输至主控制室、应急指挥中心。安全壳可燃气体控制系统利用非能动催化氢复合器系统,将安全壳大气中的氢浓度减少到安全限值以下,从而避免发生氢气爆炸。非能动安全壳热量导出系统可利用自然循环降低安全壳内的温度和压力。如果仍然不能阻止安全壳内压力的上升,可投入安全壳过滤排放系统,通过有计划、有控制的过滤排放降低安全壳超压的风险。

乏燃料水池改进了冷却和检测能力,提供了事故条件下的应急补水手段和液位连续监测仪表;提高了严重事故条件下的主控室、应急控制中心、运行控制中心的可居留性和可用性;制订了多机组事故的应急响应方案,从人力、物力、管理等方面保证两台机组同时进入应急状态的响应能力;非能动系统容量和移动设备运行能力均满足 72h 的要求,厂内水源也满足两台机组堆芯与乏燃料水池同时出现严重事故情况下的 72h 用水需求,因此能够在事故发生之后的至少 72h 内实现"电厂自治"而无需任何外界援助。

表 3-3　中国自主先进压水堆核电站主要技术参数

技术指标	华龙一号	CAP1400	ACPR1000
环路数	3	2	3
电厂寿命(年)	60	60	40
布置方案	单堆	单堆	双堆
安全壳形式	双层安全壳	钢安全壳+屏蔽厂房	单层预应力钢筋混凝土
换料周期(月)	18~24	18	18
电厂可利用率(%)	≥90	93	≥90
堆芯损坏频率(/堆年)	<1×10⁻⁶	<1×10⁻⁶	6.16×10⁻⁶
大量放射性物质释放至环境的频率(/堆年)	<1×10⁻⁷	<1×10⁻⁷	7.96×10⁻⁷
反应堆堆芯额定功率(MW_t)	3050	4040	2895
核蒸汽供应系统 NSSS 额定热功率(MW_t)	3060	4058	2905
机组额定电功率(MW_e)	>1000	1500	1086
热工设计流量(m³/h)	68000	82412	69000

续表

技术指标	华龙一号	CAP1400	ACPR1000
运行压强（MPa(abs)）	15.5	15.5	15.5
设计压强（MPa(abs)）	17.2	17.2	—
设计温度（℃）	343	343	310

2. CAP1400

CAP1400 型压水堆核电机组是在消化、吸收、全面掌握我国引进的第三代先进核电 AP1000 的非能动压水堆堆芯、设备、系统、土建、三维设计技术与安全分析技术的基础上，构建起自主化核电设计分析软件体系，具备国产化、自主化、系列化的非能动型号设计研发能力，通过再创新开发出的具有我国自主知识产权、功率更大的非能动大型先进压水堆核电机组，它与世界其他国家的三代核电机组相比，在经济性和安全性方面都是毫不逊色的。CAP1400 是继"华龙一号"后中国核电"走出去"战略的另一重要选项，此外，CAP1700 型压水堆核电机组也将计划投入建造。

与 AP1000 相比，CAP1400 重新设计了反应堆和所有主设备，堆芯采用 193 个高性能 RFA 改进型燃料组件，降低了平均线功率密度，提升了反应堆固有的安全性；提升了安全系统的设计裕量；优化了反应堆冷却剂管道和主蒸汽管道设计，降低了主管道流速，缓解了高流速引起的管道腐蚀问题；优化了安全壳设计容积和壳壁厚度，提升了承压能力和安全裕量；对反应堆堆内构件也进行了设计改进；自主设计了可抗击大型商用飞机恶意撞击的钢板混凝土（SC）结构屏蔽厂房；自主开发了国产大型半速发电机组，优化了总体参数；采用"干厂址"设计理念，确保机组防外部水淹能力；进一步增强了核电站抗震能力；非能动安全系统具备事故发生 72h 内的无人工干预、72h 后的补给能力，确保 72h 后的堆芯和乏燃料的衰变热移除路径，使大量放射性物质释放到环境的概率小于 1×10^{-7}/堆年，安全性比二代核电系统高两个数量级；同时实现废物量最小化等。

CAP1400 采用 AP1000 的非能动安全系统，实现设计基准事故内的安全功能，非能动系统使用多种自然驱动力，如压缩空气、重力、自然循环和自然对流，不依赖外部电源和柴油发电机等驱动的水泵、风机、设备冷却水、厂用水以及通风、空调系统等。

目前，CAP1400 已经实现超 85% 设备国产化制造，所有核心设备、价格昂贵设备基本实现国产化。目前我国所建的示范电站位于山东威海市荣成石岛湾，拟建设 2 台 CAP1400 型压水堆核电机组，设计寿命 60 年，单机容量 1400MW。

3. ACPR1000

ACPR1000 是中广核集团在推进 M310 改进型版本 CPR1000$^+$ 核电技术标准化、系列化、规模化建设的同时，坚持自主创新，对照国际最新安全标准，借鉴国际核电领域的最新经验反馈，通过实施 31 项重大技术改进，研发出的拥有自主知识产权的百万千瓦级三代核电技术。

ACPR1000 技术充分借鉴了日本福岛核事故的经验反馈，可以抵御多重故障叠加等极端工况，各项技术经济指标达到了国际三代核电技术先进水平，较 CPR1000$^+$ 技术具有更为安全、可靠、先进、经济的特点。在安全性与成熟性等方面进行了多项重大技术创新,其中包括采用 157 个长度 12 英尺(1 英尺＝30.48cm)"全 M5"AFA-3G 燃料组件堆芯,实行单堆布置;控制棒组件 61 个;采用全数字化仪控系统,具有满足实体隔离要求的三系列安全系统配置;拥有较大自由容积的双层安全壳和内置换料水箱,配置多样化驱动的停堆系统;提高了安全停堆地震等级,增加了超设计基准事故的应急供电、供水系统等。各项设计指标均满足我国最新核安全法规,以及美国"先进轻水堆用户要求文件(URD)"和"欧洲用户对轻水堆核电站的要求文件(EUR)"的要求。

　　宁德的 1 号、2 号机组,阳江的 5 号、6 号机组,红沿河的 5 号、6 号机组都采用了 ACPR1000 机组,实现了全炉燃料 18 个月换料、平均卸料燃耗 45000GW·d/tU,从首炉开始就取消分离式硼玻璃可燃毒物,减少了高放射性废物。在阳江的 5 号和 6 号机组采用主泵惰转、一回路自然循环、主泵停车密封、ASG 汽动泵、ASG 和 GCT-a 气动调节阀、安注箱、非能动氢气探测和消除系统、安全壳过滤排放系统等 8 项非能动技术基础上,红沿河的 5 号、6 号机组进一步加强了非能动措施,包括二次侧非能动余热排出系统、非能动堆腔注水系统、非能动应急高位冷却水源系统等技术措施,使堆芯损坏频率(CDF)和放射性物质大量释放频率(LRF)进一步降低了 17％和 14％。

第4章　核电厂的控制和运行

4.1　核反应堆控制原理

4.1.1　瞬发中子和缓发中子

反应堆的功率变化随着热中子通量或热中子密度的变化而改变,对核反应堆中的中子通量密度加以控制可以实现对反应堆功率的控制。

在研究核反应之初,人们就发现了在核裂变过程中放射的中子中约有1%的中子不是反应后立即发射出来的,而是在一段时间内以逐渐减少的数量放出。测定结果表明,大约有1%的中子至少延迟0.01s,大约有0.07%的中子延迟长达1min,这些中子被称为缓发中子。

尽管缓发中子的数量占普通裂变堆中总裂变中子数不到1%,但仍然起到了十分重要的作用,它改变了临界裂变堆中中子的时间行为。如果反应堆的有效增殖系数稍微大于1.0(如1.001等),那么通过控制缓发中子的份额,就使中子密度不会马上升高到有害的数值,使系统的有效增殖系数保持在$K_{eff} \approx 1$。这种时间延迟给链式核反应带来一种惯性效应,所以就有了对反应堆进行控制的机会,这一点对控制核反应十分有利。

经由裂变反应释放出来的中子分为两类:一类是寿命极短的瞬发中子,另一类是由裂变碎片经过β衰变后再释放出来的缓发中子,因此可以认为衰变周期是缓发中子的寿命。瞬发中子在核裂变后约10^{-14}s内放出,占全部裂变中子的99.35%;缓发中子在核裂变后的持续几分钟时间里陆续放出,占全部裂变中子的0.65%。

当只有瞬发中子时,热中子密度n随时间τ的变化呈指数增加,为

$$n(\tau) = n_0 e^{\frac{K_{ex}}{l}\tau} \tag{4-1}$$

式中:n_0为$\tau = 0$时的中子密度;K_{ex}为过剩增殖系数;l为中子平均寿命(中子从产生到被吸收的平均时间),在轻水堆中,$l \leqslant 2 \times 10^{-4}$s,在重水堆中,$l \leqslant 0.15$s,在石墨慢化堆中,$l \leqslant 1.2 \times 10^{-2}$s。

中子密度变化e倍所需时间称为反应堆周期T,$T = \dfrac{l}{K_{ex}}$,如$K_{ex} = 0.001$,$l = 10^{-4}$s,则$T = \dfrac{10^{-4}}{0.001} = 0.1$s,1s内中子密度将增加$e^{10}$倍(即$2.2 \times 10^4$倍),反应堆根本无法控制。换

句话说,如果反应堆原来的运行功率为 1MW,系统反应性增大 0.001,则不出 1 秒功率就会上升到 22000MW,如此迅速的功率大爆发,即使反应堆不被烧毁也是无法维持正常工作的。所幸的是在实际核反应中,裂变中子中还存在着很少一部分的缓发中子,在瞬发中子产生后相当长一段时间才起作用。

有了缓发中子的影响后,反应堆内的平均中子寿命延长了许多,即

$$l \approx \sum_{i=1}^{6} \beta_i l_i = 0.085\text{s} \tag{4-2}$$

式中:β_i 和 l_i 为第 i 组缓发中子的份额和平均寿命,缓发中子一般分为 6 组。

反应堆周期 T 变为 $T = \dfrac{l}{K_{ex}} = \dfrac{0.085}{0.001} = 85\text{s}$,即中子密度增加 e 倍需要 85s,反应堆因此可以加以控制。

当然,引入的正反应性的变化也不能太大,即 K_{ex} 必须小于或等于 0.0065,否则,反应堆周期 T 就与缓发中子无关,仅瞬发中子就能使中子密度迅速增加,使反应堆无法控制。仅瞬发中子就能使反应堆达到的临界称为瞬发临界。

在普通裂变堆中,中子平均寿命和反应堆周期在很大程度上是由缓发中子而不是瞬发中子决定的。对于快堆更是如此,因为这类反应堆中瞬发中子的寿命更短。

对于聚变驱动次临界堆,由于运行在次临界状态,一旦停止聚变中子源,堆内反应就不能持续,整个堆的运行主要依赖于聚变中子源,因此其中子分为瞬发中子、缓发中子和外源中子。外源中子与临界堆中的缓发中子的作用相似,所以也将聚变驱动次临界堆中的裂变缓发中子和外源中子合称为"修订缓发中子"。

4.1.2　温度效应

反应性反馈来源于堆内温度、压力或流量的变化,其中,温度对反应性的影响是一个主要的反馈效应,称为温度效应,它决定了反应堆对于功率变化的内在稳定性或固有安全性。影响反应堆反应性的许多参数(如热利用系数、逃脱共振概率、扩散长度等)都是燃料、慢化剂、冷却剂的温度的函数,反应堆内核燃料、冷却剂、慢化剂的温度变化会使相应物质的密度(指单位体积内的核数)或热中子吸收截面发生变化,从而引起反应性的变化。

温度效应用反应性温度系数衡量,它是指温度变化 1K 所引起的反应性变化量。

反应性燃料温度效应主要是由于铀-238 在温度升高后其共振吸收带加宽,使中子吸收系数增大,而燃料中绝大部分成分是铀-238,因此温度上升使燃料对热中子的有效吸收截面迅速增大,仅需零点几秒的响应时间,因此燃料温升对反应性的影响呈现负的温度系数。

所谓多普勒效应,是指裂变中产生的快中子在慢化过程中被核燃料吸收的效应,受燃料温度变化的影响很大,所以燃料的温度效应也称为多普勒效应,燃料温度系数也称为多普勒系数。

聚变驱动次临界堆的主要功能之一是嬗变核废料,核废料在运行过程中不断消耗并转化成其他原子核,不同核素的核反应截面不同,系统燃耗导致核密度改变,影响到核反应的宏观截面,从而改变了中子产生、增殖和泄漏的比例,最终使得系统的中子有效增殖率不断下降,从而使系统的反应性发生变化,此燃耗反应性效应也是某一时刻的燃料多普勒效应。

燃料多普勒效应是此类反应堆的一个重要特性。

在反应堆系统运行时,中子引发的核反应和放射性衰变过程都会放出热量,由此引起燃料和冷却剂的体积膨胀,燃料和冷却剂的密度也发生改变,影响系统的反应性。燃料或冷却剂体积膨胀引起的反应性变化称为膨胀系数,密度变化引起的反应性变化称为密度系数。

功率变化时,热量从燃料内传出后慢化剂温度才能发生变化,因此慢化剂温度反馈有滞后效应,并且不一定为负值。慢化剂水的温度升高时,水膨胀,密度减小,对中子的慢化能力降低,使反应性下降,所以温度系数也是负的,其响应时间为几秒。但是,如果慢化剂中含硼,温度升高使硼浓度下降,硼对中子的吸收能力也降低,反而使反应性增大,所以含硼溶液的反应性温度系数是正的。如果慢化剂水中的硼浓度足够高,慢化剂反应性温度系数将变为正的。对于临界裂变堆,如压水堆,从安全性考虑,在功率运行时要求慢化剂的温度系数必须是负的,以提高反应堆的自调节、自稳定性能。

冷却剂大致有液态和气态两种。气态冷却剂,如氦气,对于中子而言几乎是透明的,所以其温度效应可以忽略。液态冷却剂,如水,则主要产生截面温度效应和空泡效应,前者是温度对核反应截面产生的影响,后者是液体沸腾产生气泡,引起的反应性变化,一般有 3 种情况:冷却剂有害吸收中子减少(正效应)、中子泄露增加(负效应)、兼作慢化剂时慢化能力减小(正效应或负效应)。钠冷快堆中使用液态金属钠作为冷却剂,钠与中子之间很少发生核反应,所以其截面温度效应可以忽略。而在聚变驱动次临界堆中,LiPb 既作为冷却剂,又是中子倍增剂和氚增殖剂,则会因为截面温度效应而影响系统的反应性。

若反应堆具有负的温度系数,则无论什么原因使反应堆内温度升高,由于负温度系数的作用,反应性就会降低,使裂变速度下降,功率降低,阻碍温度的进一步升高,因此反应堆对温度变化具有自稳定性。如轻水堆,温度升高使水的密度下降,中子慢化能力也随之下降,从而使反应性降低。

具有正的温度系数的反应堆不具备自稳调节性。所以,设计时尽量将反应堆设计成具有负的温度系数,这样形成的内部负反馈机制使核反应堆具有自稳调节能力,或者说,当核电厂负荷发生变化时,反应堆靠自身的调节功能使其输出功率达到与负荷一致的水平。这是核电厂固有安全性的基础,也有利于反应堆外部控制系统的设计。可以举一个例子来说明:由于外界影响,汽轮机的负荷忽然上升,使得汽轮机的转速降低,调节器增大汽轮机的蒸汽阀门开度以增加流量,使得蒸汽压力降低,蒸汽饱和温度也相应下降,蒸汽发生器的一回路侧和二回路侧的温差增大,换热增强,使一回路冷却剂的平均温度下降,燃料温度降低,由于系统具有负的温度系数,温度下降将引入一个正反应性,使中子密度上升,从而使反应堆功率上升,各种下降的温度依次回升,引入一个负反应性,与前面的正反应性相抵消,反应堆功率与负荷保持一致,最后使整个系统达到一个新的平衡。

影响反应堆动态特性的主要因素是反应性燃料温度系数和反应性慢化剂温度系数。

4.1.3　反应堆控制原理

反应堆的反应性在运行过程中会逐渐减小,这主要是由于核燃料的消耗和裂变产物的积累,同时反应堆功率、温度等的变化也会影响反应性。因此反应堆堆芯的初始燃料装载量必须比维持临界所需的量多一些,即必须具备足够的剩余反应性,以满足反应堆长期运行、启动、停堆和功率变化的要求。反应堆堆芯内还必须同时引入适量的可随意调节的负反应性,以补偿反应堆长期运行所需的剩余反应性,以及调节反应堆的功率水平,还可作为一种停堆的手段。

反应堆的剩余反应性的大小取决于堆芯的大小、设计燃耗速率、裂变产物的增长率、固有反应性温度系数以及预期的运行时间等。例如,一个900MW级压水堆核电厂反应堆新装料时的剩余反应性为0.29,其中约0.05用于补偿由环境温度上升到运行温度所引起的反应性下降、0.07用于克服裂变产物氙和钐的中毒、0.17作为运行调节的裕量以及用来补偿燃耗和其他裂变产物毒物吸收。所以反应性控制在反应堆控制中至关重要。

根据反应堆运行工况不同,反应性控制可分为三类:第一类,功率控制——及时补偿由于负荷变化、温度变化和功率水平变动所引起的反应性变化;第二类,补偿控制——用于补偿燃耗、裂变产物积累所需的剩余反应性,也用于改善堆内功率分布;第三类,紧急停堆控制——堆内迅速引入负反应性。

1. 反应性控制方法

反应性控制的一般方法有:中子吸收法、慢化剂液位控制法、燃料控制法、反射层控制法。

(1)中子吸收法——增加或减少中子吸收材料

中子吸收材料包括控制棒、固体可燃毒物棒和含有可溶性毒物的慢化剂或冷却剂这类固体或液体的中子吸收体,此类材料可改变堆芯的反应性。用中子吸收材料改变堆芯内的中子数目是控制核反应的主要方法。

最常用的是用控制棒控制。控制棒一般是由镉、硼、镝或铪等对中子有较强吸收能力的材料制成的棒状控制元件,对控制棒的控制机构的要求比较高,利用快速传动机构,通过改变在堆芯中的插入深度来控制堆芯内的中子数目。这种方法具有控制速度快和灵活的特点,适用于控制快速的反应性变化,但对堆内中子通量分布扰动较大,属于物理控制法。

可燃毒物棒一般是含硼玻璃棒、硼钢棒或加硼锆棒等,在新装料时均匀分布装入堆芯后固定不动,以补偿首次燃料循环时新料具有的较大的剩余反应性。随着反应堆的运行,毒物逐渐被消耗掉,中子吸收能力降低,反应性逐渐被"释放"出来。

使用含有如硼、钆等可溶性毒物的慢化剂或冷却剂来改变反应性,是一种化学控制法。可溶性毒物控制法主要有两种:一种是在慢化剂或冷却剂中加入可溶性毒物,通过调节控制溶液中毒物浓度的方法来补偿反应性;另一种是快速将毒物溶液注入堆芯以控制反应性。毒物浓度控制法响应较慢,通常用于补偿由于氙中毒或燃耗等引起的较慢的反应性变化。毒物快速注入法一般用于快速停堆等需要迅速控制反应性的情况。

(2)慢化剂液位控制法——增加或减少慢化剂量

如果反应堆采用的慢化剂是重水或轻水,可以通过微调液面位置来调节反应性,也可以在紧急停堆时将慢化剂迅速排出堆芯来实现停堆。一些重水堆采用了慢化剂液位控制法。

(3)燃料控制法——增加或减少核燃料

通过部分燃料交换进行反应性控制。在快堆中,一般中子吸收截面较小,所以经常采用燃料交换的控制方式。另外,坎杜反应堆的不停堆换料方式也是比较典型的反应性燃料控制方法。

(4)反射层控制法——增加或减少反射层

该法一般只在堆芯设计时使用,通过移动反射层来改变中子的泄漏率,从而改变堆芯的反应性。

2. 反应堆控制目的

反应堆控制的目的是:

(1)启动、停堆及改变功率

启动和提高功率时,使 K_{eff} 略大于 1;达到要求的功率水平时,维持 $K_{eff}=1$;降低功率或停堆时,使 $K_{eff}<1$。

(2)抵消过剩反应性,补偿燃耗

反应堆初装料时,$K_{eff}>1$,运行中需要用控制棒、可燃毒物等来抵消这部分过剩反应性,使表现出来的 $K_{eff}=1$。运行过程中 K_{eff} 逐渐降低,需要减少中子吸收材料来释放过剩的反应性,补偿燃耗。

(3)维持功率水平

运行中,各种因素会引起功率波动,需要用控制棒加以自动调节。

(4)保证反应堆的安全

在出现事故或紧急情况时,需要快速地向反应堆中送入中子吸收材料,如控制棒、硼酸溶液等。

反应堆控制中,由于参数多、时间短、准确性要求高,设计时一般都设置手动和自动两套相互独立的控制系统。表 4-1 列出了几种主要动力型反应堆的反应性控制方式。

表 4-1 几种主要动力型反应堆的反应性控制方式

目的	压水堆	沸水堆	坎杜堆	气冷堆
长期的燃耗和毒物	硼酸浓度 可燃毒物棒	控制棒	不停堆换料 硼酸或钆浓度	控制棒
反应堆启动至功率输出	控制棒 硼酸浓度	控制棒	轻水区的水室液位 调节棒、吸收棒 硼酸或钆浓度	控制棒
运行功率调节	控制棒	再循环流量调节	轻水区的水室液位	控制棒
紧急停堆	控制棒和停堆棒 快速插入	控制棒快速插入	控制棒和停堆棒快速插入	控制棒快速插入
应急停堆	向堆内注入高浓度硼酸溶液	向堆内注入硼酸溶液	向堆内快速注入硝酸钆重水溶液	向堆内抛入硼钢球

4.1.4 核电厂自动控制

核反应堆在运行过程中,所有的物理参数,如压力、温度、流量、液位、功率和频率的控制及原料和燃料成分比例的控制等主要是靠仪器控制系统(见图 4 - 1)自动完成的。

图 4 - 1 自动控制系统示意

在上述自动控制系统中,检测系统中的测量元件从控制对象处获取被控制量的输出信号,将其与设定值相比较,得到一个偏差信号,控制器将偏差信号按运算规律进行运算后产生相应大小的控制信号,该控制信号被送到执行机构驱动调节元件的开关或开度等,完成调节控制对象的输入量的动作,如此将被控制量的输出信号调节在预定范围内。

自动控制系统按设定值的变化规律可以分为恒值控制系统、随动控制系统和程序控制系统。如研究性反应堆功率控制系统、压水堆核电厂稳压器的压力控制系统等都是恒值控制系统;高射炮的角度控制系统必须采用随动控制系统;而汽轮机在自动启动过程中汽轮机的转速随时间按一定的关系变化,则要求采用程序控制系统。

4.2 各种类型核电厂的控制

4.2.1 压水堆核电厂的控制

压水堆核电厂主要有以下一些控制系统(见图 4 - 2):

(1)反应堆功率控制系统;

(2)反应堆冷却剂平均温度控制系统;

(3)硼浓度控制系统;

(4)稳压器压力和液位控制系统;

(5)蒸汽发生器液位控制系统;

(6)蒸汽对空排放控制系统;

(7)汽轮机负荷控制系统;

(8)冷凝器蒸汽排放控制系统;

(9)给水流量控制系统;

(10)汽动泵速度控制系统;

(11)电动泵速度控制系统;

(12)发电机电压控制系统等。

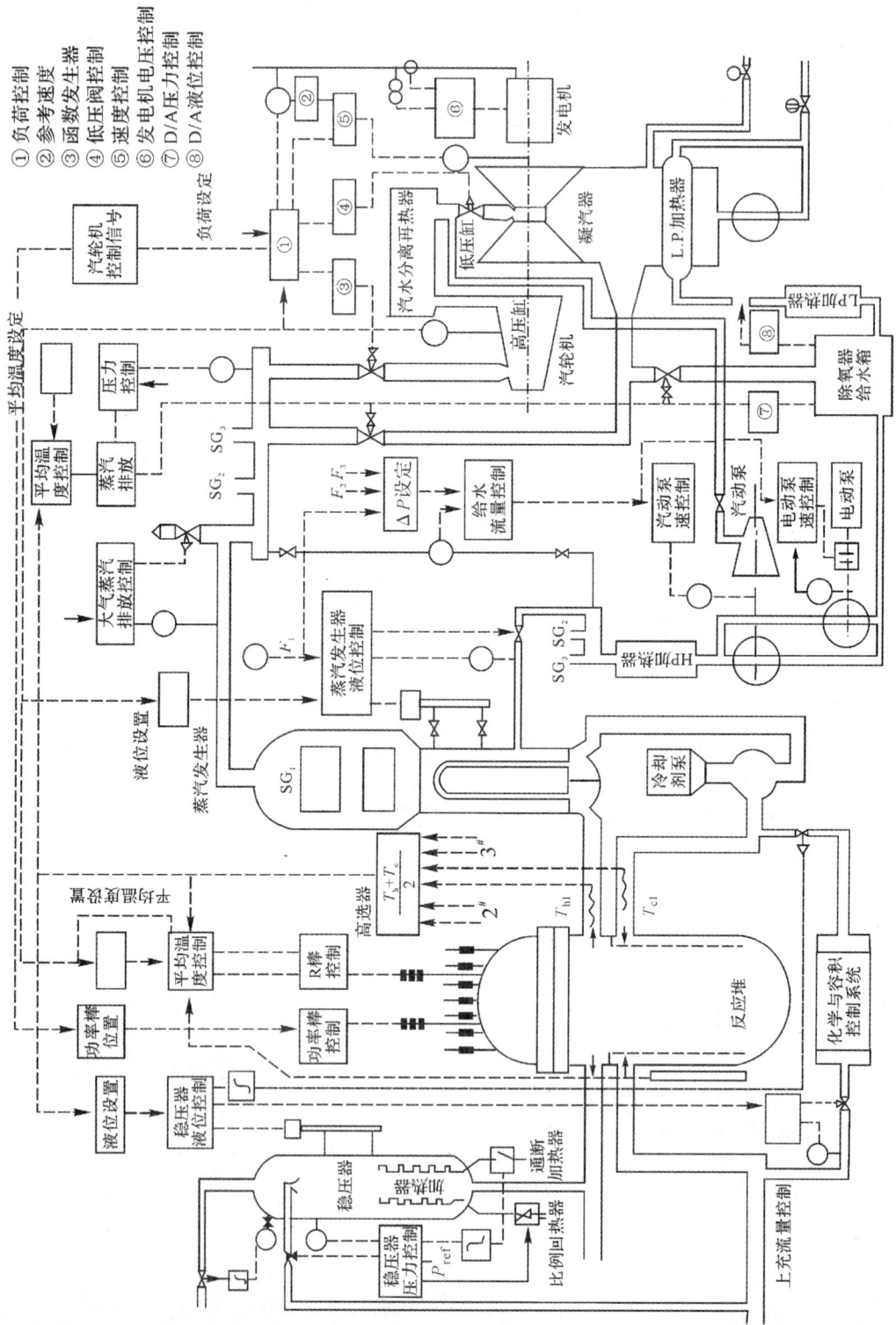

图 4 - 2　压水堆核电控制系统

其基本控制系统如图 4 - 3 所示。

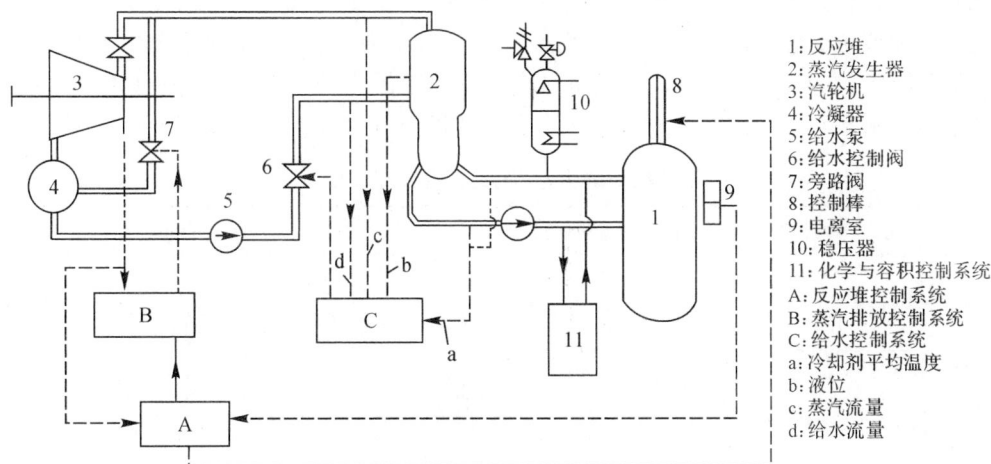

1:反应堆
2:蒸汽发生器
3:汽轮机
4:冷凝器
5:给水泵
6:给水控制阀
7:旁路阀
8:控制棒
9:电离室
10:稳压器
11:化学与容积控制系统
A:反应堆控制系统
B:蒸汽排放控制系统
C:给水控制系统
a:冷却剂平均温度
b:液位
c:蒸汽流量
d:给水流量

图 4 - 3 压水堆核电厂基本控制系统

反应堆功率控制系统的主要功能是使反应堆输出的热功率与负荷相匹配,并消除各种内外扰动对反应堆功率的影响。功率控制主要通过中子通量的检测,将中子通量转化为热功率,以冷却剂平均温度为主调量,将冷却剂平均温度的测量值与设定值相比较,用偏差值来控制反应性控制装置,即采用手动或自动两种方式移动控制棒组件来调节反应堆功率。当负荷低于 15% 的额定功率时,可用手动控制;当负荷高于 15% 的额定功率时,应投入自动控制。表 4 - 2 所示为 900MW 级压水堆控制棒棒束组件参数。控制棒在堆芯内移动,会引起中子通量的变化,为满足安全、经济的运行要求,必须设计一个最佳棒移动程序,满足安全准则,即使燃料芯块温度低于熔化温度、燃料元件表面不允许烧毁、在稳定工况和常见事故工况下不出现水力不稳、在反应堆工作寿命期内有较平坦的功率分布以及任何情况下都能立即实现紧急停堆等。

表 4 - 2 控制棒棒束组件参数(900MW 级压水堆)

控制棒额定行程(m)	控制棒最大行程(m)	步数(步)	步距(mm)	供电直流电压(V)
3.619	3.664	228	15.875	(1±10%)125
平均运行压强(MPa)	设计温度(℃)	线圈最高温度(℃)	线圈寿命(年)	机械寿命(年)
15.5	343	200	20	40
基本负荷运行模式	32 个调节棒棒束组件、21 个停堆棒棒束组件,总共 53 个组件			
负荷跟踪运行模式	28 个功率补偿棒棒束组件、8 个温度调节棒棒束组件、17 个停堆棒棒束组件,总共 53 个组件			

通过化学与容积控制系统中的硼浓度控制系统可以控制冷却剂中硼的浓度,与控制棒组件位置调节系统共同进行反应堆功率控制以满足运行的要求,表 4 - 3 为 900MW 级压水堆在第一燃料周期中慢化剂的含硼浓度情况。加硼过程中的浓硼酸由硼酸制备系统提供。硼酸浓度控制的操作方式有自动补给、稀释、加硼和手动补给四种,根据反应堆启动和运行

工况选择。自动补给方式用于一回路升温和反应堆功率运行期间,是一种正常补给方式,当化容系统容积控制箱的液位低于23%时投入运行,液位达到35.5%时停止运行;稀释方式是为增加堆芯反应性而用等量纯水代替一回路慢化剂,以降低一回路慢化剂的硼浓度;加硼则是将4%的硼酸溶液注入一回路以增加一回路慢化剂的硼浓度;手动补给由操纵员手动设定纯水和硼酸的流量和总容量并发出启动指令,达到预定容积后自动或手动停止。

表 4 - 3　慢化剂的含硼浓度情况

工况(900MW级压水堆、具有可燃毒物)	硼酸浓度(mg/kg)
换料	2000
堆芯冷停堆	950
堆芯热停堆(全部控制棒插入)	465
堆芯热停堆(控制棒未插入)	1430
热态临界反应堆(控制棒未插入、零功率)	1330
热态临界反应堆(控制棒未插入、额定功率)	1205

由于燃料元件的限制,反应堆功率连续变化的速率一般每分钟不得超过±5%额定功率,阶跃变化不得超过±10%额定功率,当负荷的阶跃变化±10%额定功率时,负荷不允许超过额定功率。

核电厂如果发生甩负荷、汽轮机刹车或迅速降低负荷等工况时,由于反应堆不能像汽轮机一样可以快速变化负荷,借助汽轮机旁路蒸汽排放控制系统,反应堆产生的过余蒸汽可以利用冷凝器蒸汽排放控制系统打开蒸汽排放阀,通过旁路将蒸汽直接排入冷凝器,如果冷凝器不工作,可以采用蒸汽对空排放控制系统开启对空排放阀进行蒸汽的对空排放等,提供一个"人为"反应堆负荷,以缓解反应堆温度和压力的瞬态变化幅度。这样汽轮机可以承受50%～95%额定功率的负荷变化而不需要停堆。一般规定,甩负荷50%～80%额定功率时,不打开蒸汽对空排放阀或主蒸汽安全阀,也不停堆。反应堆紧急停堆、汽轮机刹车时要求在1.5s内快速落下控制棒,而不打开主蒸汽安全阀。

稳压器压力和液位控制系统的主要功能是维持一回路压力和水位在一个给定范围。由于负荷的变化或堆芯反应性的扰动,可能引起冷却剂平均温度的变化,造成冷却剂体积和一回路压力的变化。如果一回路压力过大,会使设备发生疲劳、管道破裂等事故;而压力过低,则会引起水汽化,发生堆芯局部沸腾、燃料元件冷却恶化甚至燃料元件熔化事故。稳压器液位过高有安全阀进水和失去压力控制的危险;液位过低,则电加热元件可能被烧毁。所以稳压器设有不同等级的高、低液位报警和逻辑信号保护系统。稳压器通过喷淋、电加热及泄放等压力控制手段维持一回路冷却剂系统的压力达到高于冷却剂正常工作温度时的饱和压力。稳压器的水位通过调节化学与容积控制系统的上充流量和下泄流量来达到,使反应堆一回路系统的各个部件在正常运行和瞬态工况时均能充满水。

在正常运行时,功率调节的超调量应小于3%额定负荷,冷却剂平均温度的超调量应不大于2.5℃,压水堆核电厂控制系统的设定值大部分是由功率从额定负荷的90%阶跃到100%的响应来决定的。

　　压水堆还需进行燃料浓度控制,来调节和展平径向中子通量分布。一般采用三种不同浓度的铀-235,在反应堆外围放置浓度为 3.1% 的核燃料,内部放置 2.1% 和 2.6% 两种较低浓度的核燃料,两种较低浓度的燃料棒采用棋盘式分布。

　　图 4-4 所示是核电厂的主控制室。

图 4-4　核电厂的主控制室

4.2.2　重水堆核电厂的控制

　　重水堆又称"坎杜堆(Canada deuterium uranium,CANDU)",坎杜堆核电厂控制系统需要满足调节反应堆启动、停堆、功率分布控制及维持反应堆稳态良好运行功率水平的要求,能自动跟踪每分钟 10% 额定功率的线性升降功率及承受 100% 甩负荷,减少不必要的停堆,抵消剩余反应性,补偿在运行中因中毒、燃耗和温度波动所引起的反应性变化。控制系统主要由反应堆功率调节系统、热传输压力和装置控制系统、蒸汽发生器压力和液位控制系统、全厂负荷控制系统、汽轮机调节系统、不停堆换料机控制系统和慢化剂温度控制系统等组成,其控制原理图如图 4-5 所示。

　　功率调节系统是坎杜堆控制系统的核心,主要由计算机、测量系统、反应性控制装置和控制程序组成,包括自动控制和手动控制两部分。其基本功能是:测量中子通量水平,对各种输入参数及反应堆功率测量值进行计算后得出需要的控制量,维持反应堆的功率和功率变化速率在给定范围内。其测量系统包括核功率测量、中子通量分布测量和热功率测量,由电离室、堆芯中子通量探测器和过程参数测量部件等组成。反应性控制装置包括调节棒、吸收棒、停堆棒、慢化剂毒物添加和移出系统、液体区控制吸收体等,补偿由氙浓度、燃耗、慢化剂毒物浓度和反应堆功率改变所引起的反应性变化,控制反应堆内的中子通量分布形状接近或符合设计形状,使反应堆能够在燃料棒束和燃料通道限值以下满功率运行。当反应堆运行的主要参数超出给定的限值时,功率调节系统能够快速降功率或停堆,并提供自动控制或响应操纵员的手动控制。

　　初始剩余反应性和长期停堆的氙效应的反应性控制,通过调节慢化剂可溶性毒物的浓度来实现;功率水平的快速下降和燃料温度效应的反应性控制,通过机械控制吸收棒的插入来实现;长期和大量的反应性控制,主要通过不停堆换料来实现;短期和少量反应性控制

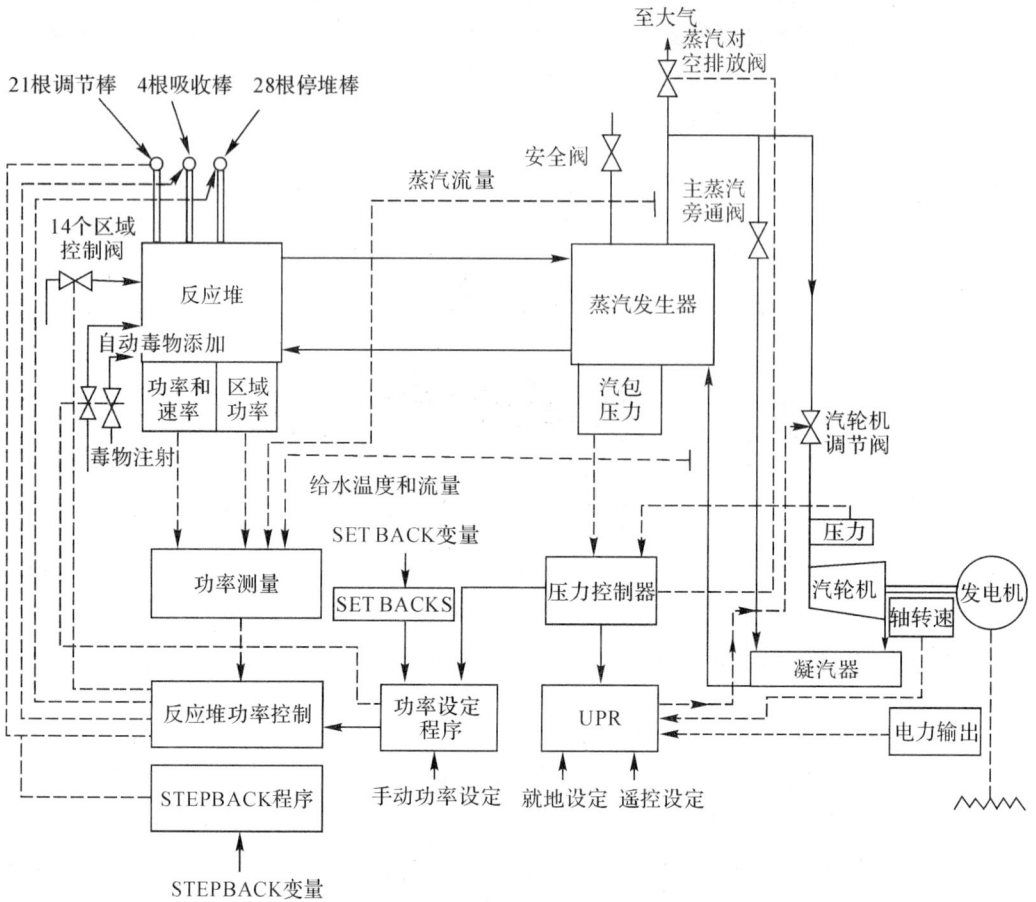

图 4-5 坎杜加压重水堆的控制系统

的主要方法是改变 14 个液体区域控制水室轻水的液位,同时辅以调节棒和吸收棒;氙效应和换料机临时故障的反应性控制,主要通过调节棒的移动来实现。

坎杜堆核电厂的负荷运行控制主要有正常模式和替换模式两种。所谓正常模式是"堆跟机"模式,即在高功率运行工况下的一般控制模式,由操纵员根据运行要求设置或改变汽轮机的负荷,通过调节反应堆功率设定值控制蒸汽发生器汽包的压强不变。正常运行期间,蒸汽发生器压强维持在设定值 4.593MPa。而替换模式是"机跟堆"模式,即在低功率和运行事故工况下的控制模式,反应堆被调节到功率设定值,汽轮机负荷被控制调整到与堆功率相符,通过执行计算机蒸汽发生器压力控制程序调节汽轮机负荷、凝汽器蒸汽排放阀(8 台,排放能力是 100% 额定蒸汽流量)或大气蒸汽排放阀(4 台,排放能力是 10% 额定蒸汽流量)的开度来维持蒸汽发生器压力为恒定值。如果由于某种原因使反应堆调节系统不允许反应堆响应压力控制器的要求,或由于停堆、线性降功率或阶跃降功率使反应堆功率足够低时,如低于 10% 额定负荷时,或有一个控制棒下插到其端点,或操纵员发出键盘指令或按下"HOLD POWER"按钮,则系统自动切换进入替换模式,蒸汽压力控制通过调节电厂负荷来实现。

4.2.3　沸水堆核电厂的控制

沸水堆一般采用保持堆芯压力恒定的运行模式,其功率控制除了利用控制棒外,还利用堆芯冷却剂沸腾产生的气泡量的变化,因气泡具有负反应性系数。早期的沸水堆采用冷却剂堆芯入口温度变化的控制方式,近代的沸水堆则采用直接循环与再循环流量控制方式。再循环流量与反应堆功率基本上成正比,通过改变再循环泵的转速和冷却剂的流量来改变堆芯内的气泡量,并与控制棒控制相结合达到调节功率的目的。控制棒一般采取手动控制方式,主要用于启动、停堆、功率大幅度变化和反应堆功率分布调节。具有负荷跟踪特性的沸水堆控制原理如图 4-6 所示。

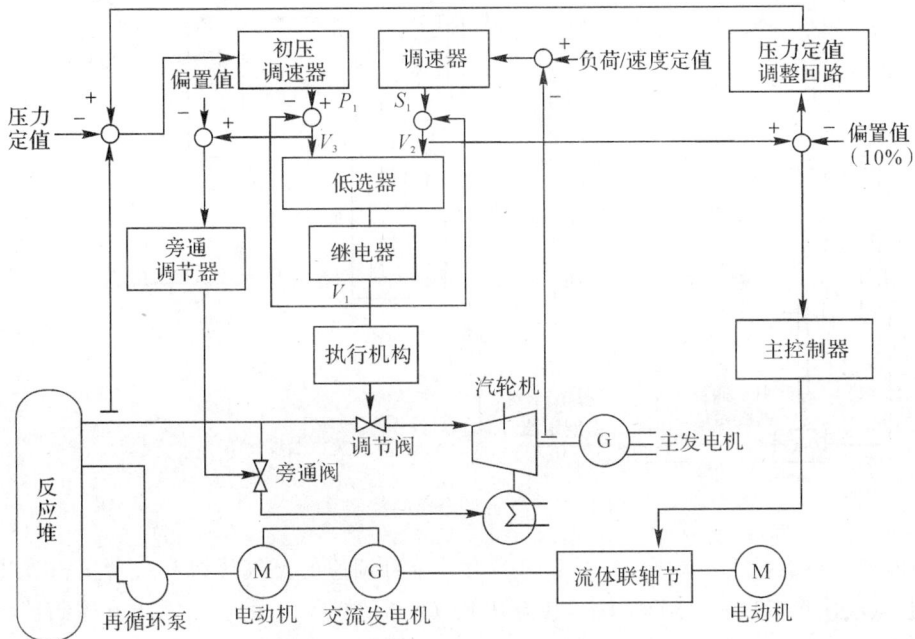

图 4-6　沸水堆核电厂控制系统

在正常运行时,蒸汽压力信号与设定值的偏差信号通过初压调整器来调节蒸汽调节阀的开度和旁通阀的开闭。汽轮机的实际转速与负荷/速度设定值的偏差信号通过调速器控制,如果负荷急剧下降,如负荷减小量超过 10%、汽轮机转速增大超过设定值时,通过低选器减小蒸汽调节阀的开度,防止汽轮机超速,同时控制再循环流量,使反应堆功率也相应减小。如果蒸汽压力上升超过压力设定值,则汽轮机旁通阀打开,多余蒸汽被直接排入凝汽器。如果负荷增加,由主控制器和设定压力调整回路给出一个正的负荷要求信号,反应堆功率自动增大。

4.2.4　高温气冷堆核电厂的控制

气冷反应堆功率的基本控制方式是根据负荷要求确定蒸汽流量。采用堆芯气体出口温度恒定、高压蒸汽压力恒定、低压蒸汽压力恒定和改变一回路气体冷却剂流量的运行方式。根据蒸汽压力的变化调节冷却剂流量,进而改变反应堆功率,氙毒和温度效应通过控制棒移动来补偿,蒸汽参数通过控制堆芯出口温度来控制。高温气冷堆的控制原理图 4-7 所示。

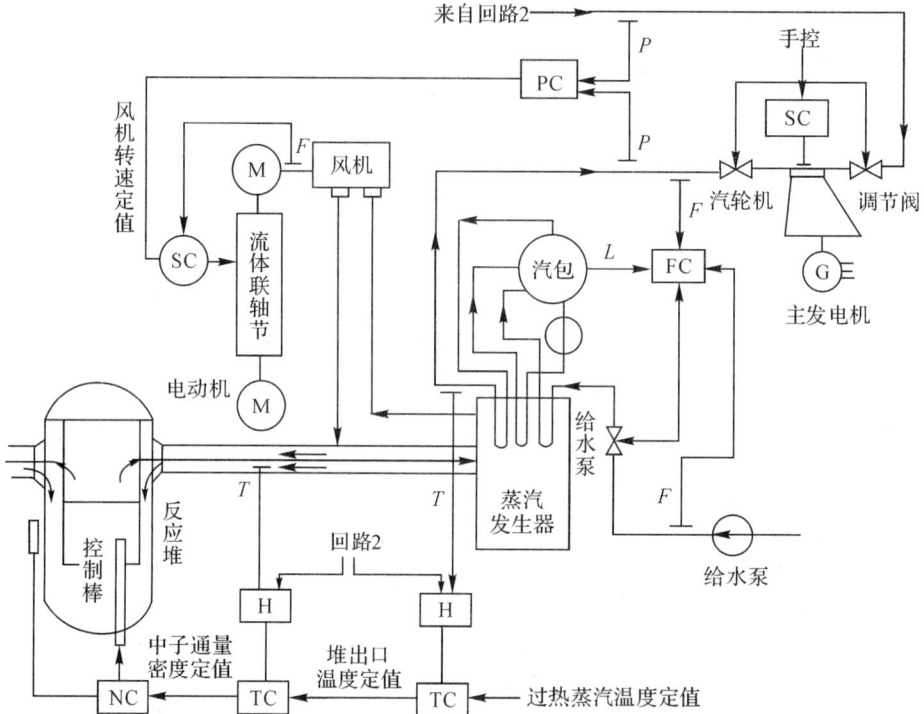

图 4-7　高温气冷堆的控制系统

高温气冷堆有两个冷却回路,每个回路由一台可调速的氦气风机和一台蒸汽发生器组成,堆芯氦气出口温度在 750℃ 以上,甚至达到 950~1000℃。氦气风机转速控制器调节通过反应堆和蒸汽发生器的氦气流量,风机转速设定值由蒸汽压力控制器给定。反应堆出口氦气温度控制器的设定值由蒸汽温度控制器给定。两个冷却回路中实际出口氦气温度较高者与设定值的偏差用来作为反应堆功率控制器的中子通量设定值,中子通量的实际测量值与设定值的偏差信号用于控制控制棒的移动,使反应堆功率与负荷保持一致。如负荷提高时,汽轮机的主蒸汽阀开大,蒸汽流量增加,蒸汽压力降低,蒸汽温度也降低,蒸汽发生器中的换热加强,使一回路氦气的温度下降,蒸汽温度控制器提高了氦气温度控制器的设定值,氦气温度控制器又使中子通量设定值提高,于是控制棒被提升,反应堆功率随之增大,同时蒸汽压力变化通过蒸汽压力控制器也使氦气风机转速的设定值增大,氦气流量提高,反应堆输出功率自动跟踪负荷的变化,使蒸汽压力回复到额定值。

4.2.5　钠冷快堆核电厂的控制

钠冷快堆一回路冷却系统分回路式和池式两种,前者安全性较差,后者是将堆芯连同一回路钠冷却剂泵和钠-钠中间热交换器一起浸泡在一个大型液态钠池中,二回路是工作压力高于一回路的又一钠循环回路,三回路是水蒸气回路,水通过蒸汽发生器被加热为过热蒸汽。由于存在三个回路,使反应堆和汽轮机蒸汽阀门之间存在两个时间延迟,不利于实现负荷的快速跟踪。

钠冷快堆运行的控制方式主要有冷却剂钠流量恒定和冷却剂钠流量可变两种。如图 4-8 所示是冷却剂钠流量可变方式的控制原理,这是一种比较理想的控制方式。钠冷快堆的功率主要由插入燃料区的控制棒进行控制,冷却剂钠流量与功率成正比,流量控制可以缩短反应堆启动和停堆的时间,改善反应堆对负荷的跟踪性能,但冷却剂泵的驱动机构较复杂,使整个控制系统也较为复杂。

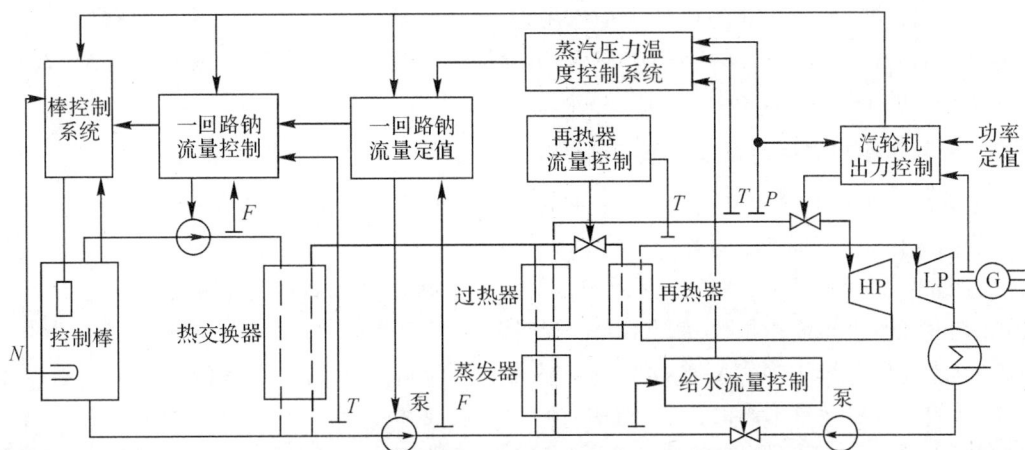

图 4-8　钠冷快堆的控制系统

4.3　压水堆核电厂的运行

4.3.1　压水堆核电厂的稳态运行方案

压水堆核电厂的运行目标是使反应堆的输出功率与负荷相匹配,同时在正常安全运行情况下,使堆芯状态满足保证燃料包壳的完整性和避免有关设计基准事故情况的两个基本准则,后者规定了一个随堆芯高度变化的热点因子的限制(又称失水事故极限)。

压水堆核电厂在稳定运行条件下,以负荷或反应堆功率为核心,使各运行参数,如温度、压力和流量等遵循一定的相互关系,如此保证反应堆的输出功率与负荷相符合。对于一个运行中的反应堆,反应堆的输出功率主要受到一回路冷却剂流量和堆进、出口冷却剂温度差的影响,而负荷则受到一回路冷却剂的平均温度和蒸汽发生器二次侧饱和蒸汽温度差的影响。实际上,影响负荷的主要参变量只有冷却剂平均温度和由二回路蒸汽压力决定的蒸汽发生器二次侧的饱和温度两个。因此可以有以下两种最基本的稳态运行方式:

(1)二回路蒸汽压力恒定,调节冷却剂平均温度以改变负荷。

(2)冷却剂平均温度恒定,调节二回路蒸汽压力以改变负荷。

由此,核电厂可以有以下四种稳态运行方案。

1. 二回路蒸汽压力(蒸汽发生器压力)恒值控制

核电厂启动达到功率运行状态后,保持二回路蒸汽压力不变,使冷却剂平均温度随着负荷的改变而改变,即随着负荷的升高,冷却剂平均温度提高,反应堆的出口温度和进口温度也相应提高,二回路的蒸汽流量也随之大幅增加。由于二回路的蒸汽压力和温度保持不变,所以该方案有利于汽轮机等二回路设备。但随着负荷的升高,由冷却剂平均温度和燃料温度上升而引起的反应性下降需要加以补偿,同时温度变化引起的冷却剂体积改变也需要在一回路设备,如稳压器的设计中加以考虑。并且,冷却剂平均温度受一回路反应堆和其他设备的限制也不能过高。如900MW级的压水堆,冷却剂平均温度的上限约为325℃,一回路压强的上限为17.2MPa。

2. 一回路冷却剂平均温度恒值控制

该方案与前一个方案正好相反,一回路冷却剂的流量保持一定时,冷却剂平均温度不随负荷的变化而改变,负荷的改变导致冷却剂进出口温差的增大和蒸汽发生器二次侧饱和蒸汽温度的下降,所以对一回路比较有利,对于具有负温度系数的反应堆来说具有良好的自我调节性能,冷却剂体积改变也不大。但是对于二回路而言,蒸汽流量和压力随功率变化较大,或者说蒸汽压力和温度随着负荷的增加而下降。汽轮机对蒸汽的干度是有要求的,较低的干度将导致水滴的析出,造成对叶片的侵蚀和损害,所以汽轮机对蒸汽品质有一定的要求。同时对于汽轮机的效率来说,蒸汽温度越高越好,所以二回路的蒸汽压力变化范围太大对二回路设备是不利的,并且会增加蒸汽发生器给水调节系统和汽轮机调速系统的负担。

3. 冷却剂出口温度恒值控制

该方案限制了冷却剂出口温度的上升,随着负荷的增大,冷却剂出口温度和平均温度下降,同时也导致二回路有关参数的下降,可以避免出现反应堆燃料的热效应和堆内构件热应力的影响。一般,高温气冷堆采用这种运行方案。

4. 冷却剂平均温度程序控制

冷却剂平均温度随负荷成线性变化,这个方案集中了蒸汽压力恒值控制和冷却剂平均温度恒值控制方案中的优点,较好地克服了两者的缺点,使一回路和二回路共同分担有关的限制条件。目前的大多数压水堆核电厂都是采用这种控制方案的,当负荷高于满负荷时,则采用冷却剂平均温度恒值控制方案。

4.3.2 压水堆核电厂的运行模式

压水堆核电厂的基本负荷运行模式是"机跟堆"运行方式,即汽轮机负荷跟随反应堆功率运行,其功率控制系统只有平均温度定值通道、平均温度测量通道和功率补偿通道及主要部分,以平均温度定值通道为核心,整个系统比较简单,只要完成反应堆启动、停机、抑制波动以维持反应堆功率运行水平即可。例如汽轮机负荷降低,平均温度设定值减小,与平均温度测量值相比较后发现产生了偏差信号,控制棒棒速程序控制单元根据这个偏差信号产生棒束的运动速度和方向信号,驱动控制棒组件下降移动来减小反应堆功率,使其与负荷相匹配,当测量值与设定值的偏差为零时,控制棒组件停止移动,而功率补偿通道则在负荷降低的瞬间引进一个功率失配信号,这个信号超前作用于控制棒驱动机构,加快了控制系统的响应速度,提高了系统的稳定性。这种基本负荷运行模式适用于带基本负荷运行的机组,虽然功率调节性较差,但运行中设备所受的热应力较小,有利于机组寿命。

当核电在电网中占一定比重后,核电厂要采取负荷自动跟踪运行方式,即"堆跟机"运行方式,反应堆功率需要跟随电网的负荷需求而变化。电网需求的变化通过汽轮机控制系统反映为蒸汽流量的变化,反应堆需要具有从电网向反应堆的自动反馈回路,对功率变化做出响应。其功率控制系统较为复杂,由冷却剂平均温度调节系统和根据汽轮机负荷信号控制的功率控制系统两部分组成。前者与基本负荷运行模式中的功率控制系统原理相同,后者利用汽轮机负荷和功率补偿棒棒位的对应关系曲线、根据负荷值确定功率补偿棒组在堆芯的位置实现对反应堆功率的快速控制。汽轮机负荷控制系统中的二回路蒸汽压力也共同参与功率控制。这种运行模式具有灵活的功率调节性能,可以参与负荷跟踪和电网调频运行。

第5章 核电厂的安全性

5.1 核辐射及其防护

5.1.1 核辐射的种类

辐射是以电磁波和粒子(光子)能量束的形式传播的一种能量。按照产生电磁波的不同原因可以得到不同频率的电磁波。无线电波、红外线、紫外线、X射线及γ射线等都是电磁波。辐射有电离辐射与非电离辐射之分。核辐射是来自原子核的辐射。对人类有影响的核辐射属于电离辐射,通常是指α、β带电粒子,γ射线和中子等。电离辐射又可分为天然辐射和人为辐射。

1. α粒子

α粒子是氦原子核,这种粒子质量大(比电子的静质量大7300倍),且带2个正电荷(平均电荷接近2),速度比光速低至少一个数量级,穿透物质的能力较弱,且射程短,在空气中的射程为3~4cm,在水、纸张、生物组织中的射程为几十微米,一件工作服就足以将其挡住,所以它对人体的外照射(放射性物质在生物体外所产生的照射)危害可以不考虑。但α粒子的电离本领很大,一旦进入人体,会造成危害性很大的内照射(放射性物质进入生物体内所引起的照射),其进入人体的主要途径是通过饮食、呼吸和皮肤创口渗入等,在防护上要特别注意防止内照射。

2. β粒子或射线

β射线是高速电子束,一般具有几兆电子伏特的能量,速度接近光速,具有较大的穿透能力,在空气中的射程可达几米。能量为70keV的β射线就能穿透人体皮肤角质层而使活组织受到损伤。因此,β射线对人体可以构成外照射危害。但它很容易被有机玻璃、塑料以及铝板等材料屏蔽。其内照射危害比α粒子小。

3. γ射线

γ射线也是电磁辐射,同X射线、光及无线电波一样,但频率不同。电磁波在真空中的速度等于光速,在物质介质中的速度要低一些。在α、β和γ三种射线中,γ射线的穿透能力最强,能量为1MeV的γ射线就可以穿透人体。因此,在外照射防护中,对γ射线的防护最重要。但由于 γ 射线是不带电的光子,它不能直接引起电离,所以对人体的内照射危害反而比较小。

4. 中子

中子本身不带电荷,但一旦射入生物组织中,会与其他原子核发生反应,产生 α、β 带电粒子和 γ 射线等,引起组织的严重损伤。由于中子的强穿透性,特别是高能中子,一般先用轻质材料加以慢化,使其成为热中子,然后用吸收热中子的材料(如硼、镉等)来屏蔽。中子常与 γ 射线或次级带电粒子共存,在屏蔽中子的时候还应考虑 γ 射线的屏蔽。

5.1.2　辐射量及其单位

1. 放射性强度(radioactivity)

我们将一个放射性核素在单位时间的衰变次数定义为放射性活度,通常用贝克勒尔(becquerel,Bq)作为单位(国际单位制)——每秒发射一次衰变为 1Bq。如果一次衰变只发射一个粒子,放射性活度就等于放射性强度。但一般情况下,一次衰变会发射若干个粒子,所以放射性强度大于放射性活度。以前使用的传统专用单位是居里(Ci),$1Ci = 3.7 \times 10^{10} Bq$。

2. 照射量(exposure)

照射量是根据电离能力来确定的,是专对 γ 或 X 射线而言的物理量。γ 或 X 射线通过物质时,产生次级电子,使物质电离。γ 及 X 射线在 1kg 干燥的、标准状态下的空气中产生电离电荷量为 2.58×10^{-4} 库伦(C)的正离子和等量负离子的照射量,称为 1 伦琴(roentgen,R)。

单位时间内的照射量称为照射率,专用单位为伦琴/小时(R/h)。

国际单位制中照射量用库伦/千克(C/kg)表示,$1R = 2.58 \times 10^{-4} C/kg$。

3. 吸收剂量(absorbed dose)

一般,用传递给物质的能量来量度电离辐射对物质作用所产生的效应。单位质量受照射物质所吸收的平均电离辐射能称为吸收剂量。因为在辐射通过人体时,人体吸收的这部分能量对人体的影响最大,是人体产生辐射损伤的原因。

国际单位制中吸收剂量的单位为戈瑞(gray,Gy),每千克受照射物质吸收射线能量为 1 焦耳时的吸收剂量定义为 1 戈瑞(Gy),$1Gy = 1J/kg$。传统的吸收剂量单位是拉德(Rad),每千克物质吸收 0.01 焦耳的辐射能量即为 1 拉德,$1Rad = 0.01Gy$。

4. 剂量当量(dose equivalent)

实际上,不同物质吸收射线的能力是不同的,在相同的照射量下,如 1 伦琴的照射量,每千克软组织所吸收的能量为 $9.65 \times 10^{-3} J$,水为 $1 \times 10^{-2} J$,骨骼为 $1.6 \times 10^{-2} J$。而且核辐射对人体的危害不仅取决于吸收剂量,还与电离辐射的线性能量转移——单位长度转移给介质的能量的多少有关,与电离辐射的类型、能量、照射条件及人体组织等因素有关。

为了从生物效应的角度出发对吸收剂量做出统一量度,引入剂量当量概念,它在数值上等于吸收剂量乘上射线的品质因数 Q。1986 年，国际辐射防护委员会和国际辐射单位与测量委员会提出不同类型电离辐射对应的平均品质因数，后又加以细化，具体是（GB 18871—2002）：α 粒子、能量为 $0.1\sim2\text{MeV}$ 的快中子以及裂变碎片等对人体危害最大，$Q\approx20$；能量在 $10\sim100\text{keV}$ 和 $2\sim20\text{MeV}$ 的快中子，$Q\approx10$；能量 $>20\text{MeV}$ 的快中子、能量 $<10\text{keV}$ 的热中子、能量 $>2\text{MeV}$ 的质子，$Q\approx5$；氚的 β 射线，$Q\approx2$；X 射线、γ 射线、介子、光子及电子，$Q\approx1$。这也就是说，1Gy 的 γ 射线与 0.05Gy 的 α 粒子产生的损伤相同。

由于人体各部位对辐射的反应不同，所以 1997 年国际辐射防护委员会（ICPR）引入组织质量因子及有效剂量当量，对不同的人体组织赋予不同的权重因子，其中生殖腺最易受到辐射伤害，权重因子最高，为 0.2，肠、肺、骨骼、胃为 0.12，骨表面和皮肤为 0.01，其余组织为 0.05。

剂量当量单位的国际单位制用希（sievert，Sv）表示。当人体对 Q 为 1 的某辐射的吸收剂量为 1 戈瑞（Gy）时，其剂量当量为 1 希（Sv），$1\text{Sv}=1\text{J/kg}$。传统的剂量当量单位用雷姆（Rem），相当于当人体对 Q 为 1 的某辐射的吸收剂量为 1 拉德时，其剂量当量为 1 雷姆，$1\text{Rem}=0.01\text{Sv}=10\text{mSv}$。

剂量当量率为单位时间内的剂量当量，同照射率、吸收剂量率相似。放射性强度、吸收剂量和剂量当量的关系如图 5-1 所示。

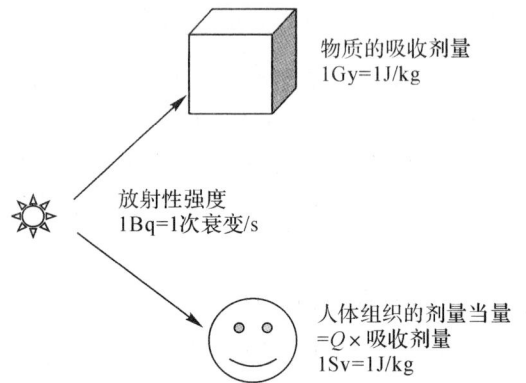

图 5-1　三种常用辐射单位的区别

5.1.3　天然本底辐射

放射性物质和辐射是无处不有的，辐射大致可分为非游离辐射及游离辐射两种。非游离辐射是指光线、无线电波等能量较低的辐射，通常不会改变物质的化学性质；而游离辐射，如 α、β 射线，这类辐射在一定剂量下有足够的能量可以使原子中的电子游离而成为带电离子，这一过程通常会引起生物组织产生化学变化，因此会对生物构成伤害。

辐射的来源很多，主要来自太阳聚变反应、宇宙深处的高能粒子和地球本身。从太空来的辐射被地磁场偏转，形成高纬度地区辐射比低纬度地区强的特征，如北方尤其靠近北极处的辐射较强，而赤道附近的辐射较低。辐射在进入大气层时被强烈吸收，所以高山、高原等高海拔地区辐射较强，而平原、海边等低海拔地区辐射较低。一般，宇宙射线观测站都设在高原地区，如 2001 年，中国在西藏拉萨市西北的羊八井建成了世界上最大的高海拔宇宙线实验室——羊八井宇宙线地面观察站，以开展粒子物理和辐射效应的研究。

早在人类出现以前，天然本底辐射就存在于地球上，人类一直生活在一个辐射环境中，每时每刻都受到 α、β 和 γ 射线的照射。实际上，低剂量的辐射（如低于安全范围的天然本底辐射）对人体无害或风险极低，只有高剂量的辐射才会对人体造成伤害。人体最大能够耐受一次 0.25Sv 的集中照射而不致遭受损伤（按照每个人的抵抗能力和体质不同有所差异）。

日常生活中，辐射来自宇宙及人类活动，存在于水、大气、土壤（岩石）和食物中。放射性物质通过固态、液态、气态等释放到环境,被植物、动物从大气、土壤和水中吸收,又通过食物链进入人体,其迁移方式主要包括机械迁移(水流、气流、扬尘、沉降等)、物理化学迁移(溶解、氧化还原、络合、吸附、沉淀等)、生物迁移(吸收、代谢、积累、生长、死亡等)。地球上大多数人受到的天然辐射剂量约为 1mSv/年,有些地区较高,超过 10mSv/年;人类受到的人为辐射剂量约为 1mSv/年。这些辐射来自下述几个渠道。

1. 宇宙射线

宇宙射线可分为初级宇宙射线(来自银河系、太阳系等星体的射线,主要是高能粒子,如质子、α 粒子、电子和其他多电荷粒子,其能量可高达 $10^9 \sim 10^{19}$ eV)和次级宇宙射线(即初级宇宙射线进入地球大气层,与大气气体的原子核发生反应后产生的介子、中子、γ 射线和高能电子等)。

宇宙射线的强度随海拔高度和地球纬度的变化而有显著差异,海平面为 0.28mSv/年,每增高 50m 增加 0.01mSv/年,当海拔高度为 20km 时,达到最大值。高纬度地区比低纬度地区的强度大,中纬度(50°)海平面上的宇宙射线强度为 0.5mSv/年。因此,高山上和极地的宇宙射线较强。

2. 地壳

一般,人类受到来自地壳的放射性辐射剂量为 $0.29 \sim 1.30$mSv/年,随不同地区和不同地质构造而有所变化。地壳中的放射性主要来自铀系和钍系,以及同位素 ^{14}C 和 ^{40}K。

很多矿石带有放射性,花岗岩中的放射性活度很高,含有机物的页岩中的放射性活度也较高,煤矿中含有铀及其他放射性元素,石灰岩中的放射性活度较低。居住在花岗岩地带的人所受的辐射为 1.2mSv/年。

3. 空气

空气中的放射性主要来自地面扩散出来的氡(^{222}Rn)和钍(^{232}Th)射气,对人体的辐照剂量当量约为 0.045mSv/年,受地域影响很大,矿井或洞穴内要比地面大气高 5 个量级。居室环境中,氡气的主要来源是大理石、花岗岩以及不合格的水泥、陶瓷砖等建材。温泉水因含有地底岩浆层涌出的热气,多少含有微量的氡之类的放射性物质。

4. 水

土壤、岩石中的放射性物质会溶于水中,无论是地表水还是地下水或海水都含有放射性。海水的放射性比淡水高。温泉的热量几乎 100% 来源于放射性,所以温泉资源丰富的地方,也是放射性衰变较强、地壳中放射性物质比较集中的地方。一般蔬菜、野菇、海鲜贝类等都可能含有低剂量的放射性钋、碳、钾等元素。

5. 人体内部

人类生存环境中的放射性可直接或间接通过生物链进入人体。人体内的放射性剂量为 $0.15 \sim 0.20$mSv/年。

6. 人类活动

现代社会中,人类经常受到各种人工辐射源的辐射(见表 5-1),如看电视、乘飞机、吸烟、拍 X 光片、某些医疗活动、食物的消毒、防腐和杀虫等。燃烧过的煤渣也含有放射性物质，如钍、铀。据估计，如果把医疗用的 X 射线除外，天然辐射源和人工辐射源对每个人的辐照剂量范围为 1.15～2.15mSv/年。如果做肠胃系统的 X 光造影，则受到的辐射剂量可能超过 4.25mSv/年。统计人类所受到的有效辐射剂量，其中大约有 49.5％来自氡气及其衰变子体、17.5％来自陆地 γ 射线、15％来自宇宙射线、10％来自人体内的 ^{40}K、7％来自辐射医疗、1％来自其他人为辐射照射等。人体本身也是一个辐射源，活度约为 12000Bq，其中半数来自 ^{40}K。

表 5-1 各种辐射源对人体产生的剂量

辐射源	剂量（mSv）
天然本底每年的辐射剂量	2.3
每天吸 20 支香烟，一年累计受到的剂量	0.5～1
一次 X 射线胸透	0.05～0.15
每天看一小时电视，一年累计受到的剂量	≈0.01
乘飞机高空飞行一小时	≈0.004
在 200MW 燃煤供热站周围居住一年	≈0.013
在 200MW 低温核供热站周围居住一年	≈0.005

据说，由于人类活动，目前已经很少有不含放射性的金属，第二次世界大战后，由于大量核试验，大气受到污染，炼钢需要使用大量气体，所以现在生产的所有钢材里或多或少都有放射性残留。如果需要纯净的钢材，如用于登月装置，只能到第二次世界大战前的海底沉船上去锯一块下来，这种钢十分珍贵，称为先原子钢；类似的还有铅，人们只能将古老的巴黎圣母院的铅屋檐（称为老铅）拆换下来，用于做微弱放射性测量实验的屏蔽物。

5.1.4 核辐射的危害与防护

电离辐射是载有较高能量、高速运动的带电或不带电的微观粒子，当它们通过介质时会直接或间接地使介质原子发生电离和激发，引起生物体结构和功能的改变。电离辐射与生物活细胞作用会加速细胞的衰亡，抑制新细胞的生成，可能造成细胞畸形或引起人体内生化反应的改变。电离辐射对生物体的直接作用是使 DNA、RNA 等生物大分子发生电离作用，导致分子结构的改变和生物功能的丧失；其间接作用是在辐射与生物体中的水分子发生作用，使水分子发生电离和激发，最后被分解成各种具有高反应活性的产物，作用于生物大分子后导致结构和功能的改变。当电离辐射剂量较低时，人体本身对辐射损伤有一定的修复能力，不表现危害效应或症状。但如果剂量过高，就会引起局部或全身的病变。辐射的生物效应如图 5-2 所示。

一般，战时军用允许照射剂量 24 小时内无害照射应小于 0.5Gy，主要采取屏蔽遮挡的办法防护瞬时核辐射。人在短时间内受到照射超过 1Gy 就会引起急性放射病，如表 5-2 所示。

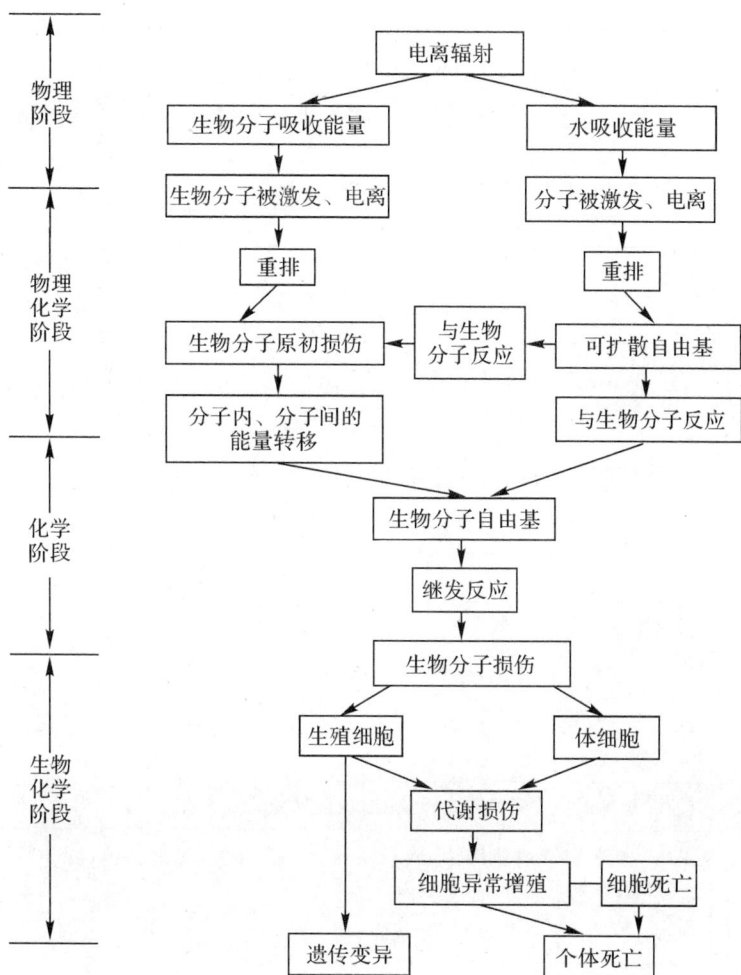

图 5-2　辐射的生物效应

表 5-2　放射病剂量阈值、等级和症状

受照剂量阈值（Gy）	初期症状	分型
＜0.1	无症状	—
0.1~0.25	基本无症状	—
0.25~0.5	个别人（约 2%）出现轻微症状：头晕、乏力、食欲不振、睡眠障碍等	—
0.5~1.0	少数人（约 5%）出现轻度症状：头晕、乏力、不思饮食、失眠、口渴等	—
1.0	乏力、不适、食欲减退	轻度骨髓（造血系统）损伤型
2.0	头晕、乏力、食欲减退、恶心，1~2 小时后呕吐，白细胞数短暂上升后下降	中度骨髓（造血系统）损伤型

续表

受照剂量阈值(Gy)	初期症状	分型
4.0	1 小时后多次呕吐,有腹泻,腮腺肿大,白细胞数明显下降	重度骨髓(造血系统)损伤型
6.0	1 小时内多次呕吐和腹泻,休克,腮腺肿大,白细胞数急剧下降	极重度骨髓(造血系统)损伤型
10.0	频繁呕吐和腹泻,腹痛,休克,血红蛋白升高	胃肠(消化系统)损伤型
50.0	频繁呕吐和腹泻,腹痛,休克,血红蛋白升高	脑(中枢神经)损伤型

辐射对人体的危害可分为躯体效应(显现在受照者本人身上的效应)和遗传效应(影响到受照者的后代)。

目前,国际上公认的辐射生物效应如表 5-3 所示。

表 5-3　辐射的生物效应(全身受照射)

实际剂量(Sv)	可能发生的人体效应
0~0.25	没有可察觉的临床效应
0.25~0.50	可以引起血液的变化,但无严重伤害
0.50~1.0	血球发生变化且有一些损害(淋巴细胞和中性粒细胞减少),但无倦怠感,可从事一般性工作
1.0~2.0	损伤,恶心疲乏、全身无力,可能出现远期效应
2.0~4.0	损伤,全身无力,食欲减退、周身不适、脱毛、发烧、出血斑、口腔和咽喉炎、腹泻消瘦等,体弱的人可能死亡,一般人 3 个月后恢复
4.0	症状同上,死亡率 50%,存活者半年后恢复
>6.0	恶心、呕吐和腹泻、出血、紫癜、口腔和咽喉炎、高烧和消瘦,约 100% 死亡
10.0	死亡率 100%(30 天内)

辐射也与光线一样,其强度与辐射持续的时间成正比,与辐射源的距离的平方成反比。所以防护辐射,首先应该避开辐射品质因数高的射线,如果避不开,则离开的距离越远越好,停留在辐射区域的时间越短越好。对于辐射防护,国际上公认的三原则是:辐射实践的正当性原则(利益与代价的分析)、尽可能少的原则(ALARA 原则,防护最优化)和个人限量原则(照射剂量不超过规定的限值)。

我国对于放射性场所工作人员与附近居民的辐射剂量限值标准如表 5-4 所示。美国在 20 世纪 80 年代中期对一些危险导致的人的寿命期望值损失水平进行了统计,其中吸烟的人的寿命期望值损失最大,达到 2300,心脏病其次,为 2100,癌症 980,中风 520,各种事故 400,空气污染 80,室内氡气 35,口服避孕药 5,飞机坠毁 1,水坝故障 1;而对于核电,美国核管会估计值为 0.04,关心科学家联盟估计值为 1.5。

表 5-4 辐射剂量限值标准

受照射部位		职业性放射工作人员年剂量当量限值(mSv/年)	放射性工作场所相邻及附近地区工作人员和居民的限制年剂量当量(mSv/年)
器官分类	名称		
第一类	全身、性腺、红骨髓、眼晶体	50	5
第二类	皮肤、骨、甲状腺	300	30
第三类	手、前臂、足、踝	750	75
第四类	其他器官	150	15

国际放射防护委员会(ICRP)从 1965 年起提出了对公众、职业人员和医疗照射的防护标准,我国的《辐射防护规定》(GB 18871—2002)基本上采用了国际放射防护委员会(ICRP)建议书提出的标准,即公众受照射的个人剂量限值 5 年内的平均值为 1mSv/年,任何一年不得超过 5mSv;受职业照射的个人剂量限值 5 年内的平均值为 20mSv/年,任何一年不得超过 50mSv。

表 5-5 给出了常用的不同射线装置的类别及影响。一般分为三类:Ⅰ类为高危险射线装置,事故时可以使短时间受照射人员产生严重的放射损伤,甚至死亡,或对环境产生严重影响;Ⅱ类为中危险射线装置,事故时可以使受照射人员产生较严重的放射损伤,大剂量时甚至导致死亡;Ⅲ类为低危险

当心电离辐射
Caution, ionizing radiation

图 5-3 核辐射危险和电离辐射警示标志

射线装置,事故时一般不会造成受照射人员的放射损伤。图 5-3 为放射性工作场所和辐射源包装容器外表面的电离辐射警示标志。

表 5-5 射线装置分类

装置类别	装置名称	
Ⅰ类射线装置	生产放射性同位素的加速器(制备 PET 用放射性药物的除外)	
	能量大于 100MeV 的加速器	
Ⅱ类射线装置	能量小于 100MeV 的加速器	工业探伤加速器
		安检系统加速器
		医用加速器
		制备 PET 用放射性药物的加速器
		中子发生器
		工业辐照类加速器
		其他加速器

装置类别	装置名称	
Ⅱ类射线装置	X射线深部治疗机	
	X射线探伤机	
	工业CT	
	医用介入X射线装置	
Ⅲ类射线装置	其他医用X射线设备	摄影机、透视机、牙片机、乳腺机、兽医用X射线设备、移动床边机、医用CT机、放射治疗模拟定位机、X射线骨密度仪、X射线体外碎石机等
	X射线安检仪	
	X射线衍射仪	
	其他产生X射线的装置	

超过天然本底的电离辐射对人体是有害的,其有害程度取决于所受到的辐射量,但辐射也是可以防护的。辐射源对人体的照射途径主要是外照射(照射源在体外)和内照射(照射源在体内)。

1. 外照射防护原则

(1)尽可能缩短在辐射场内的停留时间。人在辐射场内所受到的剂量与时间成正比,停留的时间越长,所受的剂量就越大。尽可能缩短在辐射场内的停留时间是一条有效的防护措施。

(2)与辐射源保持尽可能大的间距。由于电离辐射在介质中传播时与介质相互作用,使射线的能量降低,强度减弱,从而降低人体所受剂量;此外,X射线和γ射线是直线传播的,点状辐射周围的剂量率与距离的平方成反比。

(3)使用屏蔽措施。由于α粒子及β粒子很容易加以屏蔽,因此主要屏蔽对象为γ射线及中子。

对于γ射线的屏蔽:γ射线与屏蔽物质原子核外电子发生作用,屏蔽物质愈重,与γ射线碰撞电子数愈多,γ射线衰减愈快。铅等材料最宜作γ射线屏蔽材料。

在反应堆屏蔽中还需考虑对中子的屏蔽。屏蔽中子的基本原则是使快中子慢化,然后再吸收。重元素可使快中子通过非弹性散射慢化,用含氢较多的材料(如石蜡、水、混凝土等)可进一步慢化并吸收中子。含有铁等元素的重混凝土是对中子适用的屏蔽材料,也适用于γ射线的屏蔽。

2. 内照射的防护

在开放性的放射性污染区,防止放射性物质通过呼吸道、消化道和皮肤进入体内形成内照射是内照射防护的最重要措施。在有气体、液体、固体放射性物质微粒飞扬的场所工作时,应戴口罩或防毒面具,穿防护服或工作服,禁吃东西和饮水,离开该区域时进行放射性监测和清洗。此外,对工作时间进行控制,佩带个人剂量监测仪等都是辐射防护所必需的。

在核电厂事故发生时,进行场外事故应急救护,除上面提到的防护措施外,按指示服用碘片是一条有效的内照射防护措施。核电厂在事故状态下排放的放射性中,放射性碘是其主要的组成成分之一。碘在人体内主要累积在甲状腺中,当其内在碘达到饱和时甲状腺就不再吸收新进入的碘。如果预先服用稳定的碘使其在甲状腺内达到饱和状态,那么即使放射性碘进入体内,也不会在甲状腺内累积,而会被很快排出,从而起到防护作用。

5.1.5 原子弹的危害及后果

一颗原子弹的爆炸能量相当于 2 万吨 TNT 炸药。1kg TNT 爆炸时释放出来的能量如果全部转化为热能可以将 36kg 水由冰点升高至沸点,而 1kg 铀的核裂变能使 2×10^8 kg 以上的水由冰点升至沸点。原子弹爆炸一开始所造成的辐射损伤主要来自波长比可见光稍短的紫外线,剧烈高温在短时间内灼伤人的皮肤,很快波长更短的 γ 射线起了重要作用,它所引起的损伤类似受到过量 X 射线的辐射,另外还有核裂变所产生的中子;而 TNT 爆炸所发出的较长波长的光线(可见光和紫外线),强度比原子弹发出的要小得多。

广岛位于日本平坦的太田川三角洲上,1945 年 8 月 6 日上午日本时间 8 时 15 分,一颗原子弹在广岛上空 500m 处爆炸,在空中发出使人睁不开眼的亮光,巨大的空气冲击和巨大的隆隆声响彻了城市周围的若干英里(1 英里≈1609.34m),爆炸之后立即就听到建筑物倒塌的声音并看见多处起火,一团巨大的尘雾好像夜幕一样笼罩整个城市,蘑菇状烟云的烟柱高达一万多米。大火把中部烧成平地使城市面貌发生根本变化,广岛的大火形成了"火暴"。广岛轰炸前人口约 25.5 万人,由于爆炸死亡 6.6 万人,受伤 6.9 万人,伤亡人数比例高达 53%。在立即死亡的人数中,60%死于灼伤,30%死于落下的碎片,另有 10%死于其他原因。

长崎位于日本南部的九州岛上,1945 年 8 月 9 日上午日本时间 11 点 2 分,一颗原子弹在长崎的工业区上空爆炸。在广岛,距爆炸中心远达 4870m 处的屋顶都被损坏,67%的建筑被毁;在长崎,房屋的实际倒塌范围的半径离爆炸中心 7000m,37%的建筑严重被毁,只有 12%的建筑未遭损坏。离爆炸中心半径 1km 之内,人畜几乎立即死亡。在离爆炸中心半径 1~2km 范围内,一些人畜立即死于巨大的爆炸和高温,但大多数受重伤或只是表面受伤;房屋和其他建筑全部被毁,到处起火;树木被连根拔起并因高温变为干枯。在离爆炸中心半径 2~4km 范围内,人畜受到窗玻璃碎片和其他碎片不同程度的伤害,许多人则被高温灼伤;住房和其他建筑半数被爆炸所毁。长崎轰炸前人口约 19.5 万人,由于爆炸死亡 3.9 万人,受伤 2.5 万人,伤亡人数比例高达 33%。在立即死亡的人数中,77%死于灼伤,9%死于落下的碎片,7%死于破碎玻璃的割伤,另有 7%死于其他原因。

巨大的灾难将广岛和长崎两个城市整个摧毁,英国调查团人员说:"两个城市给人的印象就是转眼之间而且没有挣扎就堕落到了最原始的状态。"

原子弹所发出的压力冲击波有三个主要方面不同于普通重磅炸弹:①冲击力向下,直接伤害平顶屋,爆炸下方的树和电线杆仍然直立而树枝均被击落;②大量摧毁房屋,一枚普通炸弹只能摧毁大建筑物的一部分,而原子弹则不论建筑物有多大全部可以摧毁;③持久的正压力冲击而负压力较小,普通重型炸弹的压力只存在几毫秒,而原子弹产生的压力存在 1 秒。

原子弹爆炸对人所造成的伤害有以下几种类型:

(1)灼伤,主要来自闪光辐射热和爆炸所引起的火灾。闪光灼伤一般只限于面对爆炸中心的暴露在外的皮肤,被灼伤的皮肤几乎立即表现出明显的红色,并在几小时内很快发生变化。一般任何类型的遮蔽都能保护皮肤不受灼伤,但是在爆炸中心的受难者的衣服被穿透一层,尤其是黑色的部分和穿着较紧的部分如肘部、肩部。穿不同颜色衣服的人受到的灼伤有很大的不同,灼伤程度取决于贴着皮肤的纺织品的颜色。例如,一件黑白条纹的衬衣,黑条全部被烧掉而白条安然无恙;一张暴露在离爆炸中心约 2400m 之处的写了字的纸张,纸上用黑墨水写的字被工整地烧掉镂空。闪光灼伤的死亡率为 75% 左右,一般超过50%。灼伤与离爆炸中心的距离有很大关系,广岛的灼伤受难者在轰炸之时离爆炸中心都在 2280m 之内,长崎则在 4200m 之内。

(2)由于建筑物的倒塌、碎片的飞击等造成的机械伤害。据估计,在广岛被割伤的受难者离爆炸中心不到 3230m,在长崎不到 3650m。爆炸所引起的冲击波是如此之大,在远离爆炸中心 1 英里之外仍有许多类似的伤亡。

(3)爆炸高压引起的直接压缩效应。对于这个因素所造成的死亡人数很难估计,正对爆炸中心的地面所承受的压力和杀伤力不如周围几百英尺内的杀伤力。

(4)辐射伤害,主要来自 γ 射线和中子的瞬间辐射。来自核爆炸的辐射主要是在爆炸后的第 1 秒至第 1 分钟内发生,造成伤亡的最主要因素是人员与爆炸中心的距离,研究表明,长崎在 4260m 英尺距离内,广岛在 3650m 距离内的人员全部死亡。据估计,在露天的人在离爆炸中心 1200m 之处对辐射效应来说有 50% 的幸存机会。没有暴露在原子弹直接爆炸下的人不会受到放射性的伤害,没有出现任何类型的持久性的放射性所致的伤害。据计算,广岛可能由持续放射性吸收到的最高剂量为 6~25 伦琴的 γ 辐射,长崎为30~110 伦琴的 γ 辐射。辐射伤害者的早期症状类似接受过强烈 X 射线的病人,主要是出现严重的毛发脱落、明显的瘀斑(皮下出血)和其他出血症状(牙龈、视网膜出血,愈合伤口破裂等,血小板明显减少)、咽喉口腔等部位发炎溃疡、腹泻呕吐及发烧等。

5.2 核电厂安全性的保证

5.2.1 核电厂设计的安全目标、原理和方法

1. 安全目标

(1)防止反应堆运行中产生的放射性物质向环境做危险释放;

(2)使公众和厂区人员所受的照射在所有运行工况下保持在合理、可行、尽量低的水平。

2. 核电厂安全性设计原理

核电厂安全性从两个方面来保证:首先是充分预防发生事故和异常情况的可能;其次是尽量限制事故和异常工况所引发的后果。核电厂的安全性具体从设计、制造、建设、运行各方面落实相应的技术设施和规章条例,策略上分为:

（1）放射防护

在放射性裂变产物和人所处的环境之间设置多道屏障,确保公众和厂区人员所受的放射性剂量在所有运行工况下不超过规定限值。

对事故工况辐照的预防措施应加以重点考虑。当这种措施失效时,要提供有效措施减轻其后果,确保公众和厂区人员所受的剂量不超过安全限值。

（2）纵深防御

第一道防御:预防——消除事故根源。核电厂系统与设备的设计必须是稳妥的与偏于安全的,关键性材料和设备留有足够的安全裕量和充分的有效性,这是确保安全性的首要条件。核电厂的建造、运行等各方面都有一系列的安全法规和标准,具备严格的质量保证系统,如设计审批制度、部件和设备验收制度、安装试验制度和运行培训制度,着重于防止偏离正常运行。

第二道防御:监控检测——防止异常工况扩大为事故。检测的目的是及时发现和纠正偏离正常运行工况,防止预计运行事件升级为事故工况,有一套完整的保护系统,如运行参数超过正常运行限值时能及时发出报警信号、自动降低功率、紧急停堆等。设置多重独立的安全保护和控制系统,执行严格的操作规程和设备在役检查。

所谓预计运行事件,是指核电厂在设计中对于运行中可能发生的各种偏离正常运行的情况已采取了相应的防范措施,使这类事件不至于引起设备损坏,也不至于导致事故工况。

第三道防御:安全防护——减少事故危害。针对可能发生的各种事故,在事故工况后能够达到稳定的、可接受的工况,核电厂设置一套专设安全设施,如安全注射系统、安全壳隔离系统、消氢系统等,以及安全可靠的多重电源和各种消防、应急措施等。

严格的放射性监测和"三废"处理及净化系统对保护公众和工作人员在正常运行和事故下的安全具有重要作用。

（3）安全分析

设计中对能引起各防御层次受到威胁的各种假想始发事件（如设备故障、人员差错、人为事件、自然事件等）及其可能的组合予以认真地分析,并根据分析的结果采取恰当的应急措施。

（4）安全功能及安全等级

根据核电厂安全可靠运行所必需的安全功能来设置必要的系统和设备,根据系统和设备部件所执行的安全功能的重要性划分安全等级,并确定相应的规范等级、抗震类别和质量要求。

3. 安全设计的基本方法

（1）多重性;

（2）单一故障原则;

（3）多样性;

（4）独立性;

（5）故障安全设计;

（6）必要和可靠的辅助设施。

各国核电厂的运行经验证明,现有法规中的安全准则在总体上能保证核电厂的安全性。

对于核电站,国际上是依据剂量当量"合理地尽可能低"(ARAL)的原则制定防护要求。实际的运行表明,附近居民每年实际受到剂量当量为几个到几十个微希(μSv),仅为天然本底辐照剂量的数十分之一到百分之一。例如,秦山核电站除含氚废水外的放射性废水及废气对附近居民造成的年剂量当量为 $4\mu Sv$ 左右。

5.2.2　压水堆核电厂的具体安全措施

为了防止放射性物质的外泄,压水堆核电站设计中考虑了多重和多样的安全措施,并考虑到万一发生堆芯失去冷却和堆芯熔化事故,须使放射性物质向外部环境的释放量限制在安全许可的限度内。

1. 三道安全屏障(见图 5-4)

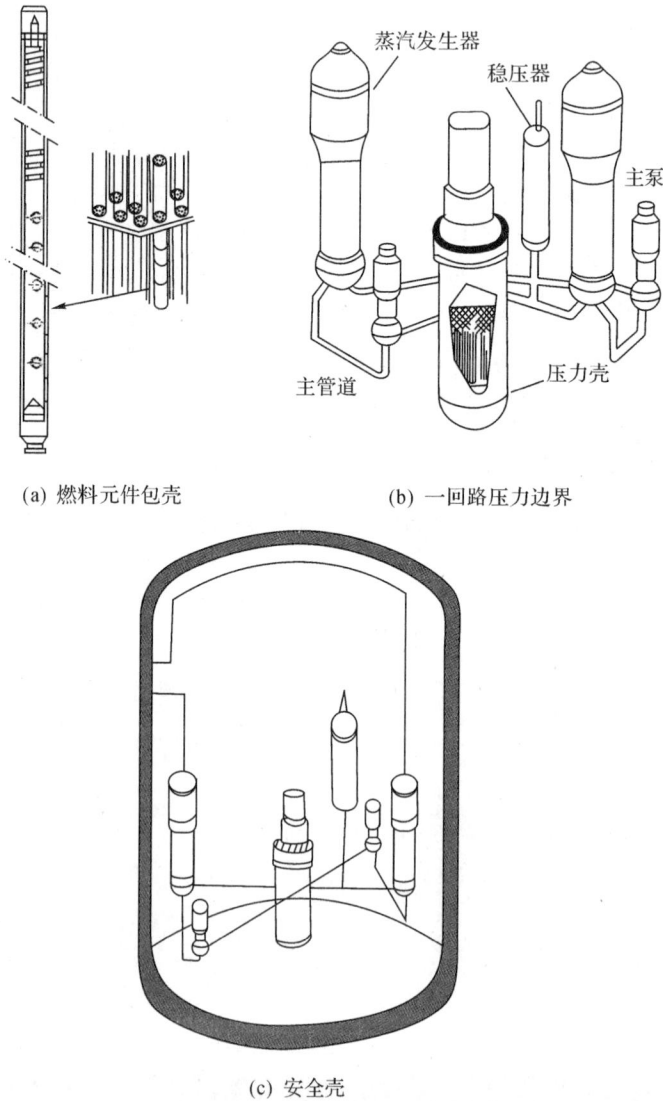

(a) 燃料元件包壳　　　　　(b) 一回路压力边界

(c) 安全壳

图 5-4　三道安全屏障

第一道屏障:燃料元件包壳。燃料芯块由陶瓷材料与铀-235 混合烧结而成,叠装在由耐高温、耐腐蚀、不溶于水、性能稳定的材料(锆合金管)制成的包壳中,这种包壳可将放射性物质密封在里面。

第二道屏障:由压力壳及主回路管道组成的一回路系统。一回路耐高压高温、耐腐蚀,即使燃料包壳密封发生破裂,放射性物质漏到冷却剂中,仍可以密闭在一回路系统中(也称为反应堆冷却剂压力边界)。主要包括壁厚为 175mm 左右的压力壳和壁厚为 70mm 的主管道,主泵和蒸汽发生器也都各有特殊装置防止一回路冷却剂的泄漏。

第三道屏障:安全壳。安全壳是一个顶部为球形的圆柱形预应力混凝土建筑物,十分坚固。反应堆及一回路的重要设备都安装在里面,它有良好的密封和耐压性能,能承受住内压和高温,即使反应堆堆芯被熔毁,它也能保证放射性物质不向周围环境泄漏。安全壳外部能承受各种外压,包括飞机的冲击。一般,安全壳的直径可达 40m,高度有 60～70m。以秦山核电厂为例,其安全壳的内径为 36m、底面到顶面总高为 63m、壁厚 1m、内衬一层 6mm 厚的钢板。安全壳里设置有堆芯应急冷却系统(如果反应堆发生断管事故,堆内水漏掉,这个系统可以立即把水注入反应堆,使堆芯重新淹没在水中,不致过热而熔化)、安全壳喷淋系统(事故时水从顶部喷下,使安全壳内的蒸汽冷凝,压力降低,同时把悬浮在安全壳里的放射性物质都冲洗下来)等。即使堆芯熔化并烧穿了压力壳落到安全壳底部,安全壳仍可以把事故产生的放射性物质封闭在安全壳里。安全壳还能防止被破坏的设备、管道的零件向外抛射,厚厚的安全壳壁还可作为射线屏蔽;在发生龙卷风等严重自然灾害时,安全壳可以从外部保护反应堆。

2.三道防御措施

(1)第一道防御措施

第一道防御:采用保守的工程规范和标准,强调对事故的预防、对设备的检验和试验以及在运行中的必要监督,以达到长期安全运行的目的。在设计、制造、安装和运行中按照质量第一的原则实施,例如厂房的抗地震设计,是按历史记载的最大震级提高一度予以考虑的。具体措施有:①设计上以可能出现极限事故为基点,配有自控设施,当堆内温度高到一定程度时,核裂变反应控制系统将自动调整,使反应逐步放慢;②选用的材料都是在运行条件下性能稳定的;③有足够的仪表和控制设备(多重设备),使操作人员在任何情况下都能获得必需的信息和具有使反应堆停止运行的手段;④设备的布置便于经常检查和定期试验;⑤有对燃料元件破损、蒸汽发生器管子破损和其他泄漏的探测装置。

(2)第二道防御措施

第二道防御:对各种设备故障、人为错误引起的事故有一套安全保护设施,这些保护设施能避免事故的扩大和保持反应堆的安全状态。主要的设施有:①紧急自动停堆系统,以便在控制棒卡住或电路发生故障时仍能快速停堆;②应急堆芯冷却系统,它能在反应堆失去冷却时自动投入,以保持堆芯的冷却,防止其过热、熔化,这种系统有独立的两套或三套,互为后备;③除两套独立的外电源外,备有快速启动的柴油发电机组及蓄电池组,以便在全厂断电时仍保持应急冷却系统和必要设备、仪表、通风和照明的运转,应急电源也具有多重后备,使其可靠度高达 99%;④为保证停堆后的长期持续冷却,备有多重冷却系统和水源。

(3)第三道防御措施

第三道防御：为对付安全保护设施部分失效，以致出现最大假想事故的情况而配备的附加安全设施，其目的是限制事故的后果。有关设施有：①安全壳隔离系统，使穿过安全壳和外界相通的电缆、通风等管道迅速切断；②为降低安全壳内压力的安全壳喷淋系统，以及为降低气载放射性水平的壳内空气循环过滤系统；③为防止氢气爆燃的消氢系统。

压水堆核电厂由于有上述安全设施，在运行时，即使发生如美国三哩岛那样的核事故，向环境释放的放射性仍低于国家规定的限值。

5.2.3　核安全管理和相关法规

国家核安全局成立于 1984 年 10 月，负责对我国民用核设施进行独立的核安全监督管理。1998 年，国家核安全局并入国家环保总局，设立核安全与辐射环境管理司，负责全国的核安全、辐射安全、辐射环境管理的监管工作。2008 年 3 月，国家环保总局更名为"环境保护部"，对外仍然保留"国家核安全局"，由环境保护部副部长任国家核安全局局长。

国家核安全局负责核安全和辐射安全的统一监督管理，主要包括制定和实施核安全、辐射安全、辐射环境保护、核与辐射事故应急有关的政策、法规、制度和标准等，负责核设施的核安全和辐射安全、核安全设备的许可、设计、制造、安装、无损检验和进口核安全设备的安检等，对反应堆操纵人员、核设备特种工艺人员等进行人员资质管理，负责核与辐射事故应急响应、相关恐怖事件的防范与处理等，负责核材料管制和放射性物品运输、废物处理、放射性污染防治、核设施和辐射环境的监督管理与检查监测等。

民用核设施的安全许可证制度是关于民用核设施的建造、运行、操纵、迁移、转让或退役必须获得许可证后方可进行的一系列法规的总称，由国家核安全局负责制定和批准颁发，主要包括核设施建造许可证、核设施运行许可证、核设施操纵员执照和其他需要批准的文件。

在核电厂建造前，核电厂营运单位必须向国家核安全局提交《核电站建造许可证申请书》、《初步安全分析报告》及其他有关资料，经审核批准获得《核电站建造许可证》后方可动工；在核电站运行前，必须向国家核安全局提交《核电站运行申请书》、《最终安全分析报告》及其他有关资料，经审核批准获得允许装料或投料、调试的批准文件后，方可开始装载核燃料（或投料）进行启动调试工作，在获得《核电站运行许可证》后方可正式运行。

发给《核电站建造许可证》和《核电站运行许可证》的条件是，所申请的项目必须已按照规定经国家主管部门及计划部门或省级人民政府的计划部门批准，所选核电站厂址已经过国家或省级环境保护部门、计划部门和国家核安全局批准，所申请的项目符合《中华人民共和国放射性污染防治法》和《中华人民共和国民用核设施安全监督管理条例》及其实施细则的有关规定，申请者具有安全营运所申请的核电站的能力，并保证承担全面的安全责任。核电站操纵员必须在从业前依法取得操纵员执照或高级操纵员执照。操纵员必须在身体、学历、培训、考核或经历等方面达到规定要求。核设施的转让、退役必须向国家核安全局提出申请，经审核批准后方可进行。

对于核电厂的设计，核材料的管理、制造、建设和运行中的质量保证，厂址的选择，核电厂的运行，放射性废弃物处置等我们国家都制定了相应的法律规定，还附有一系列的具体

实施导则,真正做到了有法可依、有章可循。部分核安全法规和规章条例如下:

HAF001 中华人民共和国民用核设施安全监督管理条例(1986 年 10 月 29 日国务院发布);

HAF501 中华人民共和国核材料管制条例(1987 年 6 月 15 日国务院发布);

HAF003 核电厂核事故应急管理条例(1993 年 8 月 4 日国务院令第 124 号发布);

HAF101 核电厂厂址选择安全规定(1991 年 7 月 27 日国家核安全局令第 1 号发布);

HAF102 核电厂设计安全规定(1991 年 7 月 27 日国家核安全局令第 1 号发布);

HAF103 核电厂运行安全规定(1991 年 7 月 27 日国家核安全局令第 1 号发布);

HAF103/01 核电厂换料、修改和事故停堆管理(1994 年 3 月 2 日国家核安全局批准发布);

HAF003 核电厂质量保证安全规定(1991 年 7 月 27 日国家核安全局令第 1 号发布);

HAF001/01 核电厂安全许可证件的申请和颁发(1993 年 12 月 31 日国家核安全局发布);

HAF001/01/01 核电厂操纵人员执照颁发和管理程序(1993 年 12 月 31 日国家核安全局发布);

HAF001/02 核设施的安全监督(1995 年 6 月 14 日国家核安全局发布);

HAF001/02/01 核电厂营运单位报告制度(1995 年 6 月 14 日国家核安全局发布);

HAF001/02/02 研究堆营运单位报告制度(1995 年 6 月 14 日国家核安全局发布);

HAF001/02/03 核燃料循环设施的报告制度(1995 年 6 月 14 日国家核安全局发布);

HAF401 放射性废弃物安全监督管理规定(1997 年 11 月 5 日国家核安全局批准发布);

HAF002/01 核电厂营运单位的应急准备和应急响应(1998 年 5 月 12 日国家核安全局发布);

HAF201 研究堆设计安全规定(1995 年 6 月 6 日国家核安全局批准发布);

HAF202 研究堆运行安全规定(1995 年 6 月 6 日国家核安全局批准发布);

HAF301 民用核燃料循环设施安全规定(1993 年 6 月 17 日国家核安全局令第三号发布)。

5.2.4 核电厂的厂址选择

核电厂厂址选择的目的主要是从核安全的角度考虑——保护公众免受放射性事故释放的影响,对于核电厂正常的放射性释放影响也应加以考虑。

核电厂厂址选择时必须考虑的因素:

(1)所在区域可能发生的外部自然事件和人为事件对核电厂的影响;

(2)可能影响所释放的放射性物质向人体迁移的厂址及环境特征;

(3)与采取应急措施的可能性有关的人口密度、分布及其他特征。

外部自然事件包括:地震、洪水、雪崩、岸坡冲刷、干旱、雾、地下潜冰、霜冻、高水位、低水位、高温、高潮位、复冰、滑坡、雷电、低温、降雨、降雪、冰雹、热带气旋、风暴潮、地面隆起、断裂、沉降、塌陷、龙卷风、海啸及湖涌、火山喷发、泥石流、沙尘暴、波浪作用、大风等。

外部人为事件包括：飞机撞击或坠毁、化学物质释放、森林火灾、工业或军事设施事故、管线事故、蓄水或挡水构筑物事故、地面沉降、地面交通工具爆炸或撞击、有毒气体释放、化学品爆炸、使用爆炸物等。

具体厂址选择根据有关事件作为设计基准，如果某些事件对安全产生的影响会使放射后果增大到不能接受的程度，而且在技术上又无切实可行的解决办法时，则必须认为该厂址是不合适的。

影响核电厂对所在区域产生影响的厂址特征包括大气弥散（风速、风向、气温、降水、湿度和大气稳定度等）、地表水弥散、地下水弥散、人口分布、土地和水源的利用等。

在核电厂厂址选择工作中，除应执行《核电厂厂址选择安全规定》外，还应考虑核设施安全管理、环境保护、放射防护和人口分布等因素和规定。

1. 人口分布

从国际核能发展的经验看，把厂址选择在离开人口中心但具有较高人口密度的区域也是可行的，当然还应优先选用具有低人口密度的区域。无论是厂址筛选和推荐、正常释放和事故释放的潜在放射影响评价或应急措施计划，均需考虑人口分布资料。

为了防止厂外的人为事故干扰电厂的正常运行，在事故发生情况下保障邻近居民安全，各国（除法国外）都规定在厂址周围的一定范围内不能有居民居住，具体数值各国不同，禁区半径为 0.5～3km。

厂址周围人口密度大小各国根据具体情况也有具体规定，虽然各国遵循的标准有差异，但有较一致的看法：要合理地、尽可能地降低核事故对居民个人和社会带来的风险。如果厂址周围人口较少，有利于执行应急计划。通常核电站距离 1 万人以上人口的城镇不宜小于 5km，距离 100 万人以上人口的城市不宜小于 50km。

2. 地质与地基

对厂址进行周密的地震和地质调查，包括地震调查、区域地质调查、厂址地区和厂址附近的地质调查、厂区潜在的地表断裂调查等。

地基的基本要求是：稳定、抗震、能支撑大的负荷。反应堆厂房荷重较大，约 $60t/m^2$，相邻厂房的荷重相差也大，对差异沉降要求严格，因而国外核电站反应堆几乎都位于基岩上。

3. 交通运输

核电厂要求交通运输比较方便。核电厂设备中有一批大型设备部件，如一个 $900MW_e$ 级压水堆核电站，具有下列大型设备部件：压力壳重 300t、外形尺寸 6.4m×6m×10.6m；蒸汽发生器重 330t、外形尺寸 $\varnothing 5.0m×21.0m$；发电机定子重 340t、外形尺寸 $\varnothing 4.0m×13.5m$；发电机转子重 200t、外形尺寸 $\varnothing 1.8m×15.2m$。这些大型设备会给运输带来一定的困难，应在选厂址时作出方案，一般采用水运较为方便。

4. 冷却水源

核电厂的循环冷却水量比同样装机容量的火电厂要高（火电厂中有锅炉烟气废热是排向大气的），在同样的循环水温升条件下要高出 50%～100%，如一个 $900MW_e$ 级的压水堆核电厂一般要求流量为 $50m^3/s$ 左右，此时温升为 8～10℃。所以选厂址时要考虑有充足的水源,一般建在江边、湖边或海边较为便利,同时要考虑排热造成的水温升高对水生生物的影响。

5. 水文与气象

核电厂应当尽量按当地最小频率的风向建在城市的上风侧,还要考虑台风、龙卷风的影响。

河边厂址要考虑洪水的危害,在水坝下游建厂应保证万一决坝时对电厂无重大影响,还要保证枯水期间冷却水量的要求。

海边厂址要考虑高潮位、海啸、台风等的影响,还要保证核电厂需要的一定数量的淡水水源。

6. 电网联接

应尽量接近负荷中心。核电厂必须配备从两个(或两个以上)来源接入的可靠厂用电源,一个来自它所联结的电网,另一个则是独立的容量足够的厂外电源,这是核电厂与一般火电厂所不同的地方。

7. 占地面积

与同容量的火电厂相比,核电厂不需要煤场,占地面积要少得多。以 900MW$_e$ 级压水堆核电厂为例,厂址面积约为 20 公顷(1×900MW$_e$)、30 公顷(2×900MW$_e$)和 50 公顷(4×900MW$_e$)。

8. 其他

核电厂厂址应避免选在飞机场、生产有爆炸性或有毒的化学品的工厂及其他军用设施的附近,厂址应具有良好的通信和网络能力,有利于区域经济的发展等。

5.3 核电厂安全保护与监测系统

5.3.1 反应堆安全保护系统

反应堆安全保护系统具有监测并发现异常工况、报警、自动校正和保护以致自动停堆的功能。反应堆保护系统监测重要的过程变量,如功率、温度、压力、流量、稳压器水位和蒸汽发生器水位等,在变量超过安全运行限值达到安全系统整定值时自动触发有关保护系统,启动保护动作,并抑制控制系统自身的不安全动作。所以,反应堆安全保护系统和控制系统应加以隔离,以防止两个系统之间的相互干扰。两者共用信号时也应采用适当分隔措施以保证独立性。

有关保护动作包括停棒、汽轮机降负荷运行、反应堆事故停堆、安全注射信号等。

(1)停棒。对一个超功率瞬变过程,第一个保护动作是停止或闭锁自动和手动提棒。如果这个动作能使功率停止上升,那么就不需要进一步的保护动作。

(2)汽轮机降负荷运行。如果停棒后功率继续上升,可通过降低汽轮机负荷来降低电厂功率水平,以避免反应堆事故停堆。

(3)反应堆事故停堆。当保护系统监测的有关电厂变量达到事故停堆整定值时,能使反应堆安全停堆。例如,中子通量过高、反应堆冷却剂压力过高或过低、超温进出口温差、超功率、反应堆冷却剂低流量、稳压器高水位、蒸汽发生器低水位、蒸汽发生器低给水流量、手动停堆、汽轮机停机、地震、安全注射系统动作、安全壳超压等。事故停堆系统能切断控制棒组件、调节棒组件和停堆棒组件传动机构的电源,使它们靠重力作用落入堆芯。

(4)安全注射信号。当发生稳压器低压力、蒸汽管道高压差、蒸汽管道高流量、安全壳压力升高等情况时,安全注射信号动作。

5.3.2 反应堆堆内和堆外检测系统

反应堆堆内和堆外检测系统包括核测量系统和热工参数测量系统。核测量系统用于测定中子通量,以得出反应堆的功率,作为反应堆启动、正常运行时的监视、控制和安全保护的信号。

从反应堆启动到额定功率运行,中子通量可变化 10 个量级以上。启动时通量很低,这时最重要的是监测通量变化率;达到功率运行时,则必须监测功率数值。

1.堆外检测系统

常用的辐射测量仪器如表 5-6 所示。

表 5-6 几种常用辐射探测器及其特点

探测器名称	探测粒子	特点
正比计数器	α、β、X	信号强
盖革计数器	(不能辨别粒子的种类和能量)	便携,强度测量灵敏
气体电离室	α、带电粒子、中子	辐射强度测量
半导体探测器	α、β、γ、中子	好的能量分辨率
闪烁探测器	α、β、γ、中子	好的时间分辨率
固体径迹探测器	α、裂变碎片、宇宙射线	信息可以长期保留

(1)正比计数器(管)

在计数管内充 BF_3 气体,其中的硼-10 对热中子的吸收截面较大,产生(n,α)反应,α 粒子和气体碰撞能产生离子对以供检测。适用范围为 $10^{-1}\sim10^5$ 中子/$(cm^2 \cdot s)$。

(2)电离室

电离室是一个内充气体的密闭电容器,硼补偿电离室是电极上涂有硼-10 固体材料或内充 BF_3 气体的电离室。补偿电离室可以消除 γ 辐照的影响,单把中子记录下来。适用范围为 $2.5\times10^2\sim2.5\times10^{10}$ 中子/$(cm^2 \cdot s)$。

热工参数测量用于指示并记录核电厂启动、运行和停闭过程中必须监督的温度、压力、流量和液位等参数,以常规仪表为主。

2. 堆内检测系统

堆内检测系统由中子通量测量系统和堆芯温度测量系统组成。中子通量测量系统的任务是测量堆芯热中子通量分布,目前广泛应用的是裂变室中子通量测量系统。裂变室是直径很小的电离室,内部充有氩气,在电离室内壁或电极上涂上铀-235 等裂变材料含量高的化合物,热中子使铀-235 裂变,测量裂变碎片的电离效应即可达到探测中子的目的。近年来,有一些压水堆的堆芯通量测量系统开始采用较先进的自给能探测器,由辐照产生电荷,不需要任何外加能源。中子通量测量系统的接线由压力壳底部引出到反应堆外面。

堆芯温度测量系统采用铠装热电偶,穿过压力壳顶盖,达到堆芯上板,插入所选定燃料组件的导向管中,以测定燃料组件出口的水温。

5.3.3　放射性监视系统

常用的放射性监视仪器有:

(1)电离室——用于监测 γ、β 射线,可用于高辐射区;

(2)盖革-弥勒(G-M)计数管——一种简单而应用广泛的仪器,可用于低辐射区的 γ、β 射线监测;

(3)闪烁计数器——由闪烁体、光电倍增管组成,闪烁体的种类与所监测的射线有关,它可用于监测 α、β、γ 射线及中子,灵敏度高;

(4)工作人员佩带胶片盒——核乳胶胶片;

(5)剂量笔——小型电离室测量剂量。

放射性监视系统可分为以下三类。

1. 过程放射性监测

需要监测的设备和系统有:安全壳,蒸汽发生器,冷却剂回路,设备冷却水系统,冷凝器空气喷射器,废物处理、通风等有关设备及系统等。可以及时发现燃料元件包壳的破损、蒸汽发生器管子的泄漏等情况。

2. 区域放射性监测

厂区监测仪表包括长期设置的放射性仪表和便携式仪表。安装在电厂中选出的区域,如控制室、安全壳厂房和各种辅助厂房里的区域和房间。

3. 环境放射性监测

对电站周围空气、水、生物、沉积物进行监测分析,并在电厂周围放置剂量计,测量长时间的累计剂量。

5.4　核电厂的事故分析

5.4.1　安全分析

核电厂的运行可分为三类工况:正常运行、预计运行事件及事故工况。

1. 正常运行

核电厂的设计保证在正常运行各个阶段（接近临界、功率提升、功率运行、运行中停堆、长期停堆、停堆期间排热、燃料装卸、检修和维护等）对厂区人员和公众的放射性剂量不超过规定限值，并符合"合理、可行、尽量低"的原则。对此要做出详细分析，在运行时加以验证。

2. 预计运行事件

所有能危及安全的可信事件称为假设始发事件（应经国家核安全部门认定），发生的起始原因可以是可信的设备故障和运行人员差错、设计基准自然事件和设计基准外部人为事件，对各假设始发事件进行序列评定，按引起的每一预计运行事件评定后果，并预计运行事件在核电厂寿期内可能发生的次数。属于压水堆核电厂预计运行事件的有：蒸汽发生器给水丧失、汽轮机脱扣、厂外电源丧失等。

3. 事故工况

假设始发事件的后果可能引起事故工况，有些可能引发严重事故工况。对每一种事故工况做出评价，安全设计和审核都以设计基准事故为基础。

压水堆核电厂设计基准事故有：失水事故、主蒸汽管道破裂事故、蒸汽发生器传热管破裂事故、安全壳外一回路小管道破裂事故、控制棒弹出事故和燃料操作事故等，可能发生的最严重事故——一回路主管道大破裂，并且紧急堆芯系统失效以致发生堆芯熔化事故，要对可预见的严重事故加以分析。

5.4.2 核事故分类

反应堆系统设备发生故障或损坏以及操纵人员的误操作等均称为事故，但并不是所有事故都会导致放射性物质逸出。核电厂事故一般可分为以下四大类。

1. 反应性事故

由于误操作或设备故障而使反应堆引入了一个正反应性，如控制棒组件失控弹出、硼酸失控稀释、冷却剂流量变化引起温度扰动、启动不工作的冷却剂环路、冷凝器冷却水中断、汽轮机甩负荷等。这类事故在正常运行情况下一般不出现，但在反应堆的整个寿期内很可能会出现，这类事故不会蔓延引发严重的故障，严重情况下会导致反应堆紧急停堆，在故障排除后即可恢复正常运行。

2. LOFA（loss of flow accident）事故

LOFA 事故即反应堆失流事故，一般由泵断电引起的冷却剂断流事故，也包括一回路或二回路管道小破口或阀门漏水、蒸汽发生器管子破裂等，属于稀有事故，可导致一回路系统中放射性物质逸出。一般这类事故泄漏的放射性物质数量不大，对环境影响可以控制在正常允许水平以下。这类事故会触发应急堆芯冷却系统投入运行和紧急停堆，经过较小的修理和调整，反应堆能够恢复正常运行。

3. LOCA（loss of coolant accident）事故

LOCA 事故即反应堆失水事故和瞬发超临界事故，属于极限事故，如一回路主管道大破裂、主管道"双端断裂"、二回路主蒸汽管道大破裂、单一冷却剂泵转子卡住、控制棒驱动机构套破裂导致控制棒组件弹出等,可导致燃料元件的严重过热或燃料芯体熔化。这类事故的发生概率极小,但一旦发生会造成反应堆严重破坏。这类事故发生时,要求保证放射性物质保持在安全壳内不外逸。稀有事故和极限事故是反应堆安全设计的基准事故。

4. 严重事故

严重事故即全堆熔化事故,只有在反应堆失去全部冷却能力,且所有事故冷却系统和安全壳喷淋系统均失灵时才会发生。

发生严重事故时,裂变产物的释放过程大致如下:开始,因堆芯剩余释热和化学反应释热导致堆芯温度急剧上升,元件包壳损坏,元件气隙中的裂变产物迅速逸出;当事故继续扩大至全堆熔化时,元件块内的气态和挥发性裂变产物迅速逸出;若融熔堆芯与水相接触,会发生剧烈的放热反应,可能发生蒸汽爆炸现象,一些挥发性不强的裂变碎片也大量逸出;燃料元件包壳中的锆金属在高温时与水蒸汽会发生剧烈化学反应,产生氢气和大量反应热,当氢气积累到一定数量达到爆炸限度时,就可能发生爆炸,导致安全壳的破坏;最后,当水被蒸干后,熔化的燃料会将安全壳烧穿,导致大量放射性物质向环境释放。

根据分析,发生这种事故的概率是很小的,估计为 1/17000 堆年。一般情况下,即使万一发生堆芯熔化事故,由于还存在最后一道屏障——安全壳,放射性物质也不易外泄,可将事故工况向环境的放射释放保持在可接受的限值内。国际核事件分级如表 5-7 所示。

表 5-7　国际核事件分级

级别	说明	准则	实例
7	特大事故	堆芯的放射性裂变产物大量逸出至厂区外;有急性健康影响效应,在广大地区(涉及邻国)有慢性健康效应;有长期的环境后果	1986 年苏联切尔诺贝利核事故
6	严重事故	明显向厂区外逸出裂变产物;需要全面实施当地应急计划	2011 年日本福岛核事故
5	有场外危害的事故	有限地向厂区外逸出裂变产物;需要部分地实施当地应急计划(如就地隐蔽或撤离);由于机械效应或熔化,堆芯严重损坏	1979 年美国三哩岛核事故
4	无明显场外危害的事故	少量放射性向厂区外逸出;除了当地食品要控制外一般不需要厂区外防护措施;堆芯有些损坏;工作人员受到 1Sv 量级剂量照射,可能导致急性健康效应	
3	严重事件	极少量放射性向厂区外逸出;无需场外防护措施;厂区内严重污染;工作人员受到过量照射;接近事故状况——丧失纵深防御措施	
2	事件	不直接或立即影响安全,但有潜在安全影响	
1	异常事件	没有危险,由于设备故障、人为失误或程序不当造成偏离正常的功能范围	
0	无安全意义		

5.4.3 核事故应急计划

我国的核应急管理遵循"常备不懈、积极兼容、统一指挥、大力协同、保护公众、保护环境"的24字方针,根据《核电厂核事故应急管理条例》和《国家突发公共事件总体应急预案》的规定执行。一旦发生核事故能够采取有效的应急响应行动,保护工作人员、公众和环境。核事故的应急计划分为厂内及厂外两个部分。

1. 应急组织

成立国家、所在地区和营运单位三级应急组织,由国防科工委、省人民政府及营运单位牵头。核电厂成立应急指挥部,由运行、辐射防护、消防与抢险、通信与后勤等多方面的负责人组成。编制场内应急计划及实施应急准备工作,对参与核应急响应的人员进行定期培训和应急演习。

地方成立核电厂事故场外应急委员会,具体负责编制场外应急计划和实施应急准备工作,省及县各自成立相应的应急委员会,建立核应急技术支持体系。国家核应急协调委员会提供辐射防护、医疗、交通、气象、抢险及物资器材的支援。

2. 应急状态分级

应急状态可分为以下四级:①应急待命;②厂房应急;③场区应急;④总体应急(场外应急)。

3. 应急计划区划分

(1)烟羽应急计划区。放射性烟云飘散时随着风向形成烟羽,为了减少对居民的辐照,可划分成撤离区及隐蔽区。一般以核电厂为中心,3~5km半径区域为撤离准备区,7~10km半径区域为隐蔽和服碘片防护区。

(2)食入应急计划区。根据放射性污染的扩散情形及食物链加以确定。

4. 应急措施

应急措施包括:①报警及通知;②事故后果评价分析;③具体防护措施有隐蔽、撤离、交通管制、服碘防护、临时避迁、迁移安置、辐射防护、应急监测、食物和饮水管制、辐射照射控制、物理和化学方法去污(土地和资产)等。

5.4.4 核事故分析

1. 三哩岛核事故

1979年3月28日晚,美国三哩岛核电站(见图5-5)的第二反应机组由于机件故障加上人为失误,发生了一起严重的人为事故,导致堆内部分核燃料熔化,产生了放射性外泄,不得不将该反应堆永久关闭。这是历史上第一次严重的核电事故。但由于核电站的设计采用了多重

图5-5 美国三哩岛核电站

安全措施,因而使核辐射控制在很小的范周内,没有人因为这次事故而受到伤害或死亡。这座压水堆核电站的安全设施起到了设计所预期的作用,避免了一次严重事故,但这次事故却暴露了操作人员慌乱、操作程序不当和设备故障等弱点。

事后,美国核能管制委员会认为,三哩岛核电站的设计是符合安全标准的,主要问题在于管理混乱、操作不当和设备失灵。为此,他们要求所有的核电站采取四项措施:①加强人员培训;②建立核安全分析中心;③改善紧急情况下的联络系统;④改进技术装备,强化安全、监视和探测系统,使管理人员能够随时发现问题、解决问题,确保三哩岛事件不再重演。

2. 切尔诺贝利核事故

乌克兰共和国切尔诺贝利核电站(见图 5-6)位于乌克兰基辅市以北 130km 处。根据最新解密材料,1986 年 4 月 26 日凌晨 1 点 25 分,核电站检修人员在按计划对第四核反应机组进行停机检查时,由于多次违反操作规程,发生了严重失水事故,导致反应堆熔化燃烧,引起爆炸并炸毁了反应堆罩,使得放射性物质源源泄出。由此引发的火灾一直蔓延到了 3 号发电机组。随后 1、2、3 号机组暂停运转,电站周围 30km 宣布为危险区,居民撤离。事故发生时当场死亡 2 人,17 名轮班工作人员 9 人住院、4 人伤势严重,204 人遭辐射伤害。事故造成 31 人死亡。

图 5-6 苏联切尔诺贝利核电站

事故发生后地方当局封锁消息,阻绝外援,试图隐瞒、暗箱处理核事故,核电厂附近的居民在不明真相的情况下被送离家园,政府忽视了辐射微尘带来的严重后果。但几天后,瑞典的科学家便探测到了放射性物质。当地有 2000 多名年老居民因不愿离开自己的家园,在事故发生后的数月内纷纷返回离事故中心 30km 的禁区内居住,至今仍有百名左右居民常住在禁区内。图 5-7 所示为切尔诺贝利通往附近城镇的道路及每年举行的纪念活动。

图 5-7 切尔诺贝利通往附近城镇的道路及每年举行的纪念活动

这是迄今世界核电史上最严重的一次事故。据专家们估计,切尔诺贝利核事故的后果将延续一百年。外泄的辐射尘埃随着大气飘散到苏联的西部地区、东欧地区、北欧的斯堪地维亚半岛。乌克兰、白俄罗斯、俄罗斯受污染最为严重,由于风向的关系,约有 60% 的放射性物质落在白俄罗斯的土地上。据联合国机构分析,后来有约 9300 人由于放射性物质的远期影响而致命或重病。当时的调查显示,当地的辐射强度最高为每小时 15 毫伦琴(mR),正常值是 0.01mR。离该电站最近的大城市——基辅的水源未被污染,空气最高辐射水平为 0.2mR,是正常排放水平的 20 倍,居民生活正常。事故致使邻近的芬兰、瑞典、波兰等国空气中的辐射水平比天然本底增高了 4～10 倍,相当于年最大允许值的百分之几。全世界都为这一严重事故的发生而引起警惕、吸取教训并采取措施。

事故发生后,为了防止放射性物质再次泄露,政府将爆炸残余的第四反应堆机组用石棺(钢筋混凝土掩体)封闭。事故一年后,另外三座反应堆重新启动运行,分别到 1991 年、1996 年和 2000 年才陆续退役。对于切尔诺贝利核电站的最后命运,乌克兰政府计划采取 4 个阶段逐步拆除:2010—2013 年,将采取措施把核电站中的核燃料取出,并永久密封起来;2013—2022 年,将对核电站的反应堆设备进行封存;2022—2045 年,专家将为封存的核反应堆安装降低核辐射的装置;2045—2065 年,将开始拆除工作。

图 5-8 所示为切尔诺贝利核电站原理图。切尔诺贝利核电站是单回路直接循环系统,用石墨作慢化剂,石墨砌体温度高于 700℃时易燃,反应堆本体共有 1700t 石墨;承压部件是压力管式结构,可以不停堆装卸料,如果增加压力管的数量,就可以建成任何必需功率的堆芯;该反应堆是沸水堆,直接将冷却剂水在堆内汽化为蒸汽,由压力管流出的汽水混合物进入汽水分离器,将蒸汽引出送至汽轮机。该反应堆没有压力壳和安全壳,仅设一座厂房,所以发生事故后,放射性物质不受遮挡,很容易泄出。

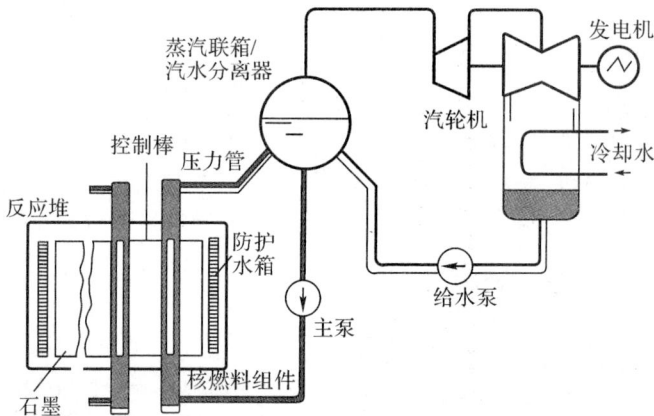

图 5-8 切尔诺贝利核电站原理

事故发生后,外泄的放射性物质主要是惰性气体和碘等裂变产物,这些放射性尘埃在 1～2 周内消失。大气核试验产生的放射性尘埃要存在好多年后才能消失。

美国三哩岛压水堆核电站发生堆芯熔化事故以后,没有引起放射性向环境的大量释放,证明了安全壳的有效性(见图 5-9);苏联切尔诺贝利核电站事故后发生大量的放射性外泄,原因是此核电站没有最后一道屏障——安全壳(见图 5-10)。

不会发生放射性物质不受控制地外逸

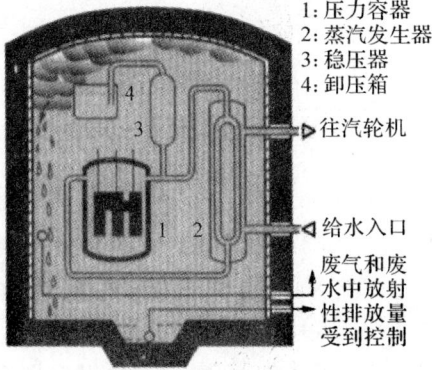

1：压力容器
2：蒸汽发生器
3：稳压器
4：卸压箱

往汽轮机

给水入口

废气和废水中放射性排放量受到控制

三哩岛（压水堆）
带钢衬里的耐压安全壳

图 5-9　三哩岛核事故

放射性物质无阻碍地外逸

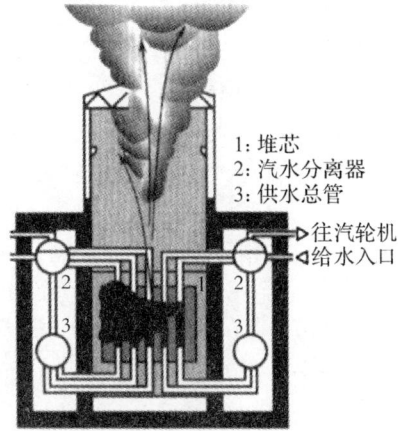

1：堆芯
2：汽水分离器
3：供水总管

往汽轮机

给水入口

切尔诺贝利（石墨沸水堆）
无耐压安全壳

图 5-10　切尔诺贝利核事故

3. 福岛核事故

2011 年 3 月 11 日，在日本东北海域发生了日本有史以来最强烈的里氏九级大地震。地震引发的巨大海啸，吞噬了本州东北部大部分地区，在十余米高的海啸巨浪袭击下，福岛第一核电厂的 3 个反应机组、备用发电机及 1 个乏燃料槽严重受损，先后气爆，并有放射性物质外泄，引起世界各地的核恐惧症，邻近一些国家与地区发生了局部抢购碘片、碘盐和奶粉、海鲜等食品的热潮，也引发了大量对核电站安全性的争论。

福岛核事故的直接原因是核电厂失去了所有的交流电源（即发生了全厂断电事故），其中外电网被地震破坏，作为备用交流电源的应急柴油发电机被海啸淹没。由于堆芯余热无法导出，最终导致堆芯熔毁，压力容器被熔穿。燃料元件包壳与水蒸气反应产生的氢气在反应堆厂房内聚集，最终发生氢气爆炸破坏了反应堆厂房，造成放射性物质向环境的大量释放。国际原子能机构（IAEA）将此次核事故定为六级核事故。

图 5-11　福岛核电站事故前后

福岛核电站由第一和第二两个核电厂组成，共 10 台机组，都是单循环沸水堆，只有 1 条冷却回路,蒸汽直接从堆芯中产生,推动汽轮机发电,冷却水直接引进海水,安全性无法保障。第一核电厂始建于 1967 年,共有 6 个机组,总发电量为 4.7GW,是世界上 25 个发电量最大的核电站之一。

1 号机组的沸水反应堆于 1967 年 7 月建造完工,1971 年 3 月 26 日投入商业运行,已经服役 40 年。许多设备已有老化迹象,包括反应堆压力容器的中子脆化、压力抑制室腐蚀、热交换区气体废弃物处理系统出现腐蚀等,该机组原本计划要延寿 20 年,到 2031 年正式退役。

福岛核电站使用 MOX 燃料,燃料棒外壳为锆合金。地震和海啸导致应急冷却系统故障,反应堆内冷却水平面一度下降,导致堆芯裸露。冷却不足使燃料棒外壳温度超过锆-水反应极限温度,发生化学反应生成大量氢气,安全壳内压力升高,氢气就从泄压安全阀的气体通道泄漏到厂房中,厂房内的氢气相对空气的浓度达到了爆炸极限,遇到高温或火情就发生了氢爆。1~4 号机组在 3 月 14—16 日陆续发生了几起爆炸,爆炸掀掉了反应堆厂房的屋顶,只剩下钢筋骨架。

同一时间,受到海啸影响最大、离震中更近、位于宫城县距离震中仅 20km 的女川核电厂的 3 个机组(分别建于 1984 年、1995 年和 2002 年),由于设备较新且位于小山丘上,所以除厂内仅五处发现漏水外,厂房设备毫发无损,未出现运转失灵,也未出现辐射泄漏的情况。邻近福岛第一核电厂的第二核电厂的 4 个机组分别建于 1982 年、1984 年、1985 年和 1987 年,由于设备较新,也未受到地震和海啸的损害。

福岛核电站的核泄漏事故发生后,日本东京电力公司蓄意隐瞒实情,处理事故拖拉,并拒绝外援,加上制度僵化、应变机制不足,工程师低估了事故的严重性,高估了对备用发电机的修复能力,雪上加霜,人祸加剧了天灾。直到 2011 年 4 月 20 日,东京电力公司才开始接受法国的建议,考虑过滤堆芯的污染水,以减少对海水的污染。日本政府和东京电力公司到 5 月才公开承认 6 座反应堆中有 3 座发生燃料熔毁现象,而后在 5 月和 8 月,两次对已污染的废水采取了错误的处理方式。据 2013 年 6 月日本原子能管制委员会作出的结论:福岛第一核电厂 3 个核反应堆的燃料棒熔化,7 个储水坑中的 3 个出现泄漏,要将数量巨大的高辐射性铯-137 污染水清除的难度极大。

相比而言,三哩岛核事故发生初期较福岛核事故要严重得多,但由于事故处理抉择快且采取了透明度高的处理方式,对环境造成的冲击微乎其微。据美国核能管制委员会 30 多年来的长期追踪研究,三哩岛周围居民的健康与动植物生态都未发生异常现象。

5.5 核电厂的三废处理

核电厂在正常运行时,对环境的放射性主要来自"三废"的排放,因此在排放前必须进行处理。

5.5.1 放射性废气的处理

压水堆核电厂排出的废气主要来自:厂房通风气体及工艺废气(来自稳压器、减压箱、容积控制箱、脱气塔等设备)。工艺废气含有较高浓度的放射性物质,分高放射性和低放射性两种。

1. 高放射性工艺废气

高放射性废气处理系统用来收集和处理从化学与容积控制系统容积控制箱的排气以及从硼回收系统脱气塔等处排出的气体。这些气体的主要成分是氮气及氢气,但它们携带了泄漏到一回路冷却剂中的裂变气体氪-85、氙-133 及碘-131 等。由各处收集的高放射性工艺废气,经过气体压缩机后送入衰变箱,储存 60～90 天,使半衰期短的裂变气体(氪、氙、碘的同位素)基本上衰变掉 99.9％以上,再通过活性炭过滤器(效率 95％以上),吸附掉绝大部分的放射性元素,这时剩下的主要是氪-85(半衰期 10.6 年)。核电厂高放射性废气的总体积不大,如一个 900MW 级压水堆每年的废气量在标准状态下约为 $1600m^3$。每年排放的放射性总量约 $10^{14}Bq$。如进一步采用低温($-170℃$)下活性炭吸附,可以十分有效地去除氪-85 等元素,每年排放的放射性总量可减少到仅 $10^{11}Bq$,但低温吸附目前尚未普及。

2. 厂房排风和低放射性工艺废气

厂房排风和低放射性工艺废气主要来源是安全壳换气、辅助厂房和汽机房排风、蒸汽发生器排污扩容器废气、冷凝器喷射气等。这部分低放射性废气的放射性是由冷却剂泄漏或一回路冷却剂泄漏到二回路引起的,一般先用高效过滤器(效率可达 99.99％)去除气溶胶,再用活性炭过滤器滤去碘,达到允许水平后引入排风中心,再经一次高效过滤,从高烟囱排入大气。这一部分废气数量大,放射性低,不需要衰变。

5.5.2　放射性废水的处理

压水堆核电厂产生的废水分为四类:
(1)一回路系统排污水及泄漏水(属含氚废水);
(2)设备清洗水及排水;
(3)地面疏水、设备疏水和洗涤用水;
(4)洗衣及淋浴废水。

各类废水净化的方法有:衰变贮存(100 天)、化学沉淀、蒸发浓缩和树脂床离子交换,放射性浓缩液再加以固化处理。净化处理后的废水放射性不大,一个压水堆核电站每年仅为 $10^{11}Bq$。

一个核电厂每年要排出 $3.7×10^{12}Bq$ 的氚,氚是氢的同位素,由于氚水的物理化学特性与普通水基本一致,一般的水处理技术不适用,只能采用有控制的稀释方式进行排放。目前各国都在研究含氚废水处理技术。不含氚的放射性废水易于处理,净化后可循环使用。

5.5.3　放射性固体废物的处理

核电厂放射性固体废物的主要来源是冷却剂、废水和废气净化系统的废树脂和废过滤芯子、蒸发浓缩液的固化物等,这些固体废物属高放射性废物,体积不大;另有一些被污染的工具、衣服、防护用品等低放射性废物,体积相对较大,分为可压缩和不可压缩两类。例如,一个 900MW$_e$ 级的压水堆核电站,每年有约 100m^3(压缩处理后体积)、放射性约为 2.96×10^{14}Bq 的固体废物,其中:

(1)废树脂 13.3m^3,放射性约 2.59×10^{14}Bq;

(2)废过滤芯子 4.25m^3,放射性约 2.22×10^{13}Bq;

(3)废水蒸发处理的蒸残液、化学处理的沉淀泥浆 30m^3,约 2.59×10^{12}Bq;

(4)其他:沾污的工具、设备、玻璃、塑料、纸张、金属碎片、手套、工作服及鞋帽等,99.2m^3。

放射性水平较高的固体废物,通常用水泥、沥青、塑料或玻璃化加以固化后在特种废物库中暂存,最终运往永久性贮存库贮藏。放射性水平低的固体废物可划分为可燃性的和非可燃性的两大类,前者可采取焚烧的办法减少体积;可压缩的固体废物可压缩装桶。固体废物装桶后(金属桶外加 100mm 水泥保护层),送往厂区外指定地点做最终处置,对环境无直接影响。

法国政府出台了《放射性废料处理国家计划》,对不同性质的核废料处理进行了规范。约 90% 的固体核废料都将通过地表"永久储藏"的方式进行处理,其余 10% 由于在化学性质等方面的特殊性,必须使用其他办法,比如法国电力公司第一代核反应堆所使用的石墨,其辐射性较弱但周期较长,因此需要将其埋藏在地下 15～200m 的深处;而高辐射性核废料的埋藏深度将达到地下 500m。此外,芬兰也在修建地下核废料处置库,这座巨型掩埋场将被用来密封芬兰全国的核垃圾,至少 10 万年不被碰触。这条隧道将有 4828m、488m 深,贯穿芬兰地底有 18 亿年历史的结晶片麻岩层。

中国也采用玻璃化的处置方法,具体过程如下:这些核废料首先被制成玻璃化的固体,然后被装入可屏蔽辐射的金属罐中,最后将这些金属罐放入位于地下 500～1000m 的处置库内。由于核废料的半衰期从数万年到 10 万年不等,在选择处置库时必须确保其地质条件能够保障处置库至少在 10 万年内安全。

对于固体核废料的妥善地处理需要相应的技术和严密的监控,各国政府都在考虑一系列的核废料管理和处置方案,以隔离这些放射性废料对生态系统和人类的威胁,同时还需要制订一个长期的管理方案,包括贮存、处置或者把核废料转化成对环境无害的方式。

第6章 其他型式的核电厂与核供热厂

6.1 沸水堆核电厂

沸水堆与压水堆都是采用轻水作为冷却剂和慢化剂,同属于轻水堆,所不同的是沸水堆在堆内直接沸腾产生蒸汽,而压水堆则不允许水在堆内沸腾,利用蒸汽发生器在二回路侧产生蒸汽。图6-1所示是沸水堆核电厂系统示意图。

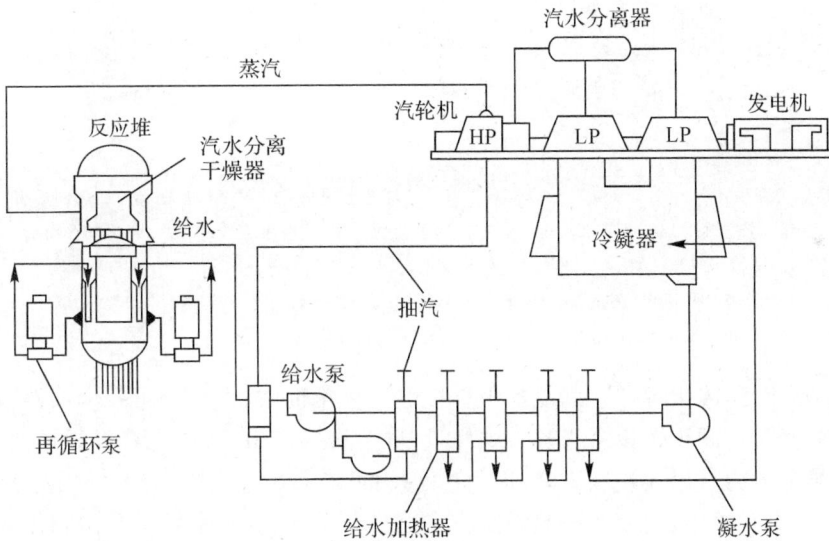

图6-1 沸水堆核电厂系统

沸水堆的燃料也采用低浓缩铀,做成二氧化铀陶瓷芯块,外包锆-4合金包壳。堆芯内共有800个燃料组件,每个组件是8根×8根正方形排列,其中62根燃料元件、2根空心的中央水棒。每个燃料组件装在元件盒内,以隔离流道。具有十字形横断面的控制棒安排在每组四个组件盒的中间。冷却剂自下而上流经堆芯后有大约14%的流量变成蒸汽。堆芯上方设置汽水分离干燥器用于得到干燥的蒸汽。沸水堆堆芯内设置一个冷却剂再循环系统,在汽水分离干燥器中与蒸汽分离后的饱和水和从冷凝器来的凝结水混合后,局部冷却至饱和温度以下,一部分水通过再循环泵升压后从喷射泵的喷嘴高速喷射下来后与另一部分冷却水同时被喷射泵吸引,从堆芯底部送入堆芯内实现再循环。一个沸水堆一般有2台再循环泵,每台泵通过联箱给 10～12 台喷射泵提供驱动流,带动其余的水进行再循环。沸水堆压力壳内部的堆芯结构如图 6-2 所示。

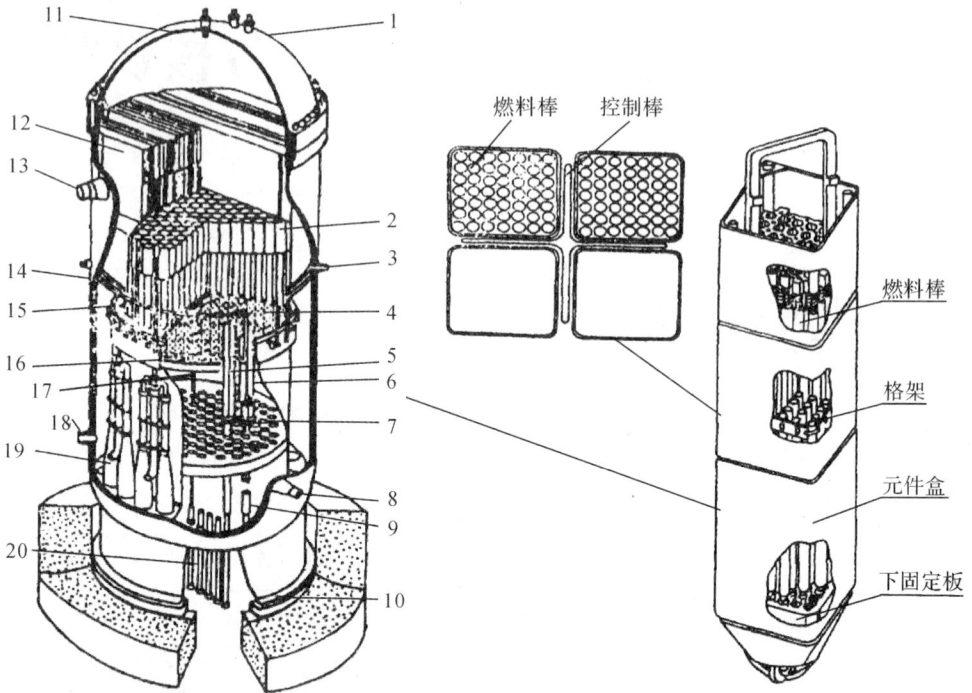

1:压力壳顶盖　2:汽水分离器　3:给水入口　4:堆芯上栅板　5:十字形控制棒　6:燃料组件
7:堆芯下栅板　8:再循环水出口　9:控制棒导向管　10:反应堆支撑结构　11:冷却喷淋管
12:蒸汽干燥器　13:蒸汽出口　14:给水入口　15:堆芯喷淋进口管　16:堆芯喷淋器
17:中子通量测量管　18:再循环水入口　19:喷射泵　20:控制棒驱动架

图 6-2　沸水堆的堆芯结构

　　与压水堆相比,沸水堆产生的蒸汽被直接引入汽轮机做功,减少了一个回路,免去了蒸汽发生器和稳压器,减少了设备投资和维修量;堆芯直接产生蒸汽,在获得同样的蒸汽温度的条件下,堆芯压力可以大幅度下降,即由压水堆的 15MPa 左右降到沸水堆的 7MPa 左右,极大地减少了设备投资,也使系统大为简化。一般经验认为,沸水堆内是两相流动和换热,气泡会影响运行的稳定性,但实际上,气泡对反应性的影响是负效应,并能自动展平径向功率分布,因此气泡的存在使得反应堆的运行更加稳定,更易于调控。沸水堆的最大缺点是一回路的冷却剂被直接引入汽轮机,也使放射性物质得以直接进入汽轮机,对于汽轮机就需要加以屏蔽,加大了检修的时间和难度,而且使辐射防护和废物处理都变得比较复杂,从而影响系统的设备利用率。沸水堆所需要的燃料量也大于压水堆,因为水沸腾后密度下降,慢化能力大大减小,堆芯和压力壳的体积也较压水堆要来得大,使功率密度小于压水堆。由于沸水堆存在这些缺点,使得沸水堆在很长一段时间里受到冷落,仅占世界核电装机容量的 23%。不过近年来随着先进沸水堆(ABWR)的提出,研究人员对沸水堆的各个方面进行了很多改进,防止失去电源、防止失水事故和防止"非预期的不能停堆的瞬态事故"

的能力大大提高,在经济性和安全性方面都有极大的改善,建造费用节省 20%,建造周期从 60 个月降为 48 个月,核电站寿命从 40 年延长至 60 年,运行费用也有所减少,使沸水堆的地位逐步上升,日本正在建造沸水堆核电站。

在先进沸水堆(ABWR)的基础上,美国、日本和意大利等国又研发出简化型先进沸水堆(SBWR),主要在采用非能动式安全系统和一回路自然循环两个方面进行改进。GE 公司及几个国际电力公司以 670MW 的 SBWR 为基础开发了改进型简化沸水堆(ESBWR),电功率为 1380MW$_e$,设计中大量采用 ABWR 的设计特性和设备,以及常规的成熟核燃料,具有非能动安全系统、先进的简化设计和更高的功率。

6.2　重水堆核电厂

重水堆是用重水(D_2O)作慢化剂的核反应堆。由于重水吸收热中子概率小,所以重水慢化的反应堆能用天然铀作为核燃料,不必建造浓缩铀厂。中子除了维持链式反应外,还可有较多的剩余使铀-238 转变为钚-239,以坎杜堆(CANDU,Canada deuterium uranium,加拿大氘铀堆的英文缩写)为例,平均每烧掉 100 个铀-235 原子核,可生成 70 多个钚-239 原子核,比轻水堆约多 20 个,因此比轻水堆节约天然铀 20%。对于冷却剂和慢化剂分开的重水堆,发生冷却剂失水事故时,由于慢化剂重水的存在使其安全性高于轻水堆。

重水的慢化中子能力不如轻水,需要大量的慢化剂,再加上使用天然铀,因此重水慢化堆的堆芯体积比压水堆大 10 倍左右,重水堆的功率密度低于压水堆;重水辐照后会产生有放射性的氚,污染危害较大、防护较难;由于使用天然铀,后备反应性少,因此需经常换料,要求配有专用的不停堆装卸料机;重水较昂贵,20 吨天然水中只有 3 千克重水,重水的费用占重水堆基建投资的 1/6 以上,所以要注意回收;同等功率的核电站,重水堆的造价比轻水堆高 20%左右。

重水慢化堆按结构可分为压力管式和压力壳式。采用压力管式时,冷却剂可以与慢化剂相同,也可以不同。压力管式重水堆又可分为立式和卧式两种。立式的压力管是垂直的,冷却剂可采用加压重水、沸腾轻水、气体或有机物。卧式的压力管水平放置,不适合使用沸腾轻水方案。压力壳式重水堆只有立式一种,与压力管式立式重水堆一样,燃料元件垂直放置,冷却剂与慢化剂相同,可以是加压重水或沸腾重水。目前,加拿大的加压重水卧式压力管式重水反应堆(CANDU 堆)已经发展得十分成熟。

6.2.1　重水慢化重水冷却的压力管式反应堆

该堆型又称坎杜堆,以重水作为慢化剂和冷却剂,以天然铀为燃料,压力管水平布置,简称 CANDU-PHW 型,如图 6-3 所示,是重水慢化堆中最成熟的一种型式,我国的秦山三期也是这种堆型。

以皮克灵核电厂(500MW$_e$ 级)的压力管式反应堆为例,如图 6-4 所示,有压力管 390 根,压力管内径 120mm 左右,每根压力管内放着一节一节串接起来的比较短的燃料组件共 12 个。每个组件长约 500mm,它是由 37 根燃料元件组成的棒束。压力管内总共有 4680 个

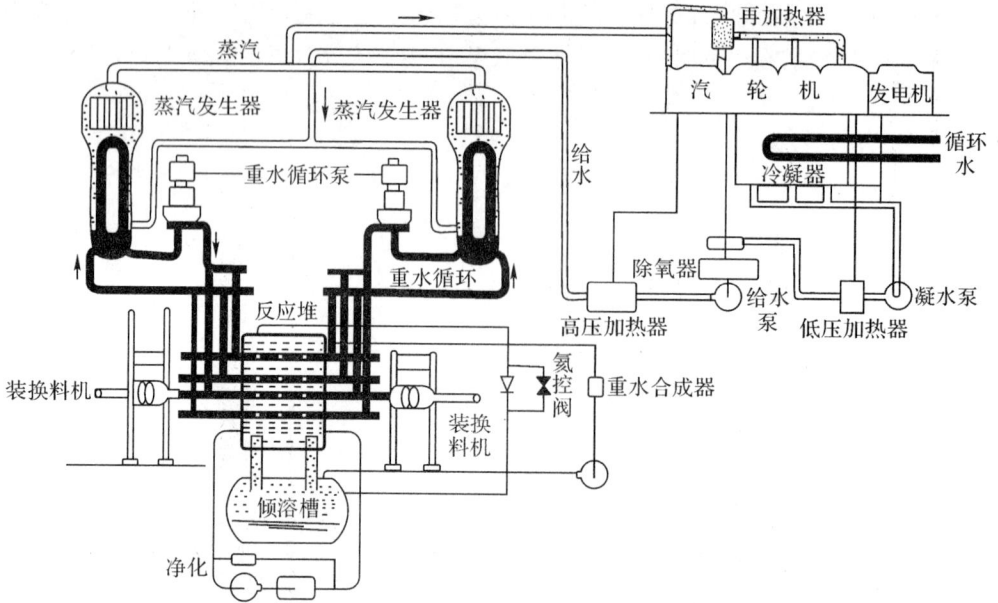

图 6-3 加拿大坎杜重水堆核电站系统

燃料棒束组件,总计有 173160 根燃料棒。反应堆堆芯由 390 根内置燃料棒束的压力管排列而成。作为冷却剂的重水在压力管内流过,带走燃料释出的热量。

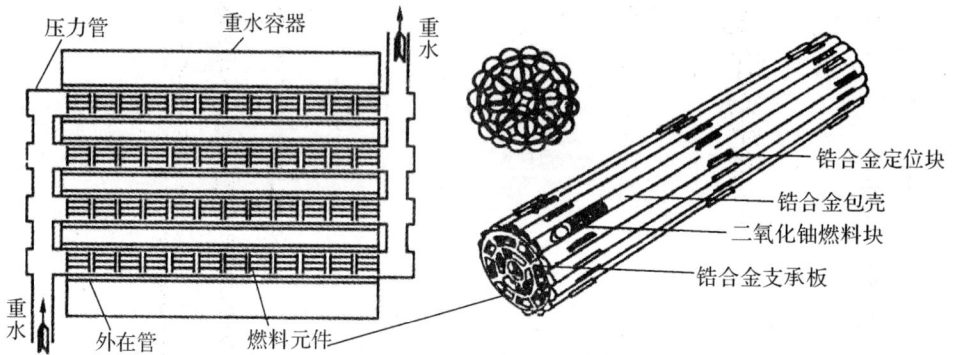

图 6-4 压力管卧式重水堆结构示意

在压力管外面包有隔热层,以保证大罐中的慢化剂温度不致太高,可以在低压下工作。压力管是承受高压重水的重要部件,由锆合金管制成。盛慢化剂的大罐由不锈钢外壳和端板以及锆合金容器管组成,承压不高。容器管用滚压胀接方法固定在端板上,压力管插入容器管中,两管之间充以氮气作隔热层。

控制棒设置在反应堆上部,穿过慢化剂大罐壁,插入压力管管束之间的慢化剂中,反应性的调节,除采用控制棒外,还可用改变重水慢化剂的液位来实现。快速停堆时,除了迅速插入控制棒外,急速排放慢化剂可以作为辅助措施。

由于重水堆使用天然铀,后备反应性较少,需要经常补充新燃料组件,并将反应过的燃料组件卸出堆外,所以压力管在反应堆前后两端都设有可以装拆的密封端盖,可采用遥控

144

装卸料机进行不停堆换料,新燃料组件从压力管的一端插入,反应过的燃料组件则从压力管的另一端推出,为了使中子通量对称,相邻压力管中的燃料组件按相反的方向移动,称为"顶端式双向换料"。在换料时,必须尽量消除换料时的重水漏损。

重水堆一回路系统与压水堆相似,分成两个相同的循环回路,一个设在反应堆左侧,另一个设在反应堆右侧,对称布置。每个循环回路又由多台蒸汽发生器及多台循环泵组成。重水堆的二回路系统与压水堆完全相同。

6.2.2　重水慢化沸腾轻水冷却的压力管式反应堆

本堆型是沸水堆同坎杜堆的结合,在加拿大称为重水慢化沸腾轻水冷却反应堆(CANDU-BLW),在英国称为产生蒸汽的重水堆(SGHWR),在日本称为新型转换堆(ATR,"普贤"堆),还没有完全达到成熟阶段。

该反应堆(见图 6-5)使用立式压力管,采用不停堆装卸料,装卸料机置于堆体的顶部或底下。燃料元件为长棒束型,由二氧化铀芯块与锆合金包壳管组成,加拿大用天然铀作燃料,英国用低浓缩铀,日本用天然铀、1.5%的低浓铀及 0.8%的钚。这种堆型的特点是堆芯尺寸缩小、需要的重水大为减少;一回路中无重水,使漏损率几乎为零;换料比较简单;用直接蒸汽循环,省去了蒸汽发生器。但是,不允许堆芯中轻水漏入重水,否则会造成很大经济损失,同时它也具有沸水堆本身固有的缺点。

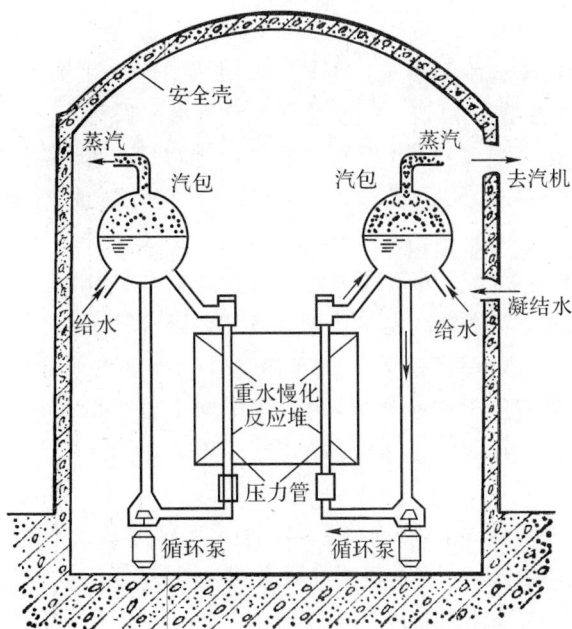

图 6-5　重水慢化沸腾轻水冷却反应堆

6.2.3　重水慢化重水冷却的压力壳式反应堆

压力壳式反应堆内部的结构材料比压力管式少,中子经济性好,生成的钚-239 量多,采用天然铀作燃料,结构类似压水堆,但因栅格节距大,压力壳比同样功率的压水堆大得多,单堆功率最大只能做到 300MW$_e$。仅少数国家建有这种核电厂。

加拿大原子能有限公司(AECL)对坎杜堆进行改进和革新,新一代的先进坎杜堆 ACR 在原有坎杜堆的基础上,在低压容器内用重水作慢化剂、轻水作冷却剂,在安全性、经济性和可维修性方面有了很大提高,先后完成了 ACR700 和 ACR1000 的设计和研发。ACR700 堆的热功率为 1972MW$_t$,电功率 731MW$_e$,反应堆出口集管压强 12MPa,反应堆出口集管温度 325℃,热工设计流量 6900kg/s,重水总装量 131t,重水补充量 0.8t,燃料富集度 2%,燃耗 20500MW·d/tU。

6.3 高温气冷堆核电厂

高温气冷堆核电厂就是以石墨为慢化剂、气体(二氧化碳或氦气)为冷却剂的石墨慢化气冷反应堆(GCR)。世界上第一座核电站(5MW$_e$)就是天然铀石墨慢化轻水堆,由苏联在 1953 年建造并投入运行。但是自从切尔诺贝利核电厂第 4 号机组——石墨慢化沸水堆发生严重事故后,该堆型已不再建造。

石墨慢化气冷反应堆经历了三个发展阶段:

第一代是石墨慢化天然铀气冷堆,又称镁诺克斯(Magnox)堆,燃料元件采用镁-铍合金包壳,CO$_2$ 气体出口温度 400℃左右,如英国的 Calder Hall 核电厂,该堆型目前已经淘汰。

第二代是石墨慢化改进型气冷堆(AGR),采用低浓缩氧化铀棒束型燃料元件,不锈钢燃料包壳,冷却剂出口温度 670℃左右,该堆型也已不再发展。

第三代是石墨慢化高温气冷堆(简称高温气冷堆,HTGR),是比较有发展前途的气冷堆,也是公认的具有固有安全性的堆型,可用于供热、精炼石油、生产氢、煤的气化和液化等。如图 6-6 所示,它是由我国清华大学建造的,在此基础上,2004 年 12 月,中国华能集团公司、中国核工业建设集团公司和清华大学合资成立华能山东石岛湾核电有限公司,共同建设一座 200MW 级电功率的高温气冷堆核电站(HTR-PM)。

第三代高温气冷堆与第一代镁诺克斯堆和第二代改进型气冷堆的主要区别在于使用了氧化物和碳化物形成的包覆颗粒燃料,由石墨燃料元件组成全陶瓷堆芯,采用耐高温结构材料,氦气作冷却剂,冷却剂的压强大多在 3~7MPa,氦气出口温度 750℃以上,最高可达 950~1000℃。

石墨慢化高温气冷堆用高浓缩铀作燃料,把氧化铀或碳化铀燃料制成直径为 200~500μm 的颗粒,外部包覆 2~4 层热解碳和碳化硅等陶瓷型涂层作包壳,包覆层总厚度为 150~200μm,弥散在石墨基体中制成当量直径 100mm 左右的棒状或直径 50mm 左右的球状元件(见图 6-7)。采用球状燃料元件的高温气冷堆设计以德国的 HTR-Module 为代表,如图 6-6 所示,其球形燃料元件是将 8000~10000 个包覆颗粒燃料弥散在石墨中,制成直径 60mm 的球状,球床堆芯直径 3m、高度 9.4m,平均功率密度 3.0MW/m^3,氦气在循环风机的驱动下不断通过堆在球床上的球状元件之间的间隙,将裂变热带出,形成闭式循环,压强 6MPa 的氦气进、出口温度分别为 250℃和 700℃;六角棱柱形燃料棒的高温气冷堆设计

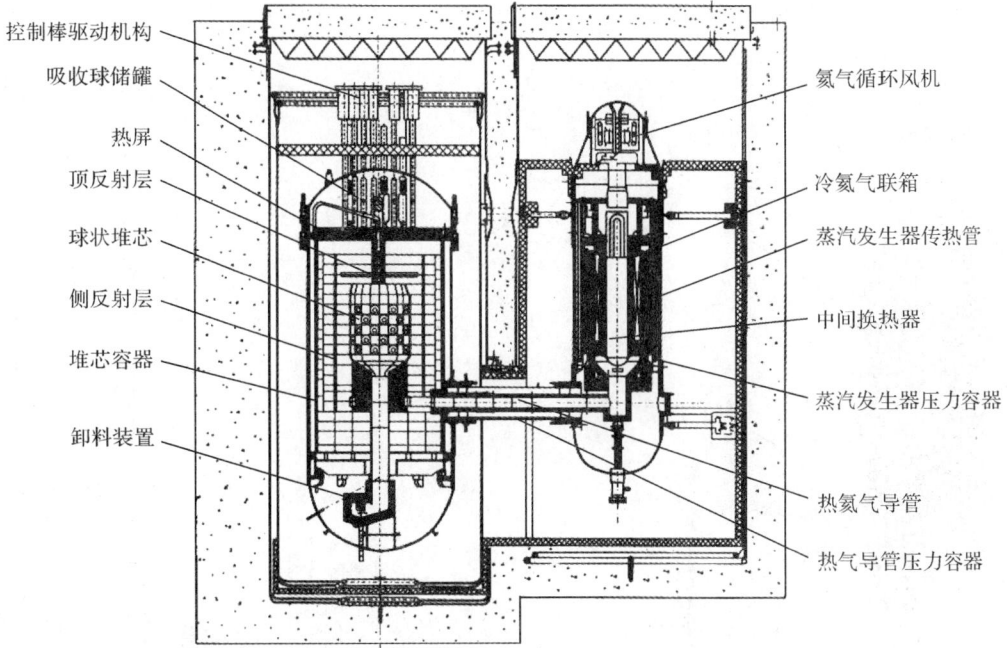

图 6-6　10MW 高温气冷实验堆(HTR-10)

以美国的 MHTGR 为代表,如图 6-8 所示,其棱柱形燃料元件是将包覆颗粒弥散在石墨基体中,制成当量直径 12.7mm、长 75mm 的棱柱状,柱状堆芯直径 3.5m,高度 8.0m,平均功率密度 5.9MW/m³。实验表明,在 1600℃的高温下加热几百小时,包覆颗粒燃料仍保持完整,裂变气体的释放率低于 10^{-4}。

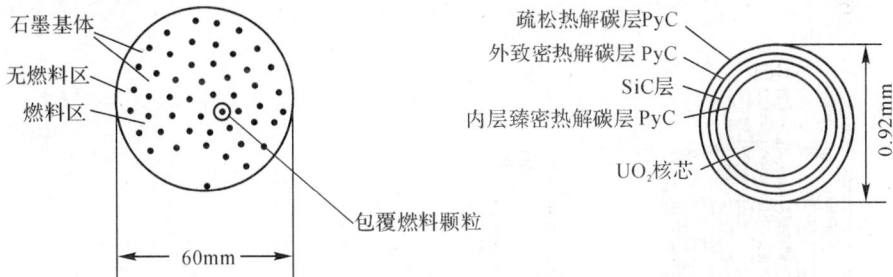

图 6-7　球形燃料元件

　　高温气冷堆的优点包括:高温(冷却剂在堆芯出口处的温度可达 750~950℃)、高效率(可以达到 50%以上的热效率,发电效率 40%~50%)、高转换比(转换比可达 0.85 左右,燃耗可达 105MW·d/tU,并可利用钍作为再生核材料,实现钍-铀循环)、高安全性(反应堆的负温度系数大,堆芯热容量大,采用包覆颗粒燃料和全陶瓷堆芯结构,采用反应堆及一回路设备一体化的预应力混凝土压力壳,具有非能动堆芯余热排出系统,见图 6-9)、使用球形燃料元件时可实现不停堆换料(通过装卸料机构实现不停堆连续装卸核燃料,可以减小堆内的后备反应性,利于反应堆控制)、对环境污染少(氦气性能稳定,一回路放射性较低,电站效率高,热污染也较小,排出的废热比轻水堆少 35%~40%)、可综合利用(可与燃气轮机

147

相连做功,当出口温度提高到1000~1200℃时,可直接用于炼钢、制氢(见图6-10)、化工及煤气化生产)等。

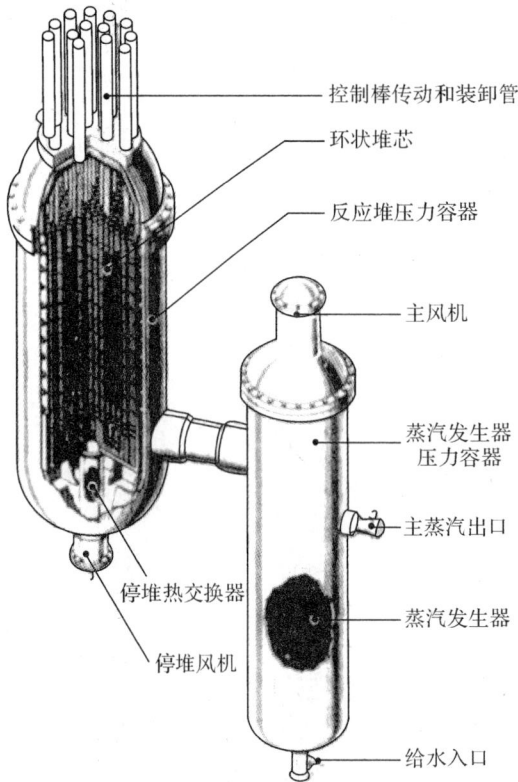

图6-8 柱状堆结构设计(MHTGR)

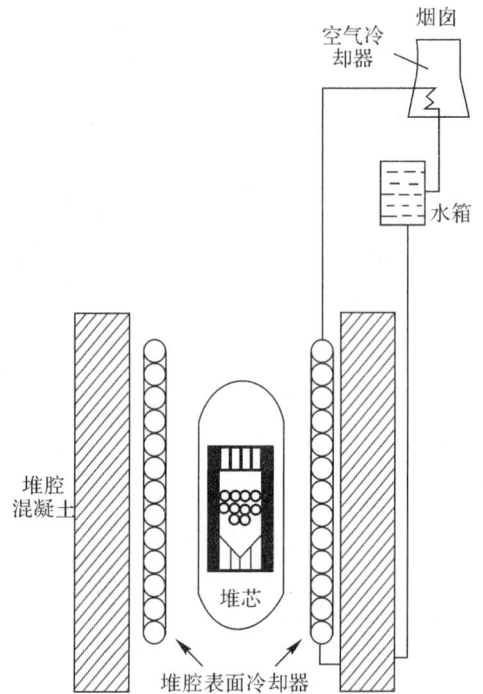

图6-9 非能动堆芯余热排出系统

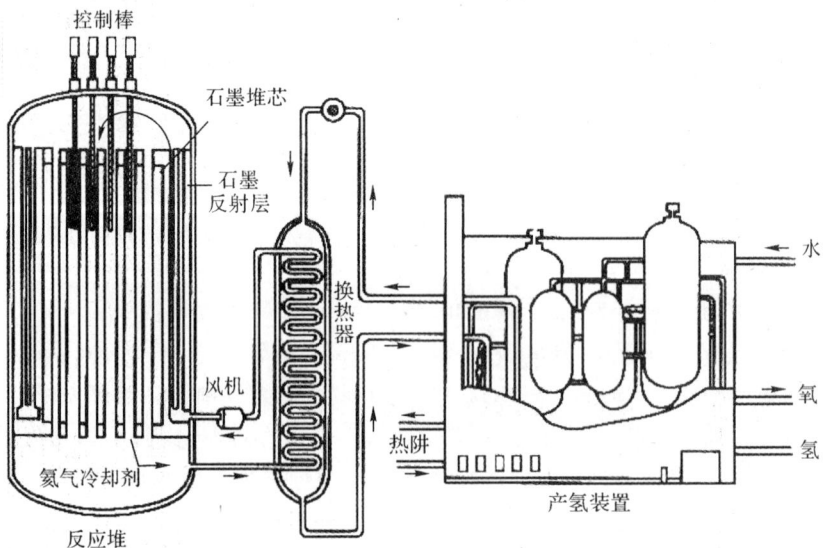

图6-10 超高温气冷堆系统

氦气透平直接循环方式是高温气冷堆高效发电的主要发展方向。图 6-11 所示是采用氦气透平直接循环方式的热力系统,由一回路出口的高温氦气(900℃)直接驱动氦气透平发电,氦气压强从 7MPa 降至 2.9MPa,温度降为 571℃。为了将氦气加压到反应堆一回路的入口压强,需先经过回热器和预热器将其冷却到 27℃后,再经两级压缩机后升压到 7MPa,而后回到加热器的另一侧加热到 558℃,回到堆芯的入口,该循环的发电效率可达到 47%,其主要优点为:系统简单,全部电力系统都集成在同轴相连的三个压力容器内,造价低;避免了堆芯进水事故的可能性;热力循环效率高。

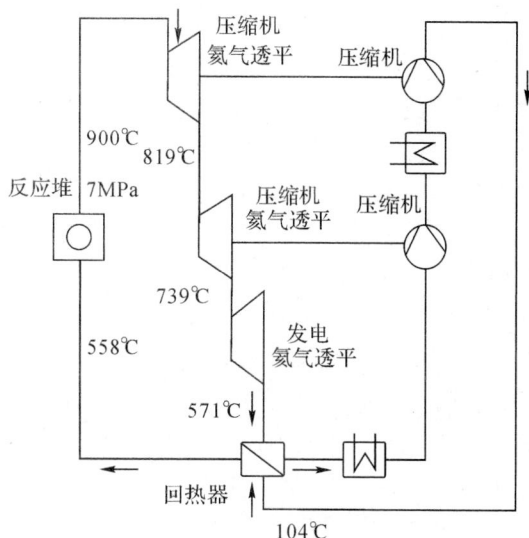

图 6-11　氦气透平直接循环流程

氦气透平直接循环方式在技术方面需要研究开发的项目有:①研制高质量、低释放率的燃料元件(以保证进入透平发电系统的放射性水平很低);②研制立式氦气透平技术,包括磁力悬浮轴承、停机擎动轴承以及在高温氦气下相接触金属表面的处理等相关技术;③研制高效(98%)的板翅式回热器技术等。

从技术可行性角度看,替代氦气热力循环方式还可采用图 6-12 所示的直接联合循环方式,6.9MPa 的 900℃高温氦气先驱动一个氦气压缩机透平,带动同轴的压缩机,再驱动主发电氦气透平,向外输出电力。出口的氦气再通过一直流蒸汽发生器,加热另一侧的水,使之产生蒸汽。产生的蒸汽推动蒸汽透平发电机,向外输出功率。氦气经直流蒸汽发生器后由压缩机加压到 7.0MPa、183℃,回到堆芯入口。该系统的氦气透平和蒸汽透平联合循环发电效率可达 48%。这个循环系统不需要采用高效回热器,避开了一个技术难点。但是,

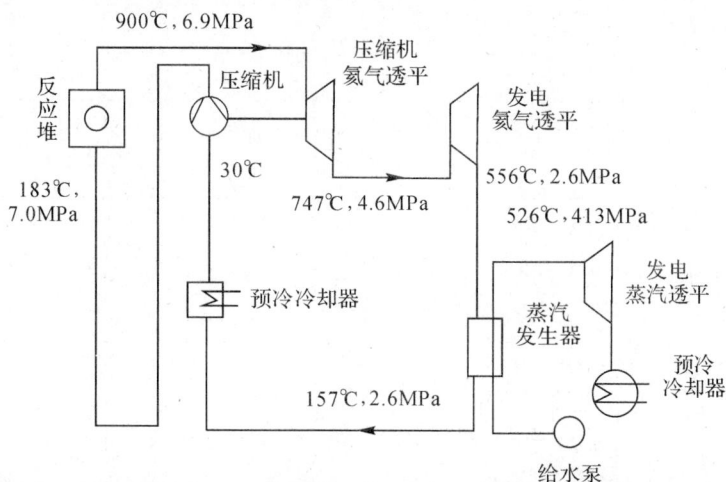

图 6-12　直接联合循环发电流程

由于采用氦气-蒸汽联合循环,增加了系统的投资成本,且不能排除堆芯进水事故的可能。

图 6-13 所示为间接联合循环流程,反应堆出口 900℃的高温氦气经过中间热交换器(加热二次侧的氦气),冷却到 300℃,再经过氦风机回送到堆芯的入口。二次侧的氦气经中间热交换器加热到 850℃,实现气体透平和蒸汽透平的联合循环。该循环的发电效率为 43.7%。

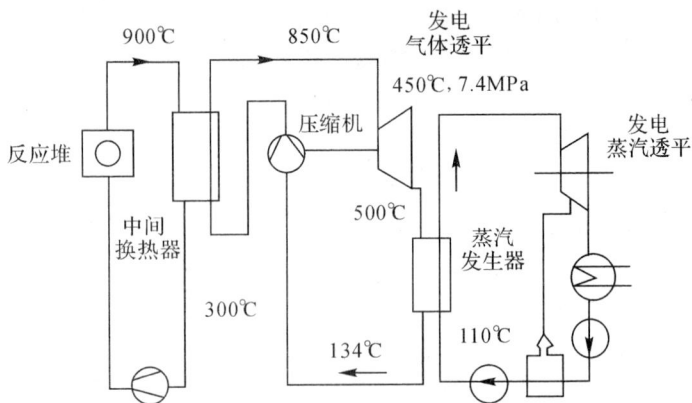

图 6-13 间接联合循环流程

由于采用氦气作工质,可以采用成熟的气体透平技术,在现有技术基础条件下具有更好的可行性。但是投资成本增加,也不能排除堆芯进水事故的可能。

模块式高温气冷堆由于采用非能动余热载出方式,使系统大为简化,不必设置堆芯应急冷却系统和安全壳等设施,但其单堆的输出功率受到限制,最大热功率为 $200\sim260MW_t$。输出电功率只能达到 $100MW_e$ 的规模容量,但与大容量的压水堆核电厂相比较,其发电成本有很好的竞争力,可以与煤电成本相比较。

表 6-1 所示为国际上高温气冷堆实验电站的主要参数。

表 6-1 国际上高温气冷堆实验电站的主要参数

参数	美国桃花谷	英国龙堆	美国圣·符伦堡	德国 AVR	德国 THTR-300
总功率(MW)	115	20	840	46	750
电功率(MW)	40	—	330	15	315
功率密度(MW/m²)	8.3	14.0	6.3	2.6	6.0
燃料最高温度(℃)	1331	1600	1260	1134	1250
平均燃耗(MW·d/tU)	60	30	100	70	114
氦气压力(kg/cm²)	23.6/2.31	20.0/1.96	49.0/4.8	10.9/1.07	40.0/3.92
氦气流量(kg/s)	55.0	9.62	430	13.0	300
氦气温度(℃)	728/344	750/350	785/406	950/275	750/260
蒸汽压力(kg/cm²)	102/10	—	175/17.2	72/7.06	190/18.6
蒸汽流量(t/h)	140	—	1000	56	950
蒸汽温度(℃)	538	—	540	500	535
并网年份	1967	—	1979	1967	1985

6.4　中国快堆技术的发展

快中子反应堆利用能量为 0.1MeV 左右的快中子进行链式核反应,不使用慢化剂,简称快堆。

天然铀中铀-235 仅占 0.71% 左右,铀-238 占 99.3%。目前广泛应用的轻水堆铀-钚转换率仅 2%,重水堆的转换比较高,也只能利用铀资源的 3%～4%,剩下 95% 以上的铀资源不能利用。反应堆的转换比是指反应堆中新裂变燃料的生成率与裂变燃料的消耗率之比。快中子堆如以铀-235 作燃料、铀-238 作再生材料,转换比为 1.2;如以钚-239 作燃料、铀-238 作再生材料,转化比为 1.5。转化比大于 1,实现了核燃料的增殖。铀-238 再生为钚-239 的过程:

$$\mathstrut_{92}^{238}U + \mathstrut_{0}^{1}n \rightarrow \mathstrut_{92}^{239}U \xrightarrow{\beta^{-}(23.5\text{分钟})} \mathstrut_{93}^{239}Np \xrightarrow{\beta^{-}(2.33\text{天})} \mathstrut_{94}^{239}Pu$$

快堆核电厂实际是一个可以发电并同时为其他核反应堆生产燃料的双联产工厂。按目前的生产水平,其燃料倍增时间是 30 多年,即只要有足够的铀-238,其增殖的钚-239 在生产过程中不断被取出来,经过 30 多年时间就可以再装备一座相同规模的新快堆。所以,快中子反应堆称为快中子增殖堆,其意义在于能充分有效地利用铀资源,包括自然界中大量存在的铀资源和目前核工业发展堆积下来的大量贫铀资源,所以是今后核电大规模推广和发展的一个重要方向。

美国分别于 1946 年、1951 年和 1963 年相继建成了 Clementine 、EBR-Ⅰ和 EBR-Ⅱ实验快堆,苏联、英国、法国、日本、德国、印度先后共建成了 21 座不同规模的实验快堆、原型快堆和商用验证堆,积累了 300 堆年的运行经验。

与热中子堆相比,由于快堆采用快中子实现链式反应,而铀-235 和钚-239 的快中子裂变截面相对较小,必须采用浓缩度比较高的燃料(12%～30%),一般大型快堆,要求浓缩度16% 左右或更高。由于快中子寿命很短,其缓发中子的份额小,所以对反应堆的控制难度和操作系统的保护的要求也提高了。

快堆由于采用高浓缩度燃料及不采用慢化剂,其堆芯体积很小,功率密度很高,比典型的热中子堆大一个数量级,可达每升 400～900kW。这也造成了热量导出的技术复杂度,并且快堆冷却剂不能采用易于慢化中子的轻材料(如轻水、重水),因此只能选择导热性能优良、载热效率高、慢化作用小的材料作为冷却剂。目前,快堆中的冷却剂主要有两种:液态金属钠和氦气,所以根据冷却剂的种类可以分为钠冷快堆和气冷快堆,气冷快堆由于考虑高速气流可能引起的振动问题,以及氦气泄漏造成堆芯失冷问题,目前还处于探索阶段。现有的以及正在建造的快堆大部分是钠冷快堆,现在也有用液态铅或铅合金冷却的铅冷快堆。

液态钠沸点较高,约为 886.6℃,如果用液态金属钠作冷却剂,一回路可在高温低压下工作,一般压强只有 0.7～0.8MPa。钠冷快堆的冷却剂出口温度为 530～650℃或更高,这样二回路产生的蒸汽温度可达 500℃左右,不过燃料元件包壳的工作温度也会比较高。钠的熔点只有 97.8℃,室温下是固体,所以启动过程中要先用外加热的方法将其熔化。液态钠的化学性质很活泼,一旦遇水或氧便会发生激烈化学反应,钠中的氧含量超过一定值会使内部结构材料发生腐蚀,同时堆内的液态钠由于沸腾所产生的气泡空腔会引入正的反应性,会造成反应堆功率激增以至发生堆芯熔化事故,所以一定要严格防治液态钠产生气泡。

液态钠通过堆芯后会被活化,为了避免带放射性的钠与蒸汽发生器中的水直接接触,或蒸汽回路中的水进入堆芯引起钠的激烈的化学反应,因此设置了中间钠回路将一回路的放射性钠与二回路水隔开,中间钠回路压力高于一回路压力。中间钠回路中有用液态钠加热二回路水产生蒸汽的蒸汽发生器,对其严密性有严格的要求,通常分成多个较小的蒸汽发生器,各安装在单独的隔离室中,以保证安全。通常采用三回路系统。

当然,为了能够充分利用数量不小的从堆芯泄露出来的中子,在快堆堆芯外围布置可转换材料(如贫铀)形成包层,称为增殖区或再生区。因此所有的快堆堆芯都是由两区组成的。

目前,钠冷快中子增殖堆有两种结构形式:池式钠冷快堆(见图 6 - 14(a))和回路式钠冷快堆(见图 6 - 14(b))。苏联的 BN-600 快堆(600MW$_e$)、法国的凤凰快堆(Phenix,250MW$_e$)、超级凤凰快堆(Super Phenix,1240MW$_e$)都采用池式,而日本的文殊快堆(Monju,280MW$_e$)是回路式快堆。

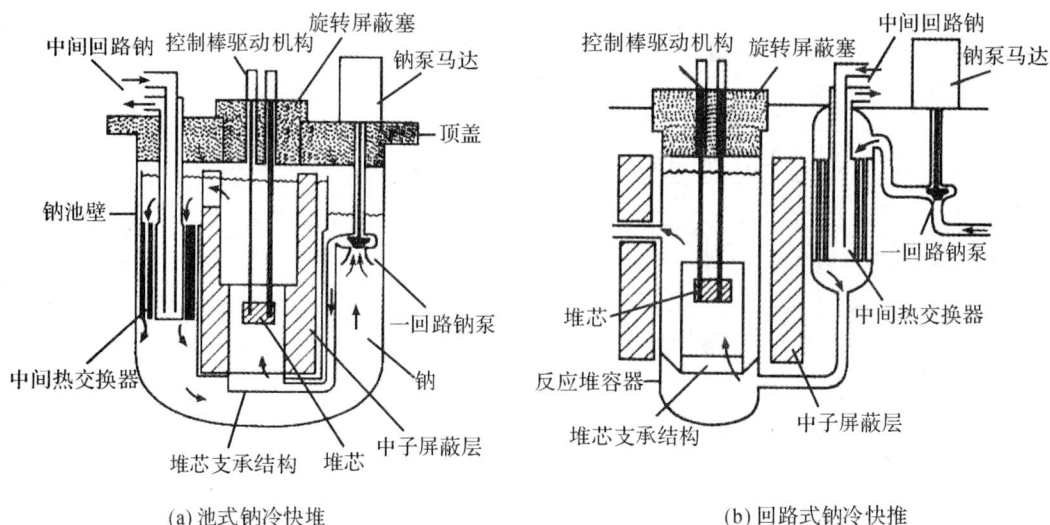

(a)池式钠冷快堆   (b)回路式钠冷快堆

图 6 - 14   钠冷快堆结构

池式结构将堆芯和一次热交换器都放在一个钠池里,直接在钠池里进行热交换,使冷却剂不易发生泄漏事故。在钠池里,冷、热液态钠被内层壳分开,钠池中冷的液态钠由钠循环泵送到堆芯底部,由下而上流过燃料组件,550℃左右的钠从堆芯上部流出经钠-钠中间热交换器将热量传给中间回路的钠工质,温度降到 400℃左右,再由内层壳与钠池主壳之间的通道被泵送回堆芯。由于堆芯、中间热交换器和钠循环泵都浸泡在钠池中,不会发生失冷事故,所以池式结构的安全性比回路式好。现在的钠冷快堆大多采用这种结构。其主要缺点是用钠量大、池式结构复杂、不便于检修。

回路式结构将堆芯单独放在一个壳体中,一次热交换器和堆芯之间用冷却剂管道连接,与一般的压水堆回路相似,多了一个中间回路,整个系统便于外部检修,但系统复杂,容易发生事故。

依目前的快堆技术水平,快堆的初投资高于压水堆,运行费和燃料费也略高于压水堆,如法国在实验快堆 Rapsodie(20/40MW$_t$,1966 年临界)和凤凰原型快堆 Phenix(560MW$_t$,250MW$_e$,1973 年临界)运行的基础上,与其他欧洲国家合资建造了超级凤凰快堆 SPX-1(3000MW$_t$,1240MW$_e$,1985 年临界),其发电成本是压水堆的 2.5 倍,由于缺乏经济性,于 1998 年 12 月暂停运行,该堆的退役改造工作预计于 2025 年左右完成。英国的原型快堆 PFR(250MW$_e$,1974 年临界)在运行了 20 年后于 1994 年中止开发,今后的 50~60 年间将实施退役计划。德国有实验快堆 KNK-Ⅱ(20MW$_e$,1972 年临界)、原型快堆 SNR-300(770MW$_t$,327MW$_e$),由于后者被地方政府禁止投运,1991 年联邦政府放弃了快中子增殖堆开发计划。

由法、英、德三国合作设计的欧洲快堆 EFR(3600MW$_t$,1500MW$_e$),其主要技术路线与 SPX-1 相似,采用混合金属氧化物燃料,钠池式结构,三回路系统。功率增大、设备精简、不锈钢等材料的用量减少,且其运行费降低、燃料费也低于压水堆,其总发电成本是压水堆的 1.45 倍。如果能够成批建造,欧洲快堆的燃料费会降低至压水堆的一半,总的发电成本仅高于压水堆 3%。

美国快堆发展得最早,先后建造并运行了 EBR-Ⅰ(1.4MW$_t$,0.2MW$_e$,1951 年临界,1963 年退役)、EBR-Ⅱ(62MW$_t$,20MW$_e$,1961 年临界,1994 年退役)、EFFBR(200MW$_t$,66MW$_e$,1963 年临界,1972 年退役)、FFTF(400MW$_t$,1980 年临界,2002 年 12 月退役)等一系列实验堆,1994 年美国政府决定中断快堆计划,并暂停了快堆的研究。2000 年开始提出"第四代核能发电体系开发计划(GEN-Ⅳ)",对快堆的开发加以重新审视。

俄罗斯是目前世界上快堆开发最好的国家,有实验堆 BR-10(8MW$_t$,1958 年临界)、BOR-60(12MW$_t$,1968 年临界)以及世界发电量最大的钠冷型实验快堆 BN-600(1470MW$_t$,600MW$_e$,1980 年临界)等,2002 年起,俄罗斯又新建大型钠冷快堆 BN-800(800MW$_e$),目前还在开发铅冷快堆 BREST 等。

从事快堆研究的亚洲国家主要是中国、日本、印度和韩国。日本有实验堆 Joyo(Mark-Ⅱ)(100MW$_t$,1977 年首次临界)、文殊 Monju(714MW$_t$,280MW$_e$,1994 年临界),印度有实验快堆 FBTR(15MW$_e$,1985 年临界)和原型快堆 PFBR(500MW$_e$),韩国正着手进行原型快堆 KALIMER(150MW$_e$)的设计和建造。

目前世界各国对各种类型的快堆进行概念研究,以期在控制技术、工程技术和运行经济性上有重大突破。随着快堆技术的不断完善、成批建造费用的降低,以及石油和天然铀价格的上涨,快堆在经济性方面将逐渐超越压水堆。

中国快堆技术从 20 世纪 60 年代中期开始研究,70 年代建成了第一座快中子零功率装置,1992 年由国务院批准在中国原子能科学院建设一座热功率为 65MW$_t$、电功率为 25MW$_e$ 的中国实验快堆(CEFR)。CEFR 于 1992 年完成了概念设计,1997 年完成初步设计,2000 年开始主厂房建造,2005 年 5 月开始主容器安装,2008 年进入系统调试,2010 年 7 月首次进入临界,并进入临界实验,2011 年 7 月首次实现并网发电,2014 年 12 月实现满功率运行,达到设计指标。

    CEFR 是一座钠冷池式快堆,一回路由 2 台主泵、4 台中间热交换器、钠泵出口管道、栅板联箱、堆芯以及相关的流道组成,这些设备和部件全部设置在一个直径 8.01m、高 12m 的钠池(主容器)中,主容器壁厚为 25~50mm,主容器外为直径 8.235m 的保护容器,材料采用 304、316 等奥氏体不锈钢。主容器中装有约 260t 液态钠,包括 5.5 万件堆内构件,总重量超过 700t。反应堆充入金属钠后,在寿期内基本无法进行在役检查。正常运行时堆芯钠的入口温度为 360℃,压强 0.15MPa,出口温度为 530℃,与堆芯上部热钠搅混后平均温度为 516℃,进入中间热交换器,热量交给二次钠后,一次钠至中间热交换器出口时温度降为 354℃,与冷钠池中的钠搅混后升至 360℃,由一次钠泵吸入至堆芯。

    CEFR 堆芯由 81 盒燃料组件、3 盒补偿棒组件、2 盒调节棒组件、3 盒安全棒组件、337 盒四种形式的反射层组件、230 盒屏蔽组件以及 56 个乏燃料贮存位置组成。5 个控制棒组件作为第一套停堆系统,它们的落棒时间为 1.5s;3 个安全棒组件为第二套停堆系统,落棒时间为 0.7s。燃料组件为对边 59mm 的六角形,每盒组件由 61 根外径为 6mm 的元件棒组成,每根元件棒绕有直径为 0.95mm 的绕丝(作径向定位),采用不锈钢作包壳,包壳壁厚为 0.3mm。组件上部为操作头,下部既作为支撑又作为周向钠流入口的管状基座,如图 6-15 所示。

    二回路为两条环路,二次钠进入中间热交换器时温度为 310℃,出口时温度为 495℃,经每条环路的过热器和蒸汽发生器,将 190℃的三回路水加热、蒸发并升温到 480℃、14MPa 的过热蒸汽。两环路的过热蒸汽汇合进入汽轮-发电机组。钠冷快中子增殖堆核电系统如图 6-16 所示。

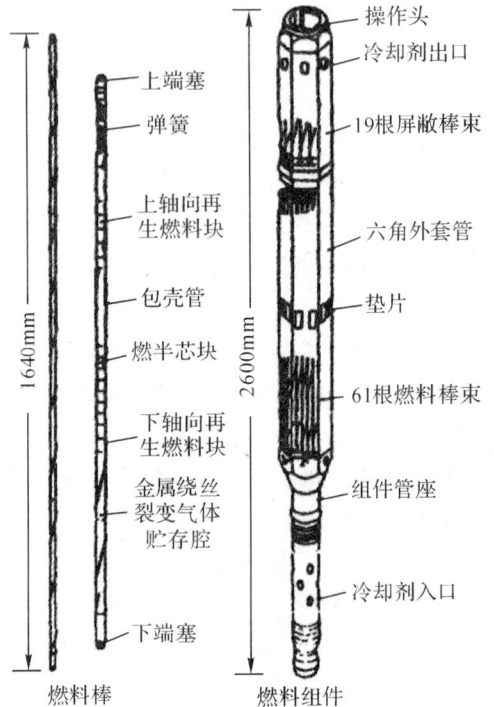

图 6-15 快堆燃料棒及组件

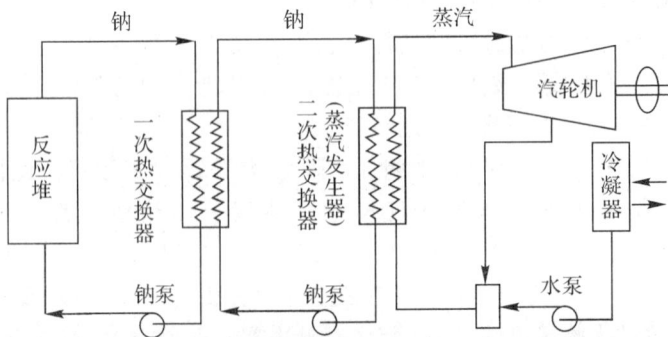

图 6-16 钠冷快中子增殖堆核电系统

钠冷快堆采用停堆换料方式,换料在 250℃ 左右的高温钠池内进行,采用移动臂将燃料组件取出,通过倾斜通道将乏燃料输送到贮存池,经衰变后送后处理工厂。CEFR 采用双旋塞直拉式燃料操作系统进行堆内燃料操作,通过堆容器上的固定出入口运输新、乏燃料组件。在堆芯外围的屏蔽层中进行乏燃料组件的初级贮存。乏燃料组件经过两个运行周期的衰变后才从一次钠中取出,清洗后放入保存水池中贮存。中国实验快堆(CEFR)的主要设计参数见表 6-2,放射性释放限值见表 6-3。

表 6-2　中国实验快堆(CEFR)主要设计参数

名称	参数
热功率(MW_t)	65
净电功率(MW_e)	25
厂址面积(km^2)	133.3
全厂建筑面积(m^2)	43731
首炉 UO_2(富集度 64.4%)装量(kg)	236.6
UO_2(富集度 36%)装量(kg)	92.33
燃料	$(Pu,U)O_2$
冷却剂	钠
堆芯高度(cm)	45
堆芯等效直径(cm)	60
最大中子通量($n/(cm^2 \cdot s)$)	3.7×10^{15}
最大功密度($kW \cdot d/m^3$)	756
堆芯入/出口温度(℃)	360/530
一回路钠装量(t)	260
二回路钠装量(t)	48.2
一回路钠总流量(kg/s)	369
二回路钠总流量(kg/s)	274
三回路蒸汽温度(℃)	480
三回路蒸汽压强(MPa)	14
三回路蒸汽流量(t/h)	96.2
设计寿命(年)	30
堆平均运行时间(换料间隔)(EFPD)	80

表 6-3　CEFR 周围公众个人最大剂量当量限值

工况	GB 6249—1986	CEFR 限值
正常运行(mSv/年)	0.25	0.05
设计基准事故(mSv/次)	5	0.5
超设计事故(mSv/次)	100	5

中国实验快堆的主泵、蒸汽发生器、控制棒驱动机构等由于缺乏必要的经验和数据,设备从俄罗斯进口,其余约70%的设备实现了国产化设计和制造。经过实验快堆工程的拉动,国内已经建立起相应的制造加工能力和制造工艺,基本形成了配套的快堆设备供应链。

继实验快堆建成后,我国从2011年开始进行示范快堆(CFR600)的研发,并在此基础上,计划于2025年左右能够建成1000MW级大型实验快堆并进行推广。表6-4所示为中国示范快堆(CFR600)的主要技术参数。

表6-4 中国示范快堆(CFR600)的主要技术参数

项目名称	参数
热功率(MW_t)	1500
电功率(MW_e)	600
热效率	40%
燃料	MOX燃料
设计最大比燃耗(MW·d/t)	100000
增殖比	>1.1
冷却剂	钠-钠-水
电厂寿期(年)	40
堆芯(燃料组件内、中、外三区布置):	
高度(mm)	1000
燃料棒最大线功率设计限值(kW/m)	43
控制棒吸收材料	碳化硼(B_4C)
控制棒总根数(根)	31(3根非能动安全棒)
一回路参数:	
反应堆入口处钠温(℃)	358
反应堆出口处钠温(℃)	540
回路中钠流量(kg/s)	7144
反应堆气腔压强(MPa)	0.15
环路数	2
二回路参数:	
蒸汽发生器入口钠温(℃)	505
蒸汽发生器出口钠温(℃)	308
钠流量(kg/s)	5962
环路数	2

项目名称	参数
三回路参数：	
蒸汽发生器入口给水温度(℃)	210
蒸汽发生器出口蒸汽温度(℃)	485
过热蒸汽产量(t/h)	2278.8
蒸汽发生器出口蒸汽压强(MPa)	14
非能动事故余热排出系统(主容器内)：	
通道数量×换热功率(MW)	4×12
总设计功率(MW)	48(3.2%额定功率)
堆芯熔化概率	$<10^{-6}$
严重事故下大量放射性物质释放至环境的频率	$<10^{-7}$

　　除了钠冷快堆外,还有用氦气冷却的气冷快堆和用液态铅或铅-铋合金冷却的铅冷快堆。气冷快堆如图 6 - 17 所示,以高温气冷堆为技术基础,氦气出口温度 850℃,进口温度 490℃,压强 9MPa,采用直接循环氦气涡轮发电机发电。铅冷快堆如图 6 - 18 所示,反应堆采用金属或氮基化合物燃料,具有封闭的燃料循环系统,通过自然对流进行冷却,反应堆冷却剂出口温度 550℃,采用高性能材料时可以达到 800℃。

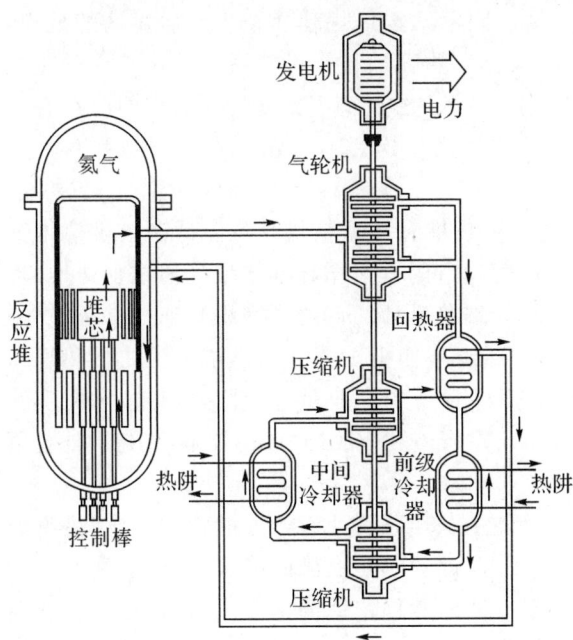

图 6-17　气冷快堆

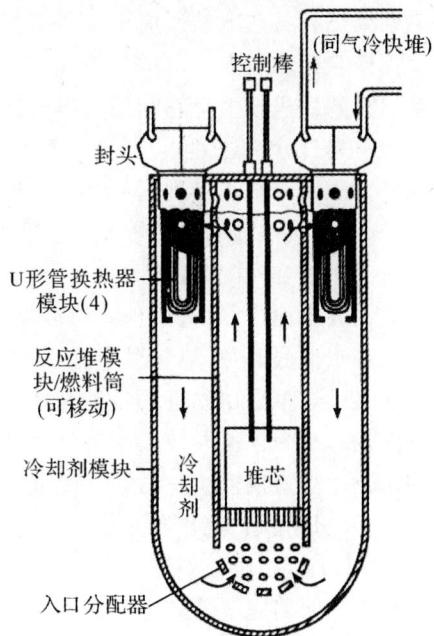

图 6-18　铅冷快堆

6.5　池式供热堆核供热厂

以燃烧化石燃料为主的一次能源结构存在着运输和环境污染等问题。在能源消耗中，供热用能占有较大比重。核能用于城市集中供热也是非常合适的，因为集中供热需要给大容量的低温循环水加热，而核反应堆及其系统可以设计成在较低的温度下工作，不仅安全性好，而且造价也低得多。低温供热反应堆比其他城市供热能源，特别是比煤供热要清洁，没有煤尘排放物的污染，也没有煤及灰渣的大量运输问题。

在正常情况下，核电站排放的气体放射性比烟尘中夹带的放射性还要低。以核能代替油、煤供热，每年可替代油 17 万吨或燃煤 35 万吨，同时不排放烟尘、硫化物等有害气体，我国自主开发的低温供热堆由于其良好的非能动安全特性和低温低压的运行参数，可以靠近热负荷中心建设。所以这种低温供热反应堆可以建在城市或居民集中的区域内。它本身占地很小，也没有水源及铁路运输等要求。另外，由于反应堆供热的经济性与反应堆的单堆功率关系很大，较大容量时核供热站的成本比投资及供热成本都较低，所以核能供热适合于有较大热网的城市集中供热系统，成为可代替石油、煤或天然气供热的一种较为理想的能源。

核能供热主要有以下三种方式：①城市集中供热专用低温供热堆。这种堆的压强为 1～2MPa，可以输出 100℃左右的热水供城市应用。由于反应堆工作参数低，安全性好，有可能建造在城市近郊。②核热电站。它和普通热电站原理相似，只是用核反应堆代替矿物燃料锅炉。核热电站反应堆工作参数高，必须按照电站选址规程建在远离居民区的地点，从而使它的发展在一定的程度上受到限制。③化学热管远程核供热系统。这是一种正在被研究的先进技术。它利用高温气冷堆产生的 900℃左右的高温热源，进行可逆反应，并在常温下通过管道送到用户，在再生（甲烷化）装置中产生逆反应放出化学热，供用户应用。这种方法可将核热送到远处供大片地区使用。

目前，按照核能供热堆型，可以采用低温核供热堆和高温核供热堆。低温核供热堆又可分为压水堆（堆芯装在压力壳内，如苏联和西德建造的自然循环沸水堆）、池式加热堆（堆芯装在大水池内，池壁由预应力混凝土壳构成，如瑞典设计的低压压水堆）、池式常压堆（堆芯设在水池底部，水池是埋在地下的常压开放式结构，如中国清华大学游泳池式供热堆）；高温核供热堆采用先进的核能技术，在核电方面已发展到商业示范阶段，供热技术在实验阶段，如 1988 年中国核工业总公司等五个单位与重庆市利用美国、西德技术，兴建中外合资的示范性小规模模块式高温气冷堆。

200MW 核供热堆若全供汽，可提供 300t/h 左右、压强为 1.5MPa 的饱和蒸汽（供汽温度 197℃）。为确保热网不受放射性物质的污染，设置了中间换热回路，将带放射性的一回路与用户回路完全隔离。中间回路的压力高于一回路和用户回路的压力，这样在主换热器发生破裂事故时，放射性的一回路冷却剂不会进入中间回路，用户用汽也不会受到放射性污染。其系统设计如图 6 - 19 所示。

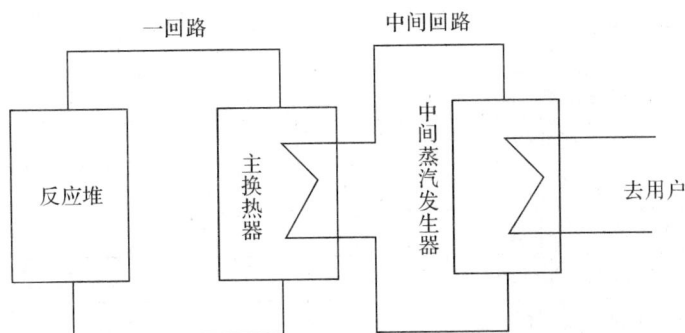

图 6-19　200MW 核供热堆工业供汽系统

池式供热堆是工作在常压、低温条件下的一种轻水反应堆,以输出热能为主要目的。作为一种供热的热源,需要将这种核供热站建在城市或居民区附近,在安全上有更高和更严格的要求。长期的研究表明,池式供热堆即使在发生重大失水事故时,反应堆依靠池水的蒸发仍可维持 26 天的冷却时间,而不致使堆芯裸露,因此可以安全地过渡到停堆状态,同时较深的池水是最好的辐射屏蔽层。DPR-3 型 200MW 级深水池供热堆系统如图 6-20 所示,一回路由 6 个并联环路组成,水池表面与大气相通,大气作为一个无穷大空间的稳压器,主热交换器选用板式热交换器,两侧的冷热流体逆向流动,二次侧流体的冷却水出口温度高于一次侧流体的出口水温,主要设计参数见表 6-5。

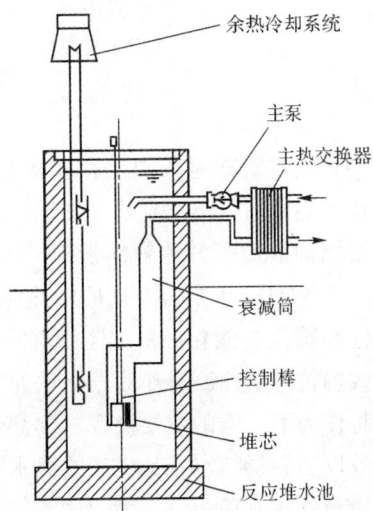

图 6-20　200MW 级池式供热堆系统

表 6-5　DPR-3 型 200MW 级池式供热堆主要参数

名称	参数
热功率(MW_t)	200
水池内径(m)	8
水池深度(m)	21
燃料组件(盒)	249
组件内元件棒(根)	60
元件棒外径(mm)	10
燃料部分高度(mm)	1500
棒栅距(mm)	12.5
池顶水面压强(MPa)	0.1
堆芯进/出口水温(℃)	70/100

续表

名称	参数
一次水总流量(t/h)	5710
一次热交换器(台)	6
一回路泵(台)	6
二回路进/出口水温(℃)	65/95
二次水总流量(t/h)	5705
二次热交换器(台)	6
二回路泵(台)	6
热网供水温度(℃)	90
热网回水温度(℃)	60
热网水流量(t/h)	5700

淡水资源是人类生存和社会发展的基本保障,核能海水淡化工程主要包括一座 10MW 核供热堆(NHR-10)及其辅助系统、一座采用高温多效蒸馏(MED)工艺的海水淡化厂和备用燃油锅炉等其他辅助设施。上述所有装置均坐落在同一厂址内。

NHR-10 作为淡化厂的热源,通过主回路→中间回路→蒸汽供应回路输出 105～135℃ 饱和蒸汽。淡化厂采用竖管塔式布置的高温多效蒸馏(MED)工艺,共 28 效。新蒸汽在第一效内被海水冷凝后作为给水返回蒸汽发生器。海水被加热并部分蒸发成二次蒸汽,这些蒸汽将作为下一效的主要热源去加热蒸发海水。如此蒸发-冷凝过程一直重复至最后一效。第二效以后的凝结水就是生产的淡水,再经硬度调整,添加人体需要的微量元素及终端检验后输送至饮用水管网。其简化的流程如图 6-21 所示。该示范厂主要设计参数见表 6-6。

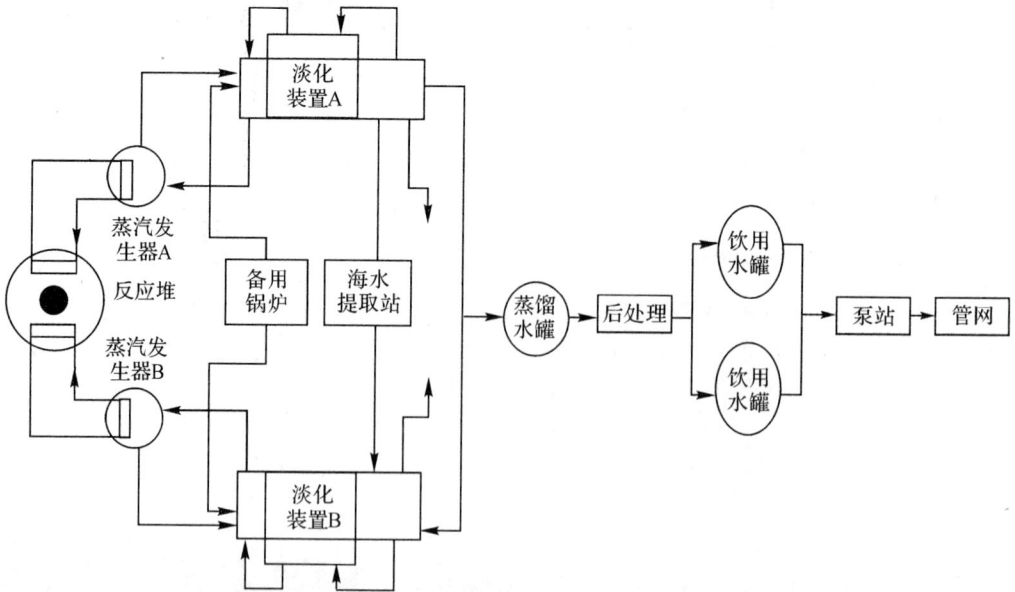

图 6-21 NHR-10 海水淡化厂流程

表 6 - 6　核能海水淡化厂主要设计参数

名称	参数
反应堆热功率(MWₜ)	10
主回路系统压强(MPa)	2.5
主回路系统温度(堆芯入/出口)(℃)	180/210
中间回路压强(MPa)	3.0
中间回路温度(蒸汽发生器出/入口)(℃)	130/180
蒸汽回路温度(饱和蒸汽)(℃)	130
蒸汽回路流量(kg/s)	4.37
海水淡化厂产水容量(m³/d)	8000
海水淡化厂工艺	高温 MED(竖管)
效数	28
海水温度(℃)	25
流量(t/h)	680

　　图 6 - 22 所示是 NHR-10 供热堆本体结构,系统压力由容器内上部自稳压空间的氮分压和蒸汽分压维持。冷却剂流经堆芯吸收热量后,经水力提升段进入主换热器,将所载热量传给中间回路水,然后再通过蒸汽发生器向淡化厂提供新蒸汽。其主要特点如下:①一体化布置,大大降低冷却剂压力边界泄漏率;②自稳压设计,利用蒸汽分压原理及渗入非凝结气体实现各种功率下自稳压运行,省去了复杂的需要加热和喷淋调节的稳压器;③全功率自然循环冷却,无主循环泵,不需要外部动力,简化主回路系统,增加运行的安全性和可

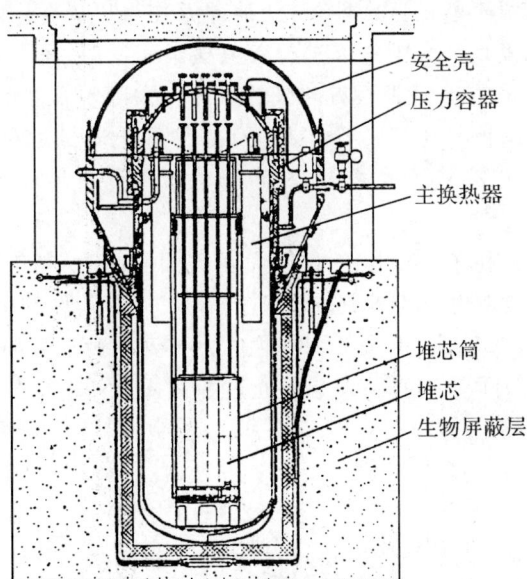

图 6 - 22　NHR-10 供热堆本体结构

靠性；④非能动安全系统，余热排出系统为自然循环冷却，不需要外电源；⑤控制棒动压水力驱动，简化堆体结构，排除了弹棒事故，是一种安全、经济、先进的新型驱动方式；⑥冷却剂不含硼溶液，可保证在全寿期内，具有负的慢化剂温度系数，确保堆功率的自保护和自稳定的能力，并且简化了系统，减少了腐蚀，有利于运行安全和退役处理；⑦纵深设防，多重屏障，防止放射性物质外漏；⑧先进的控制、保护系统，操作简便，对任何设计基准事故，保护逻辑只自动触发简单的动作，不需要操纵员干预；⑨运行参数低，设计裕度大，在瞬态和事故工况下参数变化平稳。

为避免生产的淡水受到放射性物质的污染及提高淡水供应的保证率，可采取下述技术措施：①在反应堆与淡化厂之间设置 3 道实体隔离屏障；②中间回路运行压力高于反应堆冷却剂系统压力，以此形成又一道压力屏障，防止放射性水外漏；③中间回路及蒸汽供应系统均设置放射性监测及隔离措施；④中间回路、蒸汽回路和淡化系统均为双列设置，以提高可运行性；⑤选择合适的耦合参数，以提高效率并防止结垢；⑥反应堆和淡化厂均设计成具有良好的自调性；⑦设置备用燃油锅炉，保障淡水供应。

6.6　受控热核聚变反应堆

6.6.1　热核聚变反应

自然界的恒星在宇宙中一直进行着不停歇的聚变反应，向太空发出巨大的光和热。所谓核聚变反应，就是由两个或两个以上轻原子核结合生成较重的原子核的核反应。人们将在高温条件下进行的核聚变反应称为热核聚变反应。

太阳提供给地球源源不断的巨大能量，使地球万物得以生存，太阳能量产生的秘密在 1939 年就被人们认识和发现。太阳每天进行着氢核聚变反应，每天有 50 亿吨的氢发生聚变反应，相当于每秒钟爆炸 900 亿颗百万吨级的氢弹。太阳中发生的聚变反应是 4 个氢核聚合成 1 个氦核，放出 2 个正电子、2 个中微子（一种静止质量远小于电子的中性基本粒子）、2~3 个光子并释放出 26MeV 的能量，相当于每个核子平均放出 6.5MeV 的能量。这个能量是十分巨大的。

第一个人工核聚变实验于 20 世纪 30 年代在英国剑桥大学的卡文迪什实验室进行。1952 年这种由原子弹爆炸产生高温高压来达到氘-氚聚变的条件的不受控人工热核聚变反应被研发制成氢弹，并于 1952 年 11 月 1 日在西太平洋艾尼威托克岛上试爆成功。此后，人们开始研究能否将这种瞬间释放的巨大能量通过控制手段可控、持续地释放出来，为人类造福，实现其更大的利用价值。

氘的核聚变反应的总方程是：

$$6\,{}_{1}^{2}\mathrm{H} \rightarrow 2\,{}_{2}^{4}\mathrm{He} + 2\,{}_{1}^{1}\mathrm{p} + 2\,{}_{0}^{1}\mathrm{n} + 43.24\mathrm{MeV}$$

6 个氘核聚变放出 43.24MeV 的能量，相当于每个核子平均放出 3.6MeV 的能量，与核裂变相比高 4 倍，铀-235 的核裂变平均每个核子放出 0.85MeV 的能量，所以核聚变比核裂变放出的能量大得多。

海水中大约每 6700 个氢原子中有一个氘原子,海水中氘的总量有大约 45 万亿吨,每升海水中含有 30mg 的氘,这些氘发生聚变所释放的能量相当于 300L 汽油燃烧所放出的能量,即一升海水"燃烧"的能量等于 300L 汽油,所以核聚变可以说是一种存量相当巨大的新能源。与受控核裂变反应发电相比,受控核聚变反应发电具有下述优点:

(1)热核反应以海水中的氘为燃料,可供人类应用 50 亿年;

(2)热核反应的燃料便宜,可使发电成本大为降低;

(3)热核反应不会发生反应堆失控事故,也没有裂变产物污染环境的问题;

(4)有可能实现能量直接转换,将热效率提高到 90% 左右,热污染大大减少。

使聚变能可控、持续地释放,是目前能源研究的一个重大课题。在研究受控热核聚变反应过程中,人们发现了实现热核反应的基本条件,研究出磁约束、惯性约束等方法来约束高温等离子体,1950 年提出了托卡马克反应堆,并在 1968 年苏联的托卡马克堆 T-3 上获得了非常好的等离子体参数,1985—1990 年期间在美国的 TFTR、欧洲的 JET、日本的 JT-60、苏联的 T-15 上都也先后使等离子体参数达到了接近可控聚变堆的水平。1991 年 11 月 9 日,JET 首次获得了 17MW 的受控聚变能;1993 年 TFTR 利用氘-氚等离子体燃烧获得了 10MW 的聚变能。

起初各国的研究都是分头秘密进行的,随着研究进展的深入,人们意识到核聚变研究工程巨大,认识到合作的重要性,在 1958 年日内瓦召开的国际原子能大会上通过了开展国际合作交流的决定。1986 年,由美国总统里根和苏联共产党总书记戈尔巴乔夫倡议提出了在国际原子能机构(IAEA)框架下进行国际热核聚变实验堆(ITER)计划。1987 年开始该计划的工程设计,在推进过程中克服了政治上和设计上的各种困难,2003 年中国正式加入成为研究伙伴成员,在 ITER 的选址(日本还是法国)问题上争议了 5～6 年后,2005 年 6 月最终商定,于 2006 年开始在法国动工建造,预计在 2030 年后或者 21 世纪中叶能实现聚变能源的商用化。

6.6.2   受控核聚变的发生条件

核聚变是由两种聚变材料的原子核(轻核)在一定条件下发生碰撞,聚合成一个较重的核,并伴有质量亏损,从而释放出巨大的能量。由于原子核都带正电,"同性相斥"原理使得两个原子核很难碰撞在一起,这是核聚变难以发生的根本原因。

核聚变反应发生的基本条件是:劳逊判据、能量得失相当判据和自持燃烧条件。或者说,实现受控热核反应的两个基本条件是温度和等离子体密度及约束时间。如果是氘-氚聚变反应,具体用数据来讲即氘、氚等离子体的温度要足够高——加热到 1×10^8 K 以上,等离子体的粒子密度与能量约束时间的乘积要足够大——$(2～4) \times 10^{14}$ cm^{-3} · s 以上。

如图 6-23 所示,为了使聚变反应得以发生,要克服静电斥力,就要使原子核的运动速度提高到每秒几千到一万公里,使原子具有极高的平均平动动能,也就是必须具有几千万甚至上亿摄氏度的高温,这个温度远高于太阳表面温度(约 6000K)和太阳中心温度(约 1.3×10^7 K)。所以要得到自持的聚变反应,必须将温度升高到临界点火温度(聚变释能速率等于辐射损失速率的反应温度)以上。

对于氘-氚反应,临界点火温度为 4.4×10^7 K,反应堆最低运行温度为 1×10^8 K 度左右;

对于纯氘反应,临界点火温度约为 2×10^8 K,反应堆的运行温度约为 5×10^8 K。在如此高的温度和运动动能下,所有核聚变材料已经成为带正电的原子核和带负电的自由电子组成的高度电离的气体,称为等离子体。

加热等离子体的方法主要有:①使用大电流加热的欧姆加热法;②向等离子体中射入波能量加热的波加热法(具体又可分为电子回旋共振加热、离子回旋共振加热、射频波加热、低混杂波加热和阿尔文波加热等);③将高能中性原子注入等离子体中进行加热的中性束注入加热法。

如果已经具备了这么高的温度,还要将这些超高温、超高速的原子核约束在一起才能发生反应,所以还需要研究出一种既耐高温又能绝热的"容器"以便将它们装起来,才能让它们碰撞发生核聚变。

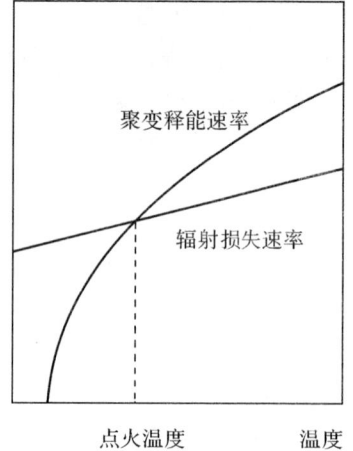

图 6-23 聚变点火温度的确定

目前可以采用外加磁场的磁约束法和依靠惯性使之快速发生聚变的惯性约束法两种方法。从核聚变角度来看,等离子体的粒子密度最好达到 $10^{14} \sim 10^{16}$ 个/cm³。在氘-氚反应温度下,这时的等离子体压强达到 1.37MPa(14kg/cm²),这是约束等离子体的容器所能承受的最高压强。如果等离子体的粒子密度达到 10^{14} 个/cm³,约束时间需要大于 1s,如果是 10^{16} 个/cm³,约束时间需要大于 0.01s。

表 6-7　受控核聚变的条件

反应类型	最低温度 （K）	粒子密度 n_i （个/cm³）	最小约束时间 τ_E （s）	劳逊乘积 $n_i \tau_E$ （s·个/cm³）
氘-氚反应	1×10^8	$10^{14} \sim 10^{16}$	$0.01 \sim 1$	10^{14}
氘-氚反应	5×10^8	$0.2 \times (10^{14} \sim 10^{16})$	$5 \sim 500$	10^{16}

目前,世界上正在探索的一条途径是利用等离子体产生热核反应,同时也在研究利用激光的方法产生热核反应。

6.6.3　托卡马克反应堆和国际热核聚变实验堆(ITER)

托卡马克(tokamak)是一种利用磁约束来实现受控核聚变的环形容器。它的名字 tokamak 来源于环形(toroidal)、真空室(kamera)、磁(magnit)、线圈(kotushka)(见图 6-24)。

托卡马克堆是 1950 年由苏联科学家萨哈罗夫和塔姆提出的,托卡马克的俄文原意为"载电流的环形捕集室",中文译为"环流器",就是用强大的电流在极短时间内向气态氘放电,使气态氘离子化,分离成带正电和带负电的粒子(即等离子

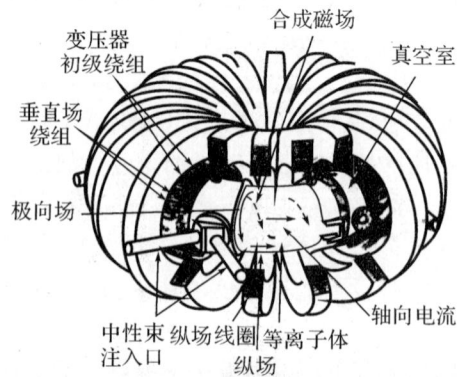

图 6-24　托卡马克核心结构

体),同时又使其温度提高到几千万摄氏度,由此而产生核聚变。

目前全世界有大大小小几十个这种型式的托卡马克聚变实验堆正在工作中,等离子体电流超过1兆安(MA)的较大型的如 JET(由欧共体建在英国的"欧洲联合环")、TFTR(美国)、JT-60(日本)、T-15(俄罗斯)、Tore Supra(法国)、DIII-D(美国),如表6-8所示。

表6-8　各国的聚变堆参数

名称	国家或地区	小半径(m)	拉长度	大半径(m)	等离子体电流(MA)	输入功率(MW)	时间
JET	欧共体	1.2	1.7	2.96	7.0	35	1983-06
TFTR	美国	0.85	1.0	2.5	2.5	30	1982-12
JT-60	日本	0.9	1.0	3.0	3.2	30	1985-04
T-15	俄罗斯	0.7	1.0	2.4	2.0		1988-12
Tore Supra	法国	0.7	1.0	2.4	1.7	23	1988-04
DIII-D	美国	0.67	2.0	1.67	3.5	16	1966-02

由于等离子体的粒子带电,强大的磁场能使它箍缩起来使用,托卡马克系统就是利用环形磁场——磁约束法来达到这一目的的。如果能够利用某些金属在低温下的超导性,则可使磁场保持恒定而不衰减。目前,离子温度已达到 1×10^{7} K,约束时间 0.02s,粒子密度 6.5×10^{14} 个/cm³,劳逊乘积 $n_i\tau_E$ 1.3×10^{13} s·个/cm³。但是,如何产生所需的高温是人们一直需要解决的问题。对于磁约束装置除了托卡马克外,还有磁镜、反向场箍缩、皱褶环、天体器、仿星器、会切环、拓扑器、表面磁约束器、直线角向箍缩器和环形角向箍缩器等。

1986年,在美国普林斯顿大学的 TFTR 实验装置上成功进行了 20keV 的启动放电实验,这个能量已经超过了聚变堆需要的"点火"要求。1991年11月,在英国卡拉姆的 JET 装置上成功进行了首次氘氚等离子体聚变反应,反应持续 1.3s。

1975年,中国的第一台小型托卡马克 CT-6 由中科院物理所投入运行,1984年,建成一台中型的受控核聚变实验装置——中国环流器1号(HL-1),1992年又改进为中国环流器新1号(HL-1M),进行了多发靶丸注入、高功率辅助加热以及高功率非感应电流驱动下的等离子体研究。2002年成都核工业西南物理研究院建成了中国环流器2号 A(HL-2A)。

中科院合肥等离子体物理研究所将苏联的一台超导托卡马克装置改装成超导磁体托卡马克装置(HT-7),并于2003年宣布在 HT-7 上达到最高温度超过 5×10^{7} K,等离子体放电时间达到 63.95s。在此基础上,中科院合肥等离子体物理研究所自行设计研制建成了具有偏滤器的大型非圆截面全超导磁体托卡马克装置(HT-7U),2003年10月正式改名为 EAST(experiment advanced superconducting tokamak,先进实验超导托卡马克)。EAST是我国自行设计研制的国际首个全超导托卡马克装置,其大、小半径分别是 ITER 的 1/3 和 1/4,环形管的大环半径 1.95m、管的半径 0.5m,等离子体中心磁场强度 3.5T,等离子体电流 1~1.5MA,脉冲长度 1000s。它是 ITER 之前国际上最重要的稳态偏滤器托卡马克物理实验基地。

图6-25是中国的核聚变实验装置 EAST。EAST 装置的主机部分高 11m,直径 8m,

重 400t,由超高真空室、纵场线圈、极向场线圈、内外冷屏、外真空杜瓦、支撑系统等六大部件组成。其实验运行需要有大规模低温氦制冷、大型高功率脉冲电源及其回路、大型超导体测试、大型计算机控制和数据采集处理、兆瓦级低杂波电流驱动和射频波加热、大型超高真空以及多种先进诊断测量等系统支撑,主要用来探索实现聚变能源的工程、物理问题。

图 6-25　中国的全超导非圆截面托卡马克
实验装置 EAST ——"人造太阳"

目前,中国政府和磁约束专家又开始中国聚变工程实践堆(CFETR)的设计工作,其技术指标超过 ITER,计划于 2020 年开建,并计划 2050 年左右建成第一座核聚变电站。

国际热核聚变实验堆(ITER)即自持受控核聚变的托卡马克聚变试验堆,由美国、俄罗斯、欧盟、日本、韩国和中国等共同开发。与 ITER 相比,前期各国的研究装置都属于小型实验装置。

ITER 是世界上第一座聚变试验反应堆,建立在 TFTR、JET、JT-60 和 T-15 等前期研究基础上,ITER 要把上亿摄氏度、由氘氚组成的高温等离子体约束在体积达 837m³ 的"磁笼"中,产生 500MW 的聚变功率,持续时间达 500s,达到氘、氚燃料点火和实现持续稳定的核聚变的目标。ITER 的结构如图 6-26 所示。

ITER 的主要技术难点是:如何使等离子体温度能上升到上亿摄氏度,如何设计出一个高效稳定的"磁笼"——用磁约束技术把氘原子核和氚原子核局限在一个小区域内并以足够的密度互相碰撞,以及如何提高"磁笼"约束等离子体能量的能力并解决加料、排废、避免杂质、中子带出能量到包层、产氚返送以及由于聚变反应产生大量带电氦原子核对等离子体的影响等一系列运行问题。

ITER 国际合作计划是于 1986 年由当时的美国总统里根和苏联共产党总书记戈尔巴乔夫倡议的,经过了 1987—1990 年的概念设计阶段(conceptual design activity,CDA)、

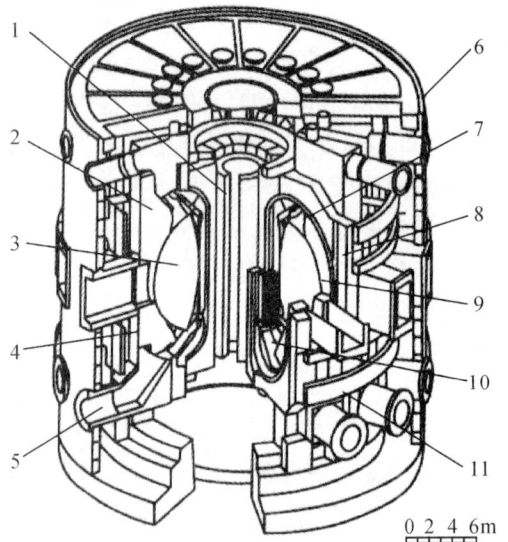

1:中心支撑圆筒体　2:屏蔽层　3:等离子体环
4:真空室　5:等离子体室抽气口　6:低温室
7:主动控制线圈　8:环向场线圈　9:第一壁
10:偏滤器板　11:极向场线圈

图 6-26　国际热核聚变实验堆(ITER)结构

1991—1996 年的工程设计阶段(engineering design activity，EDA)，前期花费了 10 亿美元，初期的设计造价非常高，仅建造费就需要 100 亿美元,1997—1999 年又花费了 20 亿美元对 ITER 进行了修改设计,缩小了尺寸及采用 H 模定标,使建造费用减少了一半,新的设计称为 ITER-FEAT,习惯上仍称其为 ITER。其设计过程如图 6-27 所示,包括物理参数设计(如堆芯等离子体计算、抽充气系统及偏滤器设计、包层设计、加热及驱动功率设计、装置的结构设计等)、工程设计(如确定装置的几何尺寸后进行 CAD 设计、三维可视化显示、检验装配程序等)和系统评估(如全过程仿真模拟、环境和经济指标评估等)。

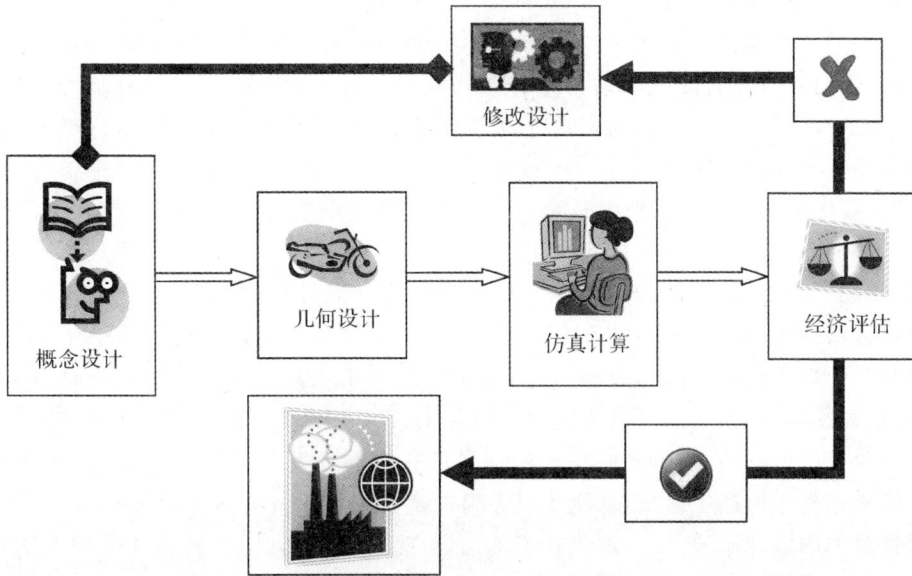

图 6-27 ITER 聚变堆的设计过程

ITER 是一个大型托卡马克装置,环形管的大环半径 6.2m、管的半径 2.0m,等离子体中心磁场强度 5.3T,等离子体电流 15MA,重复脉冲大于 500s,加热及驱动电流总功率 73MW,总聚变功率 500MW,能量增益(聚变功率/加热功率)大于 10,若运行电流达到 17MA,则总聚变功率达到 700MW。托卡马克装置主要包括等离子体磁约束系统(包括环向场线圈、中央极向场线圈和极向场线圈)、燃料循环系统(环形真空室中的等离子体聚变燃料的加料和清除杂质)、等离子体加热系统(包括欧姆加热和波加热或中性粒子束加热)、等离子体监测系统(测量粒子密度、电流、温度、位置、形状、杂质含量等)、真空系统(保持等离子体的纯度)、制冷系统(超导线圈处于低温状态以便正常工作)和冷却系统(发热部件的冷却)等。

该工程计划造价 50 亿美元,原计划于 2004 年建成,2040 年建成示范性聚变核电厂,后来由于资金等多种原因于 20 世纪末处于停顿状态。ITER 后又计划在 2003 年重新启动,但在选址上产生分歧,美、韩、日主张建在日本,中、俄和欧盟则希望建在法国,2005 年 6 月 28 日,各国达成协议,确定法国南部城市马赛附近的卡达拉舍为国际热核聚变实验堆的建造地,工程总造价 46 亿美元。中国于 2003 年 2 月 18 日加入 ITER 计划,承担其中 18 个设备的制造,占整个 ITER 工件量的 9%,并享有全部知识产权。

实验堆 ITER 预期在 2025 年产生第一束等离子体,计划在 2050 年之前或是 2060 年发电。其运行周期初定为 30 年,头十年需外供氚,第二个十年氚自给,后十年进行物理改进和工程实验。ITER 的最终目标是建成商用堆 ARIES-ST、ARIES-RS。

ITER 是核聚变发展历史上的一座重要里程碑,它与商用堆的差别主要在于中子壁负荷。一般商用堆的中子壁负荷为 $3\sim5MW/m^2$,其辐射损伤<100dpa。在托卡马克堆中产生的高能粒子轰击到器壁(钨材料)会导致钨材料的结构发生变化,原子发生错位或者产生缺陷。材料学中用原子平均离位(displacement per atom,DPA)来衡量材料辐照损伤,它表示晶格上发生错位的原子比例。ITER 的中子壁负荷为 $0.5MW/m^2$,低于目前的裂变反应堆,在 14MeV 下的辐射损伤只有 3DPA,可用不锈钢作结构材料,所以在聚变堆走向商用化的道路上,还需要研究新的抗辐射钢作为结构材料。此外,核聚变反应堆的研究也将引领超导材料与磁体、微波技术、超高真空与壁面清洗、第一壁材料及低活化结构材料、遥控技术与设备等技术领域的发展。

以氘、氚各半作为燃料的托卡马克型聚变反应堆发电系统如图 6-28 所示。高温等离子体在环形管的中心部分进行热核反应。在高温等离子体外面,设置壁厚 $1\sim2cm$ 的真空室,它的作用是使等离子体包容在应有的真空度下,并同外层结构隔离。尽管高温等离子体受到强磁场的约束不会直接和真空室壁相撞,但是核反应所产生的快速中子、等离子体辐射以及其他粒子将首先撞击真空室壁。因此,用来构成真空室壁的材料应具有耐高温、抗辐照、耐腐蚀等性能,目前可供选择的材料有钼、铌、钒以及不锈钢等。在真空室的外面,紧紧地围着一层熔解的锂层,吸收中子的能量使自己的温度升至 1100℃ 左右,并通过中子与锂核的相互作用而产生氚核,从而使氚燃料的消耗得到补充。中子储存在锂层中的能量可以用管道中的液钾循环带出,这些管道就铺设在锂层中。管中沸腾的液钾所产生的钾蒸气将用来推动涡轮发电机发电。使用后的钾蒸气温度仍然相当高,可以用水-钾热交换器产生水蒸气,再用常规汽轮发电机发电。从技术上看,除了液钾循环之外,利用氦气或液态锂的循环也是可行的。

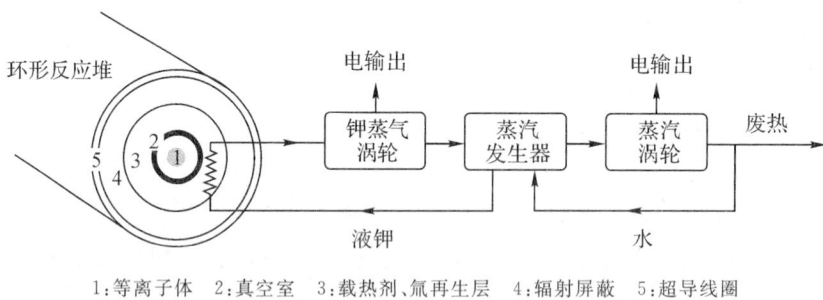

1:等离子体　2:真空室　3:载热剂、氚再生层　4:辐射屏蔽　5:超导线圈
图 6-28　托卡马克聚变反应堆发电系统

6.6.4　惯性约束核聚变——激光热核反应

惯性约束核聚变(inertial confinement fusion,ICF),又称激光核聚变,由苏联科学家巴索夫和我国科学家王淦昌于 20 世纪 60 年代各自独立提出。它是利用高功率的激光束或粒子束集成一个极小的热斑,聚变材料制成的微型靶丸置于该处被均匀加热,在极短的时间

内达到极高的温度($3\times10^7\sim5\times10^7$K)和极大的密度(初始密度的 1000 倍),在其分散远离以前迅速达到聚变反应条件,通过球形内爆和内爆过程的聚心效应(等离子体自身的惯性),使聚变材料的压力再增加几万倍,达到聚变反应条件,从而引发周围聚变材料的核聚变。氢弹实际上就是一个惯性约束核聚变。激光技术的产生使得在极短的时间内向聚变燃料中输入大量能量以产生极高温度成为可能。

如图 6-29 所示,用多路大功率脉冲激光束从多个方向同时射入并聚焦照射由氘-氚制成的直径约为 1mm 的靶丸,加入 1×10^6J 的能量,靶丸表面被瞬间加热到 1×10^8K 后电离蒸发形成一层等离子体,继续吸收能量的靶丸在内层形成的高温等离子体向外喷射,产生的反冲力使靶丸中心区的氘-氚燃料受到猛烈挤压,形成高达 $10^{25}\sim10^{26}$个/cm³的粒子密度,这样就把靶丸中心加热到聚变温度,在靶丸燃料散失前发生微型核聚变,产生聚变能和中子。在空腔周围设置 1m 厚的液态锂层,以吸收中子生成氚,对聚变燃料进行补充,并将聚变能载带出聚变堆,通过热交换器用常规方法进行发电。一个 100 万千瓦的聚变发电装置,需要每秒爆炸 100 个氘-氚靶丸。

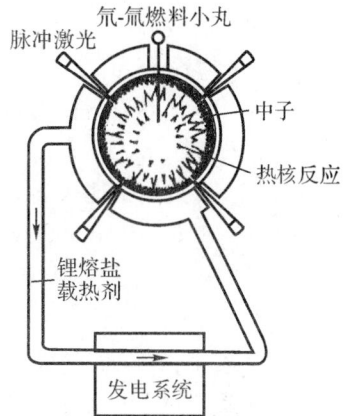

图 6-29　激光聚变发电系统

激光核聚变的关键设备是大功率脉冲激光器。表 6-9 是目前世界上用于研究激光核聚变的主要固体激光器。

表 6-9　世界上用于研究激光核聚变的主要固体激光器

实验室	名称	束的数目	驱动器能量/脉冲宽度	激光波长 离子射程(μm)
美国劳伦斯·利弗莫尔国家实验室	Nova	10	40kJ/1ns	0.35
美国劳伦斯·利弗莫尔国家实验室	NIF	192	1800kJ/(3~5)ns	0.35
美国罗切斯特大学	Omega	60	30kJ	0.35
日本大阪大学	Gekko XII	12	15kJ/1ns	0.35
法国美里尔	Phebus	2	14kJ/2.5ns	0.53
法国美里尔	LMJ	288	≈1800kJ	0.35
英国卢瑟福·阿普尔顿实验室	Vulcan	8	3kJ/1ns	0.53
中国高功率激光联合实验室	SG II	6	3kJ/(0.1~2)ns	0.35

目前激光器的连续输出功率已达 200kW,脉冲输出功率达 2.5×10^{10}kW,不过离引发核聚变所需的功率仍有一定的距离。2009 年 5 月,世界上最大的激光聚变装置——"国家点火装置(NIF)"在美国加利福尼亚州北部的劳伦斯·利弗莫尔国家实验室落成,它由美国能源部下属国家核安全管理局投资,从 1997 年开始建设,总共耗资约 35 亿美元。国家点火装置(NIF)可以把 2000kJ 的能量通过 192 条激光束聚焦到一个很小的点上,从而产生类似恒星和巨大行星的内核以及核爆炸时的温度和压力。这个装置的目的是:①模拟核爆炸,

研究核武器的性能情况;②模拟超新星、黑洞边界、恒星和巨大行星内核的环境,进行科学试验;③制造类似太阳内部的可控氢核聚变反应,最终用来生产可持续的清洁能源。

除了激光聚变外,各国又发展出了电子束聚变、轻离子束聚变、重离子束聚变、爆炸箔方法等。气体 KrF 准分子激光研制也在积极开展。KrF 准分子激光具有波长短(248nm)、频带宽(3THz)、效率高、可重复频率运行、能量与价格之比高等优点。美国海军实验室(NRL)建起了 5kJ/4ns 的 Nike KrF 激光装置,英国卢瑟福·阿普尔顿实验室有 2kJ/50ns 的 Titania 装置等。

1992 年,日本投资把英国卢瑟福·阿普尔顿实验室的有关装置改建成世界上最大的脉冲负 μ 介子源,开展以负 μ 介子连续催化聚变为代表的常温核聚变研究。

1989 年,美国犹他大学的化学家斯坦利·庞斯(S. Pons)和英国南安普顿大学的马丁·弗莱希曼(M. Fleischmann)宣布利用钯铂电极电解重水发现常温试管核聚变。2002 年 3 月 8 日的《科学》杂志报道:美国橡树岭国家实验室和俄罗斯科学院的科学家实现了氘的"气泡核聚变"——在相当于三个咖啡杯大小的小烧杯里用氘化丙酮液体通过施加中子脉冲作用使其产生微型气泡,在超声波的作用下气泡不断扩大,气泡膨胀到一定大小发生爆裂,产生了几千摄氏度的高温和局部高压,并发生持续 10^{-12}s 的冲击波、闪光和能量释放。不过上述实验的真实性受到了很多质疑。

6.7　驱动型次临界洁净核能系统

在核裂变能利用的发展进程中,提高铀资源的利用率、减少核废料的产生以及安全处置核电站运行过程中产生的乏燃料和高放射性废料,是实现能源可持续发展的重要保证。一座 100 万千瓦的压水堆核电站,每年卸出的乏燃料中,可循环利用的铀-235 和铀-238 约有 23.75t,钚约 200kg,中短寿命的裂变产物约 1000kg,次锕系核素(minor actinides,MA)约 20kg,长寿命裂变产物(long-lived fission product,LLFP)约 30kg。通常这些裂变产物和次锕系核素不再被回收,因此称为核废料。乏燃料中具有潜在长期危害性的物质是次锕系核素(MA)和长寿命裂变产物(LLFP),需要经过几万甚至几十万年的衰变后其放射性水平才能降到天然铀矿的水平。

目前,核燃料循环主要有三种:开式循环(一次通过)、闭式循环(分离铀、钚再循环利用,MOX 燃料)、分离-嬗变(partition-transmutation,P-T)闭式循环。前期的核电系统基本上都采用了低成本、处置简单的开式循环,目前新的核电技术开始采用闭式循环,发展后处理及铀钚混合氧化物(MOX)燃料技术。20 世纪 90 年代提出了更为先进和环保的核废料处置策略——P-T 战略,即在闭式循环后处理分离基础上,利用核嬗变反应将长寿命、高放射性核素转化为中短寿命、低放射性甚至是稳定的无放射性核素。目前该技术还处于研究和完善阶段。

根据 2020 年我国核电装机容量为 40GW(运行)和 18GW(在建)的发展目标,预计我国乏燃料累积存量到 2020 年将达到 6000~10000t。如果 2030 年的核电装机容量达到 80~100GW,则届时乏燃料累积存量将达到 20000~25000t,其中含钚为 160~200t,含次锕系核素(MA)为 16～20t,含长寿命裂变产物(LLFP)为 24～30t。这些核废料寿命长、放射性强,长期积累下来将成为环境长期的危险和危害因素,这是一个世界性难题,也是影响公众对核能接受度的关键问题之一。

驱动型次临界反应堆是快中子增殖堆发展旅程中的一个十分有前景的方向,它通过外源中子(聚变中子源、高能质子散裂中子源或特殊设计的裂变中子源)来驱动次临界包层系统,使次临界包层系统维持链式反应以释放能量,同时利用多余的中子增殖储量丰富但不易发生裂变的铀-238 和钍-232 等核材料和嬗变核电站运行中产生的核废料(乏燃料)。

由于次临界反应堆的有效增殖系数<1,由自身裂变产生的中子数不够,反应堆无法自我维持核反应的正常进行,需要由外源驱动加速器或聚变反应堆提供运行所需要的中子。当外源中子停止时,反应堆的裂变反应将无法持续,杜绝了核临界事故的可能性,其系统具有固有的安全性,可以减少系统的工程安全设施以及对运行操作人员的依赖。

6.7.1　加速器驱动次临界洁净核能系统(ADS)

加速器驱动次临界洁净核能系统(accelerator driven sub-critical system,ADS),或者简称为驱动堆,是由质子加速器驱动一个次临界系统组成,即将质子射入散裂靶以产生中子,由中子驱动次临界系统的运行。

加速器驱动次临界洁净核能系统(ADS)由中能强流质子加速器、外源中子产生靶和次临界反应堆构成,这是一种高效的核废物嬗变器(或焚烧炉)。其基本原理为:由加速器产生的高能质子束流轰击设在次临界堆中的重金属靶核(铅、钨、铀、钍等重靶,如液态 Pb 或 Pb-Bi 合金),一些中子被轰击出来,在核反应中称为"散裂反应"。散裂反应与裂变反应的不同在于散裂反应将一个原子核打裂为多块(如三块、四块等),散裂过程中产生中子、质子、介子等,它不释放高能量,并且散裂过程中产生的中子在相邻的靶核上通过核反应可以继续产生中子,所以一个质子引起的散裂反应可产生 20～30 个中子。用散裂过程中产生的中子作为中子源来驱动次临界包层系统,使次临界包层系统维持链式反应以释放能量,同时利用多余的中子增殖核材料和嬗变核废物。

由于 ADS 是通过加速器产生的高能质子轰击靶材,用靶材散裂反应产生的中子来维持反应堆内的裂变反应,因此可以通过控制质子流强来精确地控制中子产额,从而很方便地控制反应堆的运行,克服了快堆固有的控制困难的缺点,保留了快堆的很多优点,是快堆的一个很有发展前景的运行模式。

驱动堆(ADS)的优点有:

(1)可以使储量大但不易裂变的铀-238 和钍-232 高效转化为易裂变的钚-239 和铀-233,通过钚-239 和铀-233 的裂变产生能量,由此可以极大降低燃料成本,提高核资源的利用率;

(2)ADS 驱动源加速器输出的功率为 10MW 左右,而被驱动的次临界反应堆可输出的热功率达 1000MW 或更高,所以又可以称为能量放大器;

(3)在 ADS 的不同中子能量场中,可嬗变危害环境的长寿命核废物(次锕系核素及某些裂变产物)为短寿命的核废物,以降低放射性废物的储量及其毒性,这是解决大量放射性废物、降低深埋储藏风险的有效手段;

（4）ADS 由于本身具有嬗变能力，其产生的长寿命放射性超铀核素的水平低于常规核电站，因此在产能过程中产生的核废物很少，是一种清洁的核能，它也不会产生武器级的核材料，具有防核扩散能力；

（5）ADS 是一个次临界反应堆，其有效增值系数小于 1（$K_{eff}=0.98$），无法像普通核反应堆一样自持运行，其运行所需要的外源中子由驱动加速器输出的质子束的散裂反应提供，当外源中子停止时，反应堆的裂变反应将不能持续，所以从根本上杜绝了核临界事故的可能性，这一固有的安全特性减少了对工程安全设施和操作人员人为干预的依赖；

（6）ADS 的发电成本远低于常规煤电、气电和核电。

早在 20 世纪 50—60 年代就有人提出过将加速器引入核能体系的想法，80 年代末到 90 年代初，随着加速器技术水平不断提高，质子加速器驱动的散裂中子源逐渐进入了实用视野。意大利帕维亚大学教授、1984 年诺贝尔物理学奖获得者卡罗·鲁比亚（Carlo Rubbia）从高能粒子探测器得到启发，如果将较少的能量的加速器和中子源产生的中能粒子注入一个次临界反应堆装置中，促使核反应发生，产生出较多的能量用来发电，只要装置设计合理，可使"附加的能量"放大到具有实用价值，可以成为一种新型的核能系统，鲁比亚称此装置为"能量放大器（energy amplifier，EA）"。图 6-30 即为鲁比亚设计的驱动堆核能发电系统。

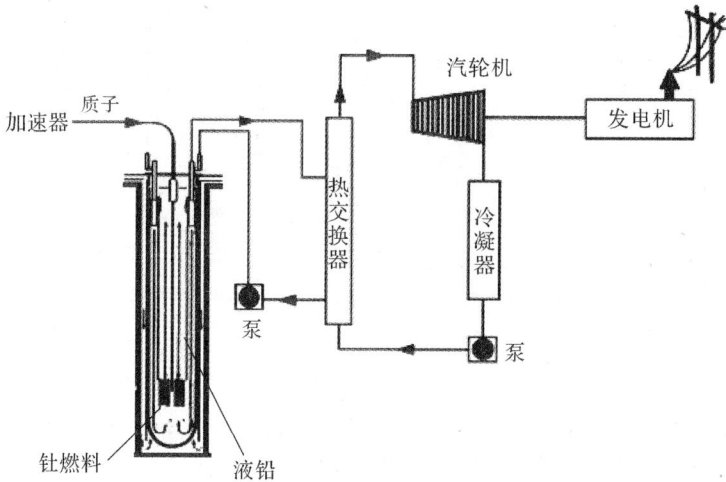

图 6-30　驱动堆（ADS）核能发电系统

现代加速器技术有可能建造能量为 1GeV、流强超过 15mA 的质子加速器。用于散裂中子源的加速器可以采用回旋加速器和直线加速器。前者的优点是技术简单、结构紧凑；后者的特点是可以提供 30～50mA 的高流强，可以直接使用现有的许多加速器的预注入器。研究发现，作为驱动的质子束功率需要超过 10MW，质子能量在 0.8～1.7GeV 时可以有较高的中子产额。

核反应产生的能量与驱动所需的能量之比称为能量放大比例 G，G 与中子的有效增殖系数 K_{eff} 有关：

$$G = \frac{\text{producing energy}}{\text{cost energy}} = \frac{E_f \eta}{E_s} \cdot \frac{N}{N_s} = \frac{G_0}{1 - K_{eff}} \tag{6-1}$$

式中：N 是中子数；N_s 是散裂中子数；E_f 是由单个中子引发裂变释放的核能；η 是中子利用率；E_s 是散裂中子所消耗的能量；令 $\eta E_f / E_s = G_0$，即单个中子引发的平均裂变释能与生产外源中子所消耗的能量之比。

例如当 $K_{eff} = 0.98$，每 100 个中子中，由裂变反应产生的中子是 98 个，无法维持反应，需要外界中子源提供 2 个中子以达到临界、维持核反应，每个外源中子需要消耗 30MeV 的能量，并且 100 个中子中约 40% 的中子发生裂变核反应，其余 60% 的中子被俘获或泄漏，每个裂变反应产生平均 200MeV 的能量，因此就有

$$G_0 = 200 \times 0.4/30 = 2.667, \qquad G = 2.667/(1 - 0.98) = 133.33,$$

即能量放大比例为 133.3。

ADS 原理提出后引起核能界的极大兴趣，逐渐成为国际研究热点，并为此召开了一系列国际会议，美国、日本、欧洲等各主要工业国家都开展了这方面的研究。欧盟联合 40 多家大学和研究所等机构，利用现有核设施开展多项实验研究，如 MUSE 计划进行 ADS 中子学研究、MEGAPIE 计划开展 MW 级液态 Pb-Bi 冷却的散裂靶研究、MAX 计划为 MYRRHA 的加速器装置的设计提供实验与模拟数据、MYRRHA 计划在 2023 年左右建成由加速器驱动的铅-铋合金（Pb-Bi）冷却快中子次临界系统、FRERA 计划完成 ADS 系统在线反应性监测方法的实验验证等。俄罗斯从 20 世纪 90 年代开始 ADS 研发工作，内容包括 ADS 相关核参数的实验、理论研究与软件开发、模拟试验装置的优化设计、1GeV/30mA 质子直线加速器研制和先进核燃料循环的理论与实验研究等。国际部分 ADS 装置的设计参数如表 6-10 所示。

表 6-10   国际部分 ADS 装置的设计参数

项目		加速器功率（MW）	K_{eff}	堆功率（MW）	中子通量 n/(cm² · s)	靶	燃料
欧盟	MYRRHA	2.4(600MeV/4mA)	0.955	85	10^{15}	铅-铋	MOX
	AGATE	6(600MeV/10mA)	0.95~0.97	100	快，~10^{15}	钨	MOX
	EFIT	16(800MeV/20mA)	~0.97	数百	快，~10^{15}	铅(无窗)	MA
俄罗斯	INR	0.15(500MeV/10mA)	0.95~0.97	5	快	钨	MA/MOX
	NWB	3(380MeV/10mA)	0.95~0.98	100	快，$10^{14\sim15}$	铅-铋	UO_2/UN U/MA/Zr
	CSMSR	10(1GeV/10mA)	0.95	800	中间 5×10^{15}	铅-铋	Np/Pu/MA 熔盐
日本	JAERI-ADS	27(1.5GeV/18mA)	0.97	800	快	铅-铋	MA/Pu/ZrN
韩国	HYPER	15(1GeV/10~16mA)	0.98	1000	快	铅-铋	MA/Pu

1995 年,在中国核工业总公司的支持下,中国成立了 ADS 概念研究组,开展以 ADS 系统物理可行性和次临界堆芯物理特性为重点的研究工作,研究组分别于 1999 和 2007 年两次得到"973 计划"的支持,目前处于基础研究和关键部件预研阶段。

ADS 启明星 1 号由中国原子能科学研究院自行设计、加工和安装,是国际上第一个快-热耦合的 ADS 次临界反应堆实验平台。ADS 启明星 1 号次临界实验平台的活性区由快区和热区组成,快区采用天然金属铀元件,共 264 根元件插在铝格架内,热区采用 UO_2 低浓铀元件,元件数根据实验确定为 2046 根,插在聚乙烯内组成,其 K_{eff} 为 0.97~0.98;靶区在活性区的中心,放置中子源;位于活性区外面的反射层为厚度大于 150mm 的聚乙烯;在反射层的侧面装有中子探测器导管,用于放置中子探测器;在反射层外面是屏蔽层区,材料为厚 180mm 的含硼聚乙烯,外形为圆形;最外面用 4mm 厚的不锈钢作外壳。

ADS 启明星 1 号的主要任务是:①外推实验,确定次临界度;②研究 ADS 次临界系统有效增殖因子 K_{eff} 实时测量和监督的方法;③宏观检验相关核数据和校核中子学计算程序;④开展 ADS 次临界系统中子学研究(外中子源对次临界反应堆的影响);⑤开展长寿命核素嬗变实验和研究等。

质子束在散裂靶中存在散热问题,卡罗·鲁比亚最先提出了三束理论:采用三个散裂靶源,为了散热方便,靶主要由液态合金(如 Pb-Bi 合金)组成,束流窗口为球形,散裂靶产生的热量主要由窗口和散裂区域排除,同时在束流窗口的上方有一个打孔的平板,可以产生一定的流阻,引导液体流向窗口,产生更好的散热效果。

三束理论主要是为了均衡能量分布而设计的,通过减小进入靶源的质子功率来降低热量。如一个热功率为 $1500MW_t$ 的池式反应堆,不采用一个 12MW 的散裂靶源,而是采用三个自循环散热、功率为 4MW 的散裂靶源。目前中国的散裂中子源设计中,也采用了均束器的设计思想,使加速器输出的质子束按空间均匀分散。

ADS 系统的开发涉及强流质子加速器、高功率靶,以及非均匀、有外源的次临界包层等多个领域的前沿技术,目前的目标是突破 ADS 关键技术,为建设 ADS 技术集成装置打好基础,在启明星 1 号研究的基础上,将建设原理验证装置启明星 2 号。设想于 2032 年在内蒙古鄂尔多斯建设具有 $1000MW_t$ 热功率的商业嬗变堆和一台 $1.5GeV \times 10mA$ 质子束的超导直线加速器,实现有 ADS 参与的先进的核燃料闭式循环。

ADS 系统在核废料嬗变方面具有独特的优势,在增殖和产能方面也有巨大的潜力,我国有望在 2022 年左右基本完成乏燃料循环利用验证以及 ADS 反应堆原理样机($10MW_t$)等的阶段性工作,引领国际核裂变能的创新发展,并在 2030 年左右实现工业级示范。

6.7.2 聚变驱动次临界洁净核能系统(FDS)

聚变驱动次临界洁净核能系统(fusion-driven sub-critical system,FDS),也称为聚变-裂变混合堆。裂变堆技术已经成熟,裂变部分主要在次临界裂变包层内实现,聚变部分采用托卡马克磁约束装置。聚变驱动次临界堆的组成包括等离子体聚变堆芯、排灰的偏滤器、次临界裂变包层、屏蔽包层以及约束等离子体和控制等离子体位形的环向场与极向磁场线圈等。

早在 20 世纪 50 年代初,就有人提出过聚变-裂变混合堆的概念。70 年代,美国和苏联各自开展了相关研究,并举行了联合研讨会,当时的目标主要是生产高纯度军用钚和处理核废料。80 年代,美国研究利用混合堆生产氢弹的原料氚,到 80 年代后期,出于核不扩散及停止核武器军备竞赛的考虑,美、苏提出停止聚变-裂变混合堆的研究,转而研究纯聚变堆。1998 年,美国又重启聚变-裂变混合堆研究,并把聚变中子源作为聚变能的近期利用研究方向,聚变中子源研究包括:燃烧核废料、生产核燃料、产氚及材料辐照研究等。俄罗斯、日本也一直进行聚变中子源驱动的废物嬗变堆的设计研究,与 ITER 研究同时开展。

中国的聚变-裂变混合堆研究始于 1980 年,由中国科学院等离子体物理研究所和核工业西南物理研究院率先开展概念设计研究,并结合"863"计划进行了详细概念设计。自 1990 年以来,中国科学院等离子体物理研究所和国内其他研究单位开始了利用聚变中子处理裂变电站中高放射性核废物的研究和与之相关的次临界洁净核能系统研究,取得了显著的成绩。

理论上有中子产生的聚变装置都可以作为驱动器,目前已经发现的主要聚变核反应有氘-氘聚变、氘-氚聚变、氘-氦 3 聚变和质子-硼 11 聚变:

氘-氘聚变反应: $^2D + ^2D \rightarrow ^3T + p + 4.04MeV$

$^2D + ^2D \rightarrow ^3He + n + 3.37MeV$

氘-氚聚变反应: $^2D + ^3T \rightarrow ^4He + n + 17.6MeV$

氘-氦 3 聚变反应: $^2D + ^3He \rightarrow ^4He + p + 18.14MeV$

质子-硼 11 聚变反应:$p + ^{11}B \rightarrow 3^4He + 18.67MeV$

实验显示,与其他轻核间的聚变反应截面相比,氘-氚间的聚变反应截面是最大的,并且氢及其同位素所带电荷数少,核之间的库仑排斥力也最小,所以相比较其他轻核聚变,氘-氚聚变是最容易实现的受控热核聚变反应。

在氘-氚聚变反应中,一次氘-氚聚变反应放出一个中子,根据动量守恒原理,若中子质量为 1,则氦核(α 粒子)的质量为 4,中子可以获得反应释放的能量 17.6MeV 中的 4/5,即 14.08MeV,所以氘-氚聚变反应放出的是快中子。如果提高聚变堆芯的设计功率,则单位时间发生的聚变反应次数增多,产出的中子数也会增多。

聚变堆芯的设计基于现有的托卡马克等离子体物理与技术基础,加以适度外推,其堆芯物理参数的设计水平介于国际热核聚变实验堆(ITER)与已有的大型实验装置之间,取聚变堆芯能量增益为 3(ITER 为 5～10 以上),平均中子壁负荷与 ITER 相当,约为 0.5MW/m²,一期主要以实现嬗变功能为目的,聚变功率为 150～200MW,远低于商用聚变堆所要求的参数水平,可在较低参数水平上实现聚变能的早期应用。

在聚变驱动次临界堆中,聚变堆芯外部包裹了裂变材料包层,是一个有效增殖系数小于 1($K_{eff}=0.85\sim0.95$)的次临界裂变堆,该包层可以根据需要设计成快中子或热中子增殖堆。由于包层处于次临界状态,系统内的中子数随时间逐渐减少,链式反应无法自持。堆芯聚变反应产生的中子有效补充了链式裂变反应不足部分的中子,与次临界堆裂变产生的中子一起参与核反应,共同维持了系统的持续运行。

可以说,聚变驱动次临界堆结合了氘-氚聚变反应富中子、贫能量和次临界裂变反应贫中子、富能量的特点,形成互补,同时由堆芯氘-氚聚变反应产生的高能中子和包层中分布的不同材料发生各种核反应:

(1)核聚变燃料氚增殖:快中子与锂反应产生聚变材料氚;

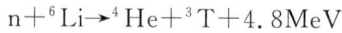

$$n+{}^6Li \rightarrow {}^4He+{}^3T+4.8MeV$$

$$n+{}^7Li \rightarrow {}^4He+{}^3T+n-2.5MeV$$

(2)核裂变燃料增殖:增殖不易裂变的可裂变材料铀-238 和钍-232 等高效转化为易裂变的钚-239 和铀-233;

(3)产生能量:通过钚-239 和铀-233 的裂变产生能量;

(4)LLMA(long live minor actinide elements)嬗变:处理核电站乏燃料中的长寿命、高放射性次锕系核素;

(5)LLFP(long life fission products)嬗变:处理核电站乏燃料中的长寿命、高放射性裂变产物,使之成为短寿命或稳定核素;

(6)钚处理:处理军用过剩钚及裂变电站乏燃料中的钚等;

(7)能量增益:上述各种反应中,除了氚增殖的两个反应中,Li-7 反应是吸热反应外,其余的各种核反应均为放热反应。整个聚变驱动次临界系统的能量增益 Q_t 可由下式计算:

$$Q_t = Q_p \times (0.2+0.8Q_b) \tag{6-2}$$

其中: Q_p 为聚变堆芯的能量增益,聚变功率与加热功率之比; Q_b 为包层的能量增益,与每次裂变释放能量 $E_{fission}$ (约为 200MeV)、聚变中子能量 E_{fusion} (为 14.08MeV)、每次裂变产生的中子数 ν (一般为 2~4 个)以及次临界系统的有效增殖系数 K_{eff} 有关:

$$Q_b = \frac{E_{fission}}{E_{fusion}} \cdot \frac{K_{eff}}{\nu(1-K_{eff})} \tag{6-3}$$

若聚变堆芯的能量增益 $Q_p=3$,有效增殖系数 $K_{eff}=0.9$, $\nu=3$,则整个聚变驱动次临界系统的能量增益 $Q_t \approx 100$ 。

在聚变驱动次临界堆的一期系统的概念设计中,根据材料中子学性能和包层中子学概念设计要求,设计了一个具有双冷却系统(高压氦气/液态锂-铅)的以长寿命核废料嬗变为主要目的的嬗变包层,最大功率密度控制在目前热工与水力设计可实现的范围内,参考裂变堆中快堆和压水堆的功率密度水平,一般取 100~500MW/m³,考虑到工程技术的实现难度,目前的包层设计方案中,要求某一区的平均功率密度≤100MW/m³。热工设计的主要约束条件是:

(1)氦气系统:最大压强≤10MPa,最大平均流速≤50m/s,入口温度≥250℃,出口温度≤480℃(考虑 RAFM 结构钢(低活化铁素体/马氏体钢)运行温度要求(≤550℃)和Li-Pb 系统的运行温度要求);

(2)液态锂-铅(Li-Pb)系统:入口温度≥250℃,出口温度≤480℃(考虑 Li-Pb 的熔点为235℃,以及它与 RAFM 钢相容性温度限制),接近常压运行。

中子学设计目标是: $K_{eff}<0.95$;最大功率密度<100MW/m³;氚增殖率>1.2;锕系元素和钚的装料量和年嬗变量基本持平;在满足上述要求的前提下,嬗变效率尽可能高。

目前,对于聚变中子源驱动的次临界清洁核能系统,基于一维简化的球模型,对双冷嬗变包层进行了中子学和热工水力学设计与计算,计算结果表明:在中子壁负荷为 1MW/m² 的条件下,利用以嬗变压水堆(PWR)的乏燃料为主体成分的多功能包层、Th-U 燃料循环、天然锂增殖氚保持自持,在聚变功率为 100MW 的情况下完全洁净核能动力系统可以实现;包层中的高放核废物(锕系元素和裂变产物)含量在 30 年后都大大降低,而可裂变材料铀-233则大量增加；在 30 年嬗变期间，如果不断加料，保持次临界系数一定，在锕系元素区和增殖可裂变材料区，功率密度变化均在可允许范围内；并且聚变驱动的洁净核能系统可获得 600～700MW 的电功率，因此，通过模拟计算可知一期方案是现实可行的。

6.8 钍基熔盐堆洁净核能系统

钍（$^{232}_{90}$Th）是一种放射性金属元素，灰色，质地柔软，以化合物的形式存在于矿物内（如独居石和钍石）。经过中子轰击，钍-232 可转变成铀-233，因此它是一种潜在的核燃料。钍所储藏的能量，比铀、煤、石油和其他燃料总和还要多许多，是一种极有前途的能源。

钍能作为一种新型核能，是可以取代目前的常规核能的，且储量十分丰富。钍相比铀而言更易于浓缩与提纯，不产生二氧化碳，因此是一种清洁能源；它可用于发电，不易于制造核武器，在发电过程中只产生相当于目前核电站 0.6％的放射性物质，用钍元素建造的发电站不必担心堆芯熔毁。1 吨钍可以提供相当于 200 吨铀或者 350 万吨煤所提供的能源。目前世界上已知的钍元素储量可以为世界提供至少 1 万年的能源支持。

钍的半衰期为 $1.39×10^{10}$ 年，因此地球上钍元素的蕴藏量十分巨大。世界各国已探明的独居石储量达几百万吨，澳大利亚、印度、巴西、马来西亚、南非、泰国、中国等国家是主要生产国，其独居石产量占世界独居石总产量的 90％以上。随着各国对钍矿勘探力度的加大，钍的探明储量也将不断增加，巴西、土耳其、加拿大、美国、印度、埃及和挪威是钍资源较多的国家，占世界已探明总资源量的 80％以上，其中巴西是最大的钍资源国，其资源量约占世界探明总资源量的 1/3，其次是土耳其（约占 20％）、加拿大（约占 10％）和美国（约占 9％）。中国也是钍资源大国，内蒙古白云鄂博矿区钍储量约为 22 万吨，占全国钍储量 28.6 万吨的 77.3％；包钢集团的生产中没有用到钍矿，致使钍大量留在尾矿中。包钢尾矿坝内的钍矿储量，截至 2010 年年底，约为 9 万吨。

印度是世界上考虑以钍替代传统核燃料铀和钚的少数几个国家之一，印度的钍蕴藏量约为 29 万吨，占全球钍资源蕴藏量的 1/4，而铀蕴藏量仅为 7 万吨。因此印度已经计划建造一座以钍为燃料的原型重水反应堆，为民用核能开辟一条新路，首座反应堆将于 2020 年投入使用。印度政府打算通过钍基核能系统的开发和大规模应用，使印度在 2050 年能够将核能在电力生产中所占比重从目前的 3.7％提高到 25％。此外，美国熔岩星资源公司也相信钍大有发展前途。该公司最近在美国收购了一家钍矿，希望成为未来钍矿市场的巨头。

钍和铀都是核燃料，但钍不能直接使用，它可以先通过核反应将其转换成铀-233 后再使用，所以称为钍-铀核燃料循环。

国际第四代反应堆核能系统研究的六种候选堆型是：钠冷快堆、气冷快堆、铅冷快堆、超高温气冷堆、超临界水堆和熔盐堆。因此，熔盐堆（molten salt reactor，MSR）是第四代反应堆核能系统的六种候选堆型之一，具有高温、高功率密度和可常压操作等优点。与目前的主流核电技术——第三代反应堆相比，第四代反应堆核能系统包括了核燃料加工技术、反应堆技术和核废料处理技术，其预定目标是具备核燃料长期稳定供应、核废物最小化、固有本征安全性、物理防核扩散和经济性等要求。

熔盐堆概念最早于 1947 年由美国橡树岭国家实验室提出,最初的概念堆型是液态燃料熔盐堆,经过数十年的发展,形成了液态燃料熔盐堆(MSR-LF)和固态燃料熔盐堆(MSR-SF)两种概念堆型。第一个实验装置 ARE(aircraft reactor experiment)于 1954 年由美国橡树岭国家实验室建成,热功率为 $2.5MW_t$,用于航空核动力的探索。后续的热功率为 $8MW_t$ 的液态燃料熔盐实验堆(MSRE)于 1965 年建成,为民用动力堆。20 世纪 70 年代,完成了 $2250MW_t$ 熔盐增殖堆(molten salt breeder reactor,MSBR)的设计,后来放弃了钍-铀燃料循环改成了钠冷快堆。

液态燃料熔盐堆中,将天然核燃料和可转化核燃料熔融于高温氟化盐中,氟化盐既作为核燃料的载体,同时也作为冷却剂,携带核燃料在反应堆内部和外部进行循环。液态燃料熔盐堆易于实现核燃料的增殖,也便于在线添料和后处理,可实现钍燃料完全利用。氟化盐冷却剂具有高热容量、高导热系数、高沸点和低蒸汽压等优点,一般为 LiF、BeF_2、NaF、KF、RbF、ZrF_4、$NaBF_4$ 中的两种或多种的共晶混合物,其中 $2LiF\text{-}BeF_2$ 的共晶混合物由于具有较好的中子吸收和慢化特性,被认为是一回路熔盐的首选目标。

固态燃料熔盐堆中,熔盐仅作为冷却剂使用,燃料使用铀基核燃料(UO_2、UC_xO_y、UC 等)或钍基核燃料用碳化硅密封、石墨包敷的颗粒(TRISO)形式,堆出口温度可以高于 700℃,可通过不停堆连续更换燃料颗粒,也可以在开环模式下实现钍燃料的部分利用。系统可以采用较成熟的非能动池式冷却技术、自然循环衰变热去除技术和布雷顿循环等现有技术,具有固有本征安全性、经济性、物理防核扩散、核燃料高效利用和近期商业化可行性高等特点。

熔盐堆最适合使用钍-铀核燃料循环,钍基熔盐堆就是使用钍-铀核燃料循环的熔盐堆,属于第四代反应堆核能系统。该系统有下列优点:

(1)核燃料长期稳定供应。我国的钍资源储量丰富,储藏量是铀资源的至少 3~4 倍,甚至 5~8 倍。钍是稀土资源的组成部分,如不加以利用,反而会造成低度的核辐射。

(2)具有固有本征安全性。熔盐堆工作在常压下,操作简单安全;可建在离地面 10m 以下,有利于防御恐怖破坏和战争的突然袭击;当熔盐堆内熔盐温度超过预定值时,设在底部的冷冻塞将自动熔化,携带核燃料的熔盐随即全部流入应急储存罐,终止核反应;携带核燃料的氟化盐冷却后成为固态盐,使得核燃料不易泄漏,也不会污染地下水造成生态灾害。

(3)核废物最小化。熔盐堆可以对核燃料和反应产物进行在线添加与在线(或邻堆离线)分离和处理,使得核燃料充分反应。理论上,其产生的核废料将仅为现有技术的千分之一。

(4)物理防核扩散。在传统反应堆所产生的核废料中,有大量可用于生产核武器的钚-239,因此存在核扩散的风险;而在钍-铀燃料循环中,核燃料钍-232 核反应产生铀-233 的同时还伴生杂质铀-232,因此只能用于产生核能,不适于生产核武器。

(5)经济性与灵活性。熔盐堆是小型模块化反应堆较为理想的堆型,封入一定的核燃料后就能长期稳定运行;熔盐堆是高温堆,适于用作制氢等各种混合能源。因此,有望形成小型化、分布式绿色核能系统。

欧盟于 2001 年起启动 MOST、ALISIA、SUMO、EVOL 等液态燃料熔盐堆研究项目,印度和日本也在积极推动液态燃料钍基熔盐堆的研究工作,韩国已经启动了固态燃料熔盐堆基础研究计划。法国提出的 MSFR(molten salt fast reactor)采用无石墨慢化、增加径向再生盐、利用快中子能谱等设计,增殖能力较大,具有大的负反馈系数,燃料循环模式简单。俄罗斯采用超铀元素作为燃料的 MOSART(molten salt advanced reactor transmuter)可实现轻水堆乏燃料的高效嬗变。其堆芯内部无任何固体构件,系统具有内在的动力学稳定性。日本的 Fuji-MSR 源于美国的 MSBR 设计,但额定功率较低,不需要在线燃料处理厂,堆芯剩余反应性较小,运行期间仅需添加少量的熔盐燃料,几乎可实现核燃料的自持循环。

美国橡树岭国家实验室、桑迪亚国家实验室和加州大学伯克利分校于 2001 年共同提出固态燃料熔盐堆概念,又可称为先进高温堆或氟盐冷却高温堆,使用氟盐冷却和包覆颗粒燃料技术,完成了棱柱形、棒状、球床式、板状燃料等四种设计。2011 年美国能源部启动以加州大学伯克利分校于 2009 年提出的 900MW 球床式 FHR 为基准设计的 FHR 项目集成研究计划。

我国目前正在自主研发钍基熔盐堆,2011 年 1 月,由中国科学研究院首先启动钍基熔盐堆核能系统(TMSR)战略性先导科技专项,2013 年 8 月 TMSR 项目列入国家能源重大应用技术研究及工程示范专项,拟解决熔盐堆物理和热工技术、先进高温耐辐射耐辐照材料技术、熔盐净化和回路技术、基于氟化盐的干法处理技术、基于钍基熔盐堆的核能综合利用等关键技术问题,计划用 20～30 年的时间,分三步走:第一步,建成 2MW 钍基熔盐实验堆并在零功率水平达到临界,学习并掌握已有技术、开展关键问题的研究;第二步,建成 10MW 钍基熔盐堆并达到临界,全面解决相关的科学和技术问题,达到该领域的国际领先水平;第三步,建成示范性 100MW 钍基熔盐堆核能系统并达到临界,解决相关的科学问题,发展和掌握所有相关的核心技术,实现小型模块化熔盐堆的产业化。最终研发出新一代具有全部自主知识产权的绿色核能系统,实现全面产业化。

第7章　核能的其他应用技术

利用核反应中原子核发出的或加速器产生的粒子和射线,与物质相互作用来研究和改造物质,是核技术应用的一个重要组成部分,也是当代最尖端的技术之一,在工业生产、农业生产、医疗卫生、食品加工、材料科学、航空航天、石油化工、环境保护等各个方面都有广泛的用途,具有巨大的社会效益和经济效益。

在核技术应用方面,从全球层面看,全世界辐射技术产业化已达到年产值数千亿美元的规模,有大型钴源辐照装置约 250 座,装源量 2.5 亿居里,用于辐照的加速器超过 1000 台,总功率 45MW,其中中国有 200 多台,总功率近 6000kW;辐射化工产品的年产值超过 1000 亿美元,用于集成电路的离子注入机 3000 多台,年产值 1470 亿美元;全球年辐照农产品的总量已超过 50 万吨,其中我国辐照农产品的总量近 20 万吨,约占全球总量的 1/3,对国民经济的贡献超过 180 亿元;70 个国家在 186 种植物上诱变新品种 2252 个,超过 2/3 的国家采用辐射不育技术对 200 多种害虫进行杀灭处理;全世界每年有 3 亿~4 亿人次接受放射性诊断和治疗,有核医学(PET)专用回旋加速器数百台;有 94 座生产同位素的反应堆,49 台同位素生产专用加速器,生产 3000 多种放射性同位素及其制品。利用 γ 射线或加速器产生的电子束、X 射线辐照被加工物体,使其品质和性能得到改善,应用日益广泛,100 多个国家利用核技术来改良粮食作物、经济作物和花卉苗木等,有 57 个国家批准 230 多种农产品和食品的辐照加工,核医学显像得到飞速发展,放射性同位素在月球探测、工业核测控、核分析、核无损检测、辐射加工、核示踪和资源勘探等领域得到广泛应用。

7.1　核分析技术

自从发现了放射性、原子核内部结构和人工核反应后,核能利用方面受到了大家的关注。人们首先建立起射线探测技术与放射性化学和医学技术,如镭和氡的放射性在医疗方面的应用等。从裂变的发现到第一颗原子弹的爆炸,最终形成了可控的链式核反应能量的大量应用,如发电、采暖或进行其他工业生产。在核能的开发和利用过程中,产生了放射化学、辐射化学、反应堆物理及技术、等离子体物理及聚变能的利用、加速器物理与技术、核辐射计量与保护等核科学研究领域,许多交叉学科应运而生,如核天体物理学、核固体物理与核材料科学、核生物学。各种核分析技术在地质、探矿、考古等各方面都有重要的应用。

核分析技术是利用物质的天然或人工放射性,使 α 射线、β 射线、γ 射线、中子、光子、离子和质子与物质原子和原子核相互作用,利用核物理技术测定元素的含量或研究物质分子和结构等,具有灵敏度高、无损检测、准确性好、多元素同时分析效率高、成本低、易于实现自动化等优点。常见的核分析方法有核物理分析、X 荧光分析、活化分析、离子束分析、核效应分析、核测井等。

核物理分析是根据样品本身产生的 α、β、γ 射线的能量和强度来确定其放射性元素的种类和含量,具有成本低、效率高等优点,是辐射领域中最常用的一种测试技术,在地质、环境、农业、考古和建材领域得到了应用。

X 荧光分析是用一定能量的 γ 射线、X 射线或带电粒子(电子、质子、α 粒子或其他离子)轰击样品,从样品原子中激发出特征 X 射线,用波谱仪或能谱仪测量这些特征射线的波长和能量,由此判定样品中各种元素的种类,再由特征射线的强度、电离截面和荧光产额等数据确定样品中元素的含量,可以测定原子序数 17~92 的各种元素。此法广泛用于环保、地矿勘探、生物、医学、材料、考古、天体化学和刑事侦察等领域,可以分析各类样品的常量、微量和痕量元素。仪器轻型、便携,测量速度快,不会破坏样品。例如,在对埋藏地下近 2500 年的春秋时代越王剑的研究过程中,复旦大学等单位利用了外束 PIXE 方法(一种 X 荧光分析技术)测试出了宝剑各部分的元素成分和含量;对于 1973 年发掘出来的包拯遗骨,中国科学研究院高能物理研究所利用同步辐射 X 射线荧光分析方法(SRXRF)进行了骨成分的分析,以判断包拯是因病而亡还是被权贵毒死的。

活化分析是一种高灵敏度、非破坏性的多元素分析技术,有中子活化分析、光子活化分析和带电粒子活化分析,利用中子照射样品,使待测的核元素发生核反应产生放射性核元素,测定其放射性活度、射线能谱和强度,根据活化反应截面、中子通量、射线能量和强度、半衰期等确定被测样品的元素成分和含量。此法主要用于测定物质内痕量杂质元素的平均浓度,应用于地质、冶金、工业、农业、医学、环境监测、天体化学和考古等领域。大气、土壤、水质和粉尘测试分析的最准确、有效的分析方法是以中子活化分析为代表的活化分析法。例如,利用中子活化分析研究不断生长的头发中的微量元素,可以进行法学、医学、营养学和环境学等方面的检测研究。

离子束分析技术有卢瑟福背散射、沟道效应、瞬发核反应分析及等离子束分析技术等,是固体表面研究的分析手段。例如,历史上有一个关于"耶稣裹尸布"的真伪之争。几个世纪以来受到大批教徒朝觐的、收藏于意大利都灵教堂里的一块圣布的真伪一直存在争议,人们动用红外线、紫外线、X 射线和显微镜等多种手段都未能辨其真假,直到离子束分析技术——加速器质谱学的发展才得以真相大白,经由美国亚利桑那大学、英国牛津大学和瑞士苏黎世工学院分别测定后发现这块圣布其实是一个赝品。加速器质谱分析是一种灵敏度很高的质谱分析方法,可以测定同位素比十分低的元素,能采用毫克重量样品进行分析,是考古学和地质年代断代的一种十分有效的手段。利用穆斯堡尔效应、正电子湮没、扰动角关联、核磁共振等各种核效应分析技术可以研究物质的微观结构。

核效应分析是一种现代检测手段,广泛应用于材料、环境、生命、能源、天体、地质和考古等领域。再如宇宙射线产生的放射性元素主要有 ^3_1H 和 $^{14}_6C$ 两种,25% 的天然 ^3_1H 是宇宙射线中的中子与 ^{14}N 反应的结果:$^{14}_7N + ^1_0n \rightarrow ^{12}_6C + ^3_1H$,75% 的 ^3_1H 是由宇宙射线中的高能粒子与大气中的原子核碰撞后产生的,^3_1H 进行 β 衰变的半衰期是 12.3 年,在雨中 ^3_1H 的浓度为每升 5.6~11.2Bq,水域中的浓度是每升 0.6Bq。$^{14}_6C$ 也是宇宙射线中的中子与 ^{14}N 反应的结果：$_7^{14}N + _0^1n \rightarrow _6^{14}C + _1^1p$，$_6^{14}C$ 进行 β 衰变的半衰期是 5730 年，这些反应都是在高空大气上层中进行的，所以大气中的 $_6^{14}C$ 含量基本恒定，$_6^{14}C$ 和 $_6^{12}C$ 的比例为 1.2：10^{12}。$_6^{14}C$ 与 $_6^{12}C$ 一样可以被氧化成 CO_2，如在动植物的新陈代谢中，CO_2 经过植物的光合作用进入植物体内，植物成为动物的食物后，经动物体内转化及呼吸或排泄而排出体外，人体内 $_6^{14}C$ 的平均浓度是 41.4Bq/kg，在活的生物体内 $_6^{14}C$ 和 $_6^{12}C$ 的比例是一定的，一旦生物体死亡，新陈代谢终止，$_6^{14}C$ 不能得到补充，只有不断地衰减，因此改变了 $_6^{14}C$ 和 $_6^{12}C$ 的比例。所以可以根据这一比例的改变情况推测生物体的死亡时间，这成为考古的依据之一。

核测井是利用粒子与地层中核元素发生相互作用或核反应，γ 射线和中子束被探测接收，经信息处理后可以得到地层的岩石、空隙度、密度和矿化度等物理特性。核测井有 γ 测井、中子测井、放射性同位素示踪测井和核磁测井等。在石油、天然气和煤炭资源的勘探中，核测井是目前唯一能在井下快速分析和确定岩石及空隙系流体中各种化学元素含量的有效方法，也是唯一能在套管中定量测定地层动态变化和评价地层的测井方法。在稀土材料、超导材料、半导体材料的生产过程和性能检测中，也离不开核分析技术。

7.2　核技术的各种应用

7.2.1　放射性勘探

放射性勘探是地球物理找矿的一种方法，以岩石或矿石在一定的几何空间造成的放射场的差异为基础，通过专门的核探测仪器测量放射性元素含量和射线强度，以达到寻找矿产资源和地质工程勘探的目的。

放射性勘探按测量对象的不同可分为 γ 测量和氡（Rn）及其子体测量。其中，γ 测量又分为航空 γ 测量、航空 γ 能谱测量、地面 γ 测量和地面 γ 能谱测量；Rn 及其子体测量又分为射气测量、α 径迹测量、α 卡测量、活性炭测量和 Po 法测量等。

自然界中除了成系列的铀、镭、钍等放射性元素外，还有不成系列的钾、铷等放射性元素，它们广泛分布于岩石、水和空气中。地球上任何一种岩石都含有一定数量的放射性元素，其含量在不同的岩石中不同，同一类岩石由于生成的时代不同，其放射性元素的含量也不同，如岩石中铀的重量含量是 $10^{-7}\%\sim10^{-4}\%$、钍的重量含量是 $10^{-7}\%\sim10^{-3}\%$、钾的重量含量是 0.03%～3.34%、镭的重量含量是 $10^{-11}\%\sim10^{-10}\%$、氡的重量含量是 $10^{-18}\%\sim10^{-16}\%$。通常水中也含有铀、镭、氡等放射性元素，包括海水、河水、湖水、山水等，含量变化较大，如水中镭含量是 $10^{-14}\sim10^{-9}$ g/L 量级，铀含量是 $10^{-8}\sim10^{-2}$ g/L 量级，氡的浓度为 $10^4\sim10^7$ Bq/m^3 量级。一般，海水中放射性元素的含量低于河水，湖水中的放射性元素含量较高，地下水中的放射性元素含量比地表水高，花岗岩区地下水中的放射性元素含量比沉积岩区的地下水高，流经铀矿床的水中的放射性元素含量往往是最高的。由于氡易溶于水，流经岩石破碎带的水往往含有较高的氡，因此如果镭含量正常，而氡浓度高达几万甚至几十万 Bq/m^3 的水，成为找矿的标志。水中的放射性元素含量比岩石低得多，因此用辐射仪在水面上测量 γ 射线强度是很困难的。

从岩石和水中放出的 ^{222}Rn、^{220}Rn、^{219}Rn 及其衰变产物和 ^{14}C 广泛分布于土壤和大气里,土壤里气体中的放射性元素含量比大气中高 1000 倍左右,土壤里气体中的氡浓度随地区、季节、气候等的不同而不同,还与地下岩石中的放射性元素含量、岩石结构、成分、温度、压力等因素有关。大气中的氡浓度及其衰变产物随高度的增加而减少,陆地大气的放射性元素含量比海洋大气中的高,近海大气又比远洋大气中的高。

地面 γ 测量是利用便携式辐射仪测量岩石或覆盖层上的 γ 射线照射量率,寻找 γ 异常点(带)和 γ 照射量率偏高的地段,以达到发现铀矿床的目的,是放射性勘探的主要方法之一,一般适用于各种地形、地貌和气候条件,适用于普查铀钍矿床、划分岩层地质界线、进行地质填图以及寻找一些与铀共生的金属和非金属矿床等。它的优点是速度快、效率高、成本低、方法简单、测量数据代表性强和找矿灵敏度高等,缺点是探测深度浅、仪器所测得的 γ 射线强度主要由镭组元素提供,会受铀、镭平衡破坏的影响,同时也会受到钍、钾等元素的干扰。

航空 γ 测量是将辐射仪安装在飞机上,在飞行过程中测量地面矿床引起的空中 γ 场,根据 γ 场分布的特点进行铀矿探查或解决其他地质问题。对航空 γ 场和磁测资料加以综合分析,可以普查金矿及其他贵金属矿、铁矿、多金属矿、稀有金属矿、稀土矿、石油、天然气等在成因上与放射性元素相关的矿产,也可以为划分地层构造、圈定岩体等提供依据。其优点是速度快、成本低,缺点是灵敏度低,受覆盖层、地形等影响大。

射气测量是利用射气仪器测量天然状况下土壤气体中的氡浓度,研究其分布规律,通过射气场异常晕圈来寻找铀矿体或解决有关地质问题,是寻找深部铀矿的主要方法之一。射气测量在找矿的各个阶段都可以运用,其优点是探测深度比 γ 测量大,一般探测深度为 5～8m,在有利条件下可达 10m 以上,同时射气测量在野外可定性地区分铀、钍,找矿灵敏度高,仪器可以反映较弱的射气浓度变化,但它的仪器装置比 γ 测量笨重、操作复杂、工作效率低,而且土壤中的射气场的影响因素很多,如大气压变化、雨水、冰冻、黏土层的存在等,对于射气场异常一般不做定量解释。

α 径迹测量是利用 α 径迹探测器记录氡的 α 粒子产生的径迹,一般的有机化合物、无机的矿物晶体都可以作为 α 径迹探测器的材料,如各种塑料薄膜、玻璃及云母应用最普遍。探测到的 α 径迹数(密度)可以用 300～500 倍的普通生物显微镜观察。α 径迹的来源是地下深部氡气向上迁移的结果,探测器上的 α 径迹密度与测点的氡浓度成正比,也与矿体的含量、规模、埋深、地质条件和地球化学性质等因素有关,所以可以通过 α 径迹密度来示踪氡从而找到铀矿,也可以用来找水、石油和解决其他地质问题。

7.2.2　工业核仪表

核探测技术的应用主要包括工业测控、无损监测、月球探测、资源勘探等领域,在工业中的应用主要是同位素工业测量仪器仪表、核探井以及 γ-CT 无损检测、辐射成像安全检查、环境污染监测等,对产品质量控制、生产过程控制、实现生产自动化、降低能源和资源消耗、保护环境都有重要的作用,现已广泛用于工业、农业、国防、资源开发、医学、环保及科学研究等领域,推动着社会生产力的发展。

工业核仪表一般由放射源、测量对象、辐射探测器和电子系统组成,如图 7-1 所示,其基本原理就是由探测系统得到的计数率、电平的输出信号求出辐射场内的介质厚度、质量和状况等参数。

核仪表具有非接触测量、无损检测、不易受环境条件限制和多参数测量等特点,广泛用于冶金、水泥、化工、造纸、食品、纺织等领域。具体有:

(1)利用物质对 γ 射线、X 射线、β 射线、中子流 n 等辐射的吸收、散射、慢化,监测物质的密度、厚度、料位、水位、重量等物理参数,有密度计、厚度计、水分计、核子秤(质量计)、料位计等。

(2)利用射线的能谱分析和测量技术分析物质的组成和含量,具体有 X 射线荧光分析仪、中子活化分析装置和能谱核测井技术。

(3)利用电离辐射(X 射线、γ 射源等)探测非透明材料或装置的缺陷或揭示内部结构的无损检测法,利用射线与物质相互作用的规律获得物质的二维或三维图像,具体有移动式 X 射线机、便携式 X 射线成像仪、γ 射线照相、工业用电子回旋加速器、中子照相、工业 CT(X 射线计算机断层摄影)等,如工业检测 X 光机,可以连接电脑进行图像处理,可检测各类工业元器件、电子元件、电路内部等。

(4)利用同位素产生的荷电离(粒)子使空气电离达到静电中和、报警和预防火灾的目的,具体有同位素静电消除器、离子感烟报警器、煤灰分仪等。

(5)利用核技术(X 射线、γ 射线、热中子、α 粒子、快中子等)产生的微剂量但具有很强穿透能力、特殊吸收或共振频谱的射线特性进行集装箱、车辆、轮胎、托运和随身行李等在线快速检查,直接形成扫描图像或进行多元素分辨,迅速查出违禁品、毒品和炸药等,用于进出口岸、机场、火车站、地铁站等的安检,防范和打击各类走私、犯罪和恐怖活动。目前,国际上已有的相关安检设备有通用 X 射线 γ 射线成像检查仪、安检 CT 机、X 光人体与行李包裹一体化安检系统、仿龙虾眼低能 X 射线聚焦成像仪、热中子检查仪、快中子检查仪、伴随粒子法快中子检查仪、快中子照相、γ 共振技术、核四共振技术(NQR)、车辆透视扫描技术等。

例如,中国已经研制成功的通过式^{60}Co双视角立体辐射成像技术,将射线透视技术与人眼仿生学相结合,实现了虚拟 3D 透视成像,可在线立体观测整列火车或载重集装箱车辆内的货物装载情况,已应用于海关口岸;针对大客体的低活度^{60}Co车辆快速通过式辐射成像技术,大规模应用于高速公路绿色通道检查;^{60}Co+X 光机多能段多模态组合式 DR/CT 成像技术,实现了高精度、高稳定性、体数据获取和 3D 显像,应用于关键工业部件的无损检测,可探查微米级的细微缺陷和长时期内 0.01% 的微小质量、厚度变化;基于^{241}Am、^{137}Cs、^{60}Co等同位素和 X 光机的厚度/板形测量技术,形成了适合各种不同板材轧制生产工艺的"高低端结合、冷热轧兼顾、厚度/板形具备"的成套测控技术,核测控精度可达 0.1%,尤其是多功能板形/凸度仪,突破了国外对大型高端工业核测控装备的垄断。

正电子湮没技术(positron annihilation technique,PAT)也是一项较新的无损、非破坏性的测量技术,它利用核物理技术产生正电子在凝聚物质中的湮没辐射带出物质内部的微观结构、电子动量分布及缺陷状态等信息,目前已经在固体物理、半导体物理、金属物理、原

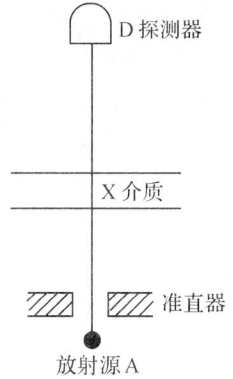

图 7-1 工业核仪表工作原理

D 探测器

X 介质

准直器

放射源A

子物理、表面物理、超导物理、生物学、化学和医学等诸多领域发挥重大的作用。尤其是在材料科学中,正电子对金属及合金、离子固体、半导体、聚合物分子材料等微观缺陷研究和相变研究正受到大家的重视。

下一步的重点发展方向是:开发乘用车 γ 射线成像安检技术、基于射线扫描的 3D 复印与 3D 打印原位检测技术、射线 3D 成像无损检测技术和先进工业在线测控技术等。

7.2.3 辐射加工

辐射加工技术是基于辐射作用下物质的物理、化学或生物性质发生暂时或永久性的变化。辐射物理过程涉及 α 射线、β 射线、γ 射线、X 射线、中子、加速电子、质子、氘核,以及核反应产生的原子、离子作用固体物质性质的变化,多数属于晶格特性的变化,如形成晶格缺陷,以及由于辐射引起的电离使介质的传导率发生变化等。辐射的化学过程主要以高分子材料合成与改性为重点,利用电离辐射作用于物质后引起的各种化学效应使其品质和性能得到改善或合成新产品。辐射的生物效应用于农业、食品加工、药物和医疗器械消毒等,主要是通过辐射使各类有机体的生命机能达到预期的变化。与常规方法相比,辐射加工技术具有节能环保的优点。

电离辐射作用于物质所产生的化学效应,能够用来实现辐射合成、辐射聚合、辐射接枝共聚、辐射交联改性、辐射降解等化学反应。辐射化工在材料改性、创新材料方面的作用越来越大,例如核辐射预硫化技术用于轮胎生产,可以降低原材料的用量、大大减少半成品在成型和硫化过程中的异化、减少固体废弃物处理量、减少有害硫化物污染、有效提高胶料强度和均一性、降低轮胎滚动阻力、提高轮胎的高速性能等。

辐射的环保效用还体现在“三废”的辐射治理方面。利用电离辐射可以治理“三废”,美国、德国和日本经过几十年的试验研究,用辐射处理废气、废水、污泥、生物废弃物和其他固体废弃物都取得了明显的成效,积累了丰富的经验,正由小规模试验向中试和规模性工业示范发展,是今后治理“三废”、控制环境污染、改善环境质量、维护生态平衡的一个强有力的技术手段。

20 世纪 70 年代初,很多国家建立了用电离辐射处理废水的工厂。水经辐解后会产生羟基自由基(•OH)、水合电子和氢自由基(•H)等主要活性产物,除少数含氟水溶液物质外,几乎所有的有机污染物都能被 •OH 降解,有些亲电子的有机污染物则与水合电子反应,转换成可以从水体分离的无毒或毒性相对较小的化合物。在氧气饱和的状态下,•OH 降解有机污染物的效能成倍增加,最终使污染物矿化为二氧化碳和水,从水体中彻底去除。

美国于 1976 年在波士顿的 Deer 岛建成一个研究型的电子束污泥辐照厂,电子束来自 750kV、50kW 电子加速器,电子束从上向下辐照,剂量为 4kGy,每天处理液体污泥 380t,99.9% 以上的细菌被杀死,成本为 0.8 美元/m^3。

电子束或 γ 射线辐照可以诱发高分子聚合物的 C—C 键发生断裂,从而使其分解,成为气态、液态或固态达到小分子产物。例如,废塑料是高分子固体垃圾,其中聚四氟乙烯在自然环境中尤其难以降解,经过辐照,可以获得纳米级的粉末,可作为耐高温的有机润滑剂添加剂,加入润滑油和润滑脂中,可提高产品的性能,还可以作为墨水和油墨的添加剂或特种衣服的改性剂。辐照可以使废旧橡胶发生化学链解聚,从而改善其加工性和耐用性等。

如图7-2所示是辐射法交联处理电线电缆的生产程序,辐射交联处理后材料性能比用其他化学方法交联处理有十分明显的改善,长期应用的最高温度从90℃提高到150℃,短路温度从250℃提高到350℃,而且能耗较低,交联速度很快。

图7-2 辐射法交联处理电线电缆的生产程序

由于辐射作用可以诱发物质的物理、化学和生物效应,所以广泛应用于聚烯烃绝缘材料(如电线电缆、热收缩材料、收缩膜、泡沫塑料等)的改性,半导体加工,一次性医疗用品的消毒,食品的辐射消毒、灭菌和保鲜,木塑复合材料、表面固化(修复)和彩色印刷等的涂层固化,工业"三废"的辐射净化,聚四氟乙烯超细粉末制备,轮胎橡胶硫化,丁基橡胶再生、纤维素辐射降解制备动物饲料,土豆、洋葱等辐照食品开发及其他生物医学和生物工程。

7.2.4 农业核技术

农业核技术主要是同位素示踪技术与核辐射技术两个方面。

1. 同位素示踪技术

同位素示踪技术是将放射性和稳定性同位素直接作为示踪剂中的示踪元素,利用其易于探测的核物理性质和同位素的物理、化学性质相同的原理建立的同位素示踪法和同位素分析法,应用于作物营养生理(如光合作用中的碳循环)、土壤肥料(如土壤有效养分的测定)、病虫害防治、植物育种和筛选、农业生态环境保护(如农药残留的环境影响)、食品储藏保鲜中的养分变化、昆虫迁移和鱼虾回游规律、农产品原产地溯源等各方面研究。农业中常用的同位素示踪剂有20余种,如氢^{3}H、碳^{14}C、磷^{32}P、硫^{35}S和铜^{64}Cu等。该技术为研究生物体由简单到复杂的生理生化过程提供了简便、直观、灵敏的方法。从20世纪80年代开始,以C、N、H、O为主的同位素指纹分析就已经广泛应用于葡萄酒、乳品、茶叶、稻米等食品的原料溯源与鉴别工作。近期则更多地用于畜禽肉制品产地的追溯,以避免疯牛病、口蹄疫、禽流感等流行疾病影响人类健康。中国也开展了用正电子核素示踪研究农作物生长过程的研究。与常规方法相比,同位素示踪技术在农药、化肥等小分子农用化学物质的环境行为、残留情况、降解或代谢行为、农产品污染物溯源,以及N、P、C养分循环等研究中具有极大的优势。

2. 核辐射技术

核辐射技术是将放射性元素作为辐射源,利用电离辐射作用于物质产生的物理、化学和生物效应,进行植物诱变育种、农产品辐照加工、昆虫辐射不育等,包括作物品种改良、病害虫防治、食品储藏保鲜和辐照刺激生物生长等各方面。我国每年因发芽、霉变、生虫等造成的农产品经济损失十分严重,粮食损失占总产量的10%左右,油料产品为20%左右,蔬菜、水果达到20%~25%,不仅造成巨大损失,而且影响到食品安全。利用传统的化学、物理和生物技术存在着环境污染、高耗能、技术局限性强等问题,导致农产品储运过程中的大量浪费和品质下降,辐照加工技术可以有效解决常规技术难以克服的众多技术难题。

过度的辐照可能导致生物体死亡,但适量的辐照不仅不会产生危害,反而对生物体有利。生物在受精、胚胎、幼体、发育、成长和繁衍等全生命周期中,都没有离开地球的低剂量辐射环境——天然本底辐射,大约为每年 10^{-4} Sv,这也是生长发育的基本条件之一。在某些高天然本底辐射地区,人们的免疫力反而增强,患病的概率低于正常天然本底辐射地区。在农业生产方面,人们用 γ 射线辐照马铃薯至 3Gy,出苗率提高 28.3%;辐照小麦种子至 60Gy,出苗率提高 10%～30%;辐照黄瓜种子至 2.9Gy,增产 10%～15%;辐照萝卜种子至 9.5Gy,增产 11%,成熟期缩短 4～6 天。

利用核辐射技术的诱变育种是一种成熟的育种技术,在提高产量、改善品质、增强抗逆性、优化形态等方面具有极大的应用前景。辐射育种,常用射线有 α 射线、β 射线、γ 射线、X 射线和中子等,分为外辐射和内辐射两种。外辐射是被处理的植物材料受 α 射线、β 射线、γ 射线、X 射线和中子、质子等的外照射,内辐射是将磷^{32}P、硫^{35}S 等放射性元素引入到植物的组织细胞内进行照射。

诱变育种在植物品种改良中有着很大的优势,可以创造出耐低温、耐弱光、耐储运、高产、抗病、无核等优质新品种,极大地缩短育种周期。如新品名贵花卉君子兰、芍药、兰花、大丽花等,经济型绿化苗木大青杨,适宜糖尿病患者食用的大米"宜糖米",胶囊专用水稻品种——浙大胶稻,易于收割和秸秆还田但抗倒伏的脆杆水稻,国审 2009031,杨籼优 418,辐 501 水稻,高产优质的"富麦 2008",杨辐麦 4 号、5 号,耐干旱盐碱的优良饲用型甜高粱等,都是我国利用核辐射技术培育出来的。在全国作物耕种面积中,辐射诱变品种的播种面积已占总耕种面积的 20%,相应的油料作物年产量达到 10 多亿千克,年增产粮食 30 多亿千克。

在提升农产品的食用安全性方面,辐照可以防控食源性疾病和微生物危害食品,如用一定的辐射剂量照射鲜虾、虾仁或其他冷冻水产品,可以大幅度降低大肠杆菌、金黄色葡萄球菌等细菌的污染,菌落总数降低 2～3 个数量级以上,避免消费者食用中毒甚至死亡的事件发生;辐照降解了农产品中的有害物质——农药、兽药残留等,如一定的辐照剂量可以使玉米、花生、饲料等及其深加工产品中的黄曲霉素 B_1 等真菌毒素的降解率达到 80%～96%,可以降低茶叶中的农药残留含量,同时保持茶叶的品质;辐照也有效防控了贮藏害虫和霉变的危害。

目前世界各国 60% 的辐射品种是由 γ 射线辐照育出的,我国常用的 γ 射线辐照源是放射性同位素钴^{60}Co 和铯^{137}Cs。又如,将很低剂量的电离辐射一次或多次照射生物细胞、种子、组织器官或机体后,会刺激生物的生长发育、加快新陈代谢、增强免疫力、减少死亡率,对生物的生命力、形态和生理生化等产生有益的影响而不改变遗传基础。还有,可以利用电离辐射具有较强穿透力的特点,辐照农副产品能够杀虫灭菌、抑制发芽、推迟成熟期,达到延长产品的储存和保鲜期的目的,表 7-1 所示是食品辐照效应与吸收剂量的关系。因此,科学合理地利用辐射可以极大地提高农业生产水平和生产力。

表 7-1　食品辐照效应与吸收剂量的关系

剂量范围	处理目标	剂量(kGy)	食　品
低剂量 (≤1kGy)	抑制发芽	0.05～0.15	蒜、姜根、洋葱、土豆
	杀灭昆虫及寄生虫	0.15～0.5	麦类、鱼干、肉干、鲜果及干果、鲜猪肉、豆类
中等剂量 (1～10kGy)	延长成熟期	0.5～1.0	新鲜水果及蔬菜
	延长储存期	1.5～3.0	鲜鱼、草莓等
	杀灭致腐和致病的微生物	2.0～5.0	新鲜和冷藏的海鲜、肉、家禽
	提高食品的工艺性能	2.0～7.0	脱水蔬菜、葡萄
高剂量 (10～15kGy)	净化食品添加剂及配料	10～50	酵素制剂、天然胶香料等
	商业化消毒无菌	30～50	医院饭食、肉、家禽精制食物、海鲜等

　　我国的主要农作物生产中广泛存在着多种灾害性害虫,在害虫辐射不育方面已经建立起一套基本理论与方法体系,这是一项造福人类、保护环境的生物防治技术。世界上超过 2/3 的国家,如美国、加拿大、澳大利亚、中国等已对螺旋蝇、地中海果实蝇、棉铃虫、玉米螟、柑橘大食蝇等 200 多种害虫利用昆虫辐射不育技术进行了成功防治。

7.2.5　医学核技术

　　医学核技术已经成为现代医学的重要组成,是目前医疗诊断、治疗和病理药理研究不可缺少的手段,涉及核医学、核显像技术、体外放射免疫分析等方面,大致分为实验核医学和临床核医学两大部分。

1. 实验核医学

　　实验核医学包括放射性药物学、放射性核素示踪技术、放射性核素动力学分析、体外放射分析、活化分析、放射自显影与磷屏成像技术、动物 PET 的应用和稳定性核素分析等。

2. 临床核医学

　　临床核医学可分为心血管(核心脏病学)核医学、内分泌核医学、神经系统核医学、肿瘤核医学、消化核医学、呼吸核医学、造血核医学、泌尿核医学、骨骼核医学、淋巴核医学等,涵盖了人体的各个组织系统。

　　临床核医学包括治疗核医学和诊断核医学。治疗核医学采用放射性核素治疗,分为内照射治疗和外照射治疗两部分,目前应用较多的是内照射治疗,如 ^{131}I 治疗甲状腺功能亢进症或甲状腺癌、^{89}Sr 治疗转移性骨肿瘤、^{32}P 治疗血液系统疾病、放射性核素靶向治疗、放射性核素介入治疗等;外照射治疗主要有 β 射线敷贴治疗、粒子植入治疗等。诊断核医学包括放射性核素显像诊断、功能诊断和体外分析诊断。显像诊断分为 γ 照相、SPECT、PET/CT 和 PET/MR 等;功能诊断是各脏器功能测定,如甲状腺功能、肾功能、呼气试验、骨矿含量测定等。

　　现代医学中常用的 X 光、核磁共振、放射性和超声波四大影像手段有三项与核技术有关。以放射性诊断为例,有 X 射线荧光透视、X 射线摄影、医用 X 射线电视(见图 7-3)、X 射线造影术、数字减影血管造影术、单光子 CT(computed tomography,CT)、X 射线计算机断层成像术(X-CT)、核磁共振 CT(CT-MR)、正电子 CT、超声 CT(UCT)、微波 CT、单光子发射计算机断层成像术

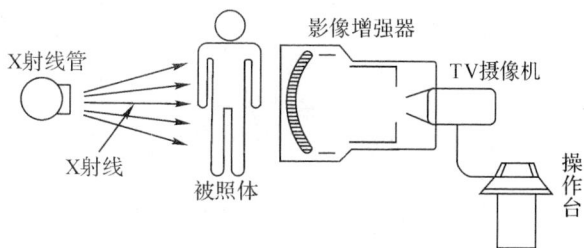

图 7-3 医用 X 射线电视系统

(single-photon emission computed tomography,SPECT)、正电子发射断层扫描成像术(positron emission tomography,PET)等。

所谓 CT 就是计算机断层扫描成像术,利用精确准直的 X 射线、γ 射线、超声波等,与灵敏度极高的探测器一同围绕人体的某一部位做一个接一个的断面扫描,具有分辨率高、反应灵敏、扫描时间短、图像清晰等特点,可用于多种疾病的检查。根据所采用的射线不同可分为 X-CT、UCT、γ-CT 等,CT 与 PET 结合的产物 PET/CT 在临床上得到普遍运用,在肿瘤的诊断上具有很高的应用价值。目前全世界有 PET/CT 超过 5000 台,其中美国约有 2000 台,中国有近 500 台。

所谓 PET 技术就是正电子发射断层扫描成像技术,利用正电子同位素衰变产生出的正电子与人体内负电子发生湮灭效应这一现象,通过向人体内注射带有正电子同位素标记的化合物,采用一定方法探测出湮灭效应所产生的 γ 光子,得到人体内同位素的分布信息,由计算机进行重建组合运算,从而得到人体内标记化合物分布的三维断层图像。PET 所用的药物多由医用回旋加速器生产的发射正电子核素,如 ^{11}C、^{13}N、^{15}O、^{18}F,它们是组成人体生命的基本元素,本身或其标记化合物的代谢过程可以真实反映出机体生理、生化功能的变化。PET 正电子发射断层扫描仪可用于精神分裂症、抑郁症、毒品成瘾症、阿尔茨海默病(也称老年痴呆症)、帕金森病等疾病的鉴别诊断,可得到人体的心脏、脑和其他器官的断面图像,研究它们的新陈代谢过程,做出疾病的早期诊断及肿瘤的早期发现。

放射性治疗是利用电离辐射对生物组织的破坏效应进行的疾病治疗,属于外辐照。射线作用的直接效应是射线作用于病灶(如一般病变细胞、肿瘤细胞、癌变细胞等)的 DNA 分子上使其发生电离和分子断裂;间接效应是引起水分子的电离分解,产生大量活泼的离子和自由基,与 DNA 分子发生作用时使细胞无法再分裂和增生。放射性治疗用的射线有 X 射线、γ 射线、电子、中子、质子、π 介子及重离子,最常用的是 X 射线、γ 射线和电子。高能电子由电子加速器发出,γ 辐射(如 γ-刀)由放射性同位素钴 ^{60}Co 或加速器发射,^{60}Co 的半衰期为 5.27 年,经 β 衰变产生能量为 1.173MeV 和 1.333MeV 的 γ 射线。使用 γ 辐射和高能电子对周围健康组织的影响较大,而中子或 π 介子对周围健康组织的影响较小,但 π 介子可以治疗的病例有限,而且加速器需要有足够的功率。还有一种中子俘获肿瘤治疗法介于外辐照和内辐照之间,使含 ^{10}B 的物质被病灶区肿瘤富集,再利用热中子照射杀死肿瘤细胞,而慢中子对人体的损伤较小。

国际放射性药物主要集中在肿瘤诊治、脑显像、心肌显像和乳腺显像等方面,国内在脑放射性药物方面,主要针对阿尔茨海默病、帕金森病的早期诊断,在肿瘤乏氧显像、肿瘤受

体显像、心肌灌注显像等方面也有许多研究。例如,利用一定的放射性同位素制成的放射性治疗仪,用于治疗前列腺增生、痔疮、狐臭等疾病,制成^{125}I眼科粒子敷贴器、心肌灌注显像剂、肿瘤显像剂、可以穿透血脑屏障的阿尔茨海默病的Aβ(β-淀粉样蛋白)斑块显像剂、脑乏氧显像剂、靶向整合素放射性药物和诊断胶囊、^{131}I肝癌细胞膜单克隆抗体注射液、^{131}I肿瘤细胞核人鼠嵌合单抗注射液、缓解肿瘤骨转移疼痛的^{188}Re依替磷酸盐注射液、放射免疫药盒等。利用放射性核素示踪的方法,开展了纳米金、碳纳米材料、纳米四氧化三铁、脂质体等多种生物医学纳米材料在动物体内代谢过程的研究,为研究生物医用纳米材料代谢过程提供高灵敏、原位、定量的分析方法。中国还自行开发了系列正电子放射性药物自动化合成仪,能全自动合成几十种放射性药物,填补了空白,多数产品达到了国际先进水平。

中国将重点开发^{68}Ga、^{64}Cu、^{89}Zr、^{94}Tc等正电子核素的制备研究,关注^{68}Ge/^{68}Ga、^{82}Sr/^{82}Rb等正电子核素发生器的研制,加强放射性药物制备,大力发展PET药物(PET放射性药物的开发利用是PET显像的成功条件之一),建立已有临床正电子药品的质量标准,增加放射性免疫试剂品种,深入发展多模式核素显像技术,不断扩大核素治疗的应用范围,核素的内照射治疗将成为临床上继内科药物治疗、外科手术治疗和外照射放疗之后的又一重要治疗手段。综观世界各国,核医学和核生物学在现代医学中已经占有十分重要的地位。

7.2.6 核武器

原子弹和氢弹分别是利用核裂变和核聚变在瞬间释放巨大能量、达到大规模杀伤和破坏作用的武器。核武器的能量主要是冲击波、光辐射和核辐射(以中子和γ射线为主)。核裂变的发现正值第二次世界大战期间,因此旋即被用于军事用途的研发。核武器主要是指原子弹和氢弹,中子弹也属于氢弹。

原子弹利用90%以上的高浓缩铀-235或钚-239,其结构上设计从常规的次临界可以在瞬间达到超临界,用中子源触发核裂变产生核爆炸。这种由次临界到超临界的实现方式有压拢型的"枪式"和压紧型的"内爆式"两种。"枪式"(见图7-4(a))是将两个次临界铀球分

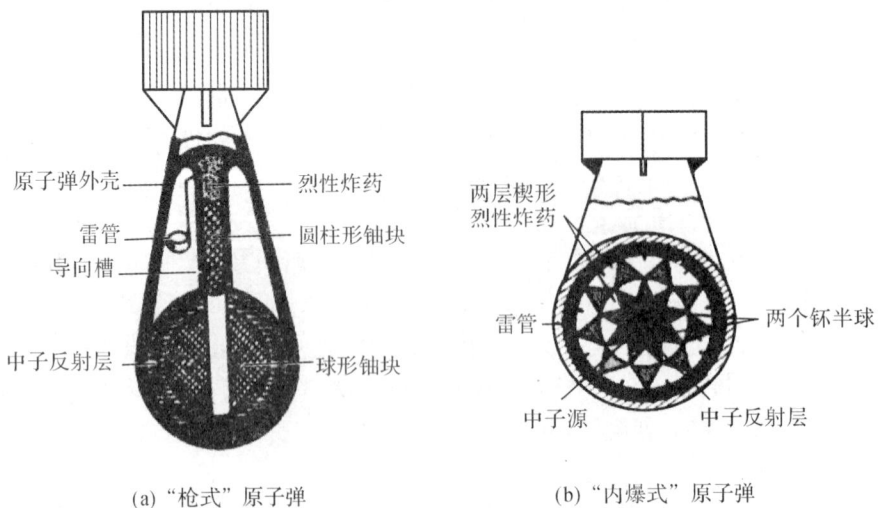

(a) "枪式"原子弹　　　　　(b) "内爆式"原子弹

图7-4 原子弹

开放置,用雷管点燃烈性炸药使其瞬间压拢达到超临界,如 1945 年 8 月 6 日美国投在日本广岛的代号"小男孩"的铀弹。"内爆式"(见图 7 - 4(b))是将次临界裂变材料放在中心,通过点燃周围的高能化学炸药产生的高压和内聚冲击波将处于次临界的燃料球压紧成为超临界,如美国在 1945 年 7 月 16 日进行的第一次核试验中代号"大男孩"的钚弹和在 1945 年 8 月 9 日投向日本长崎的代号"胖子"的钚弹。

氢弹是利用原子弹爆炸来提供氘、氚等轻原子瞬间聚变所需要的几百万到几亿摄氏度的高温和高压条件,目前使用的聚变材料是固态氘化锂-6(^{6}LiD),利用核裂变产生的中子轰击锂-6产生氚,再发生氘-氚核聚变(见图 7 - 5)。氢弹没有装料量的临界限制,因此当量可以非常巨大。

中子弹是一种小当量的氢弹,具有很强的中子辐射强度,聚变反应放出的平均中子能量高达 14～17MeV,发射出来的中子能量占 70% 以上,而核动能很小,冲击波和热辐射只有 30% 左右,放出的氢核能量只有 3.5MeV,射程只有几厘米,其杀伤力主要是高能中子辐射,对人员起作用,而对建筑物的破坏很小。此外,中子弹爆炸的放射性污染只集中在爆炸中心附近,爆炸几小时后人员就可以进入。

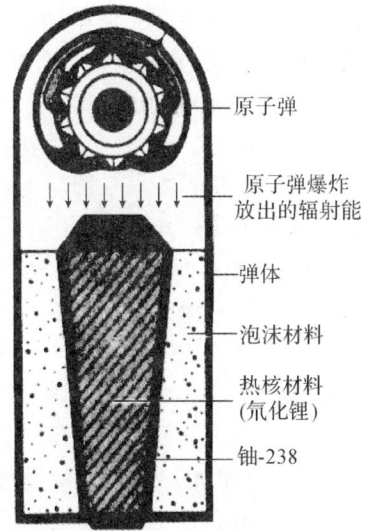

图 7 - 5　氢弹

美国的试验数据表明,1000t 当量中子弹和原子弹相比,当爆炸高度为 152m 时,冲击波对建筑物造成严重破坏的半径分别是 427m 和 518m;当爆炸高度为 457m 时,破坏半径分别为 0 米和 213m;当爆炸高度大于 914m 时,破坏半径都为零。中子弹爆炸产生的中子流对坦克内的人员杀伤力是同等当量原子弹的 2～3 倍。

图 7 - 6 所示是中子弹的两种结构,都是用位于中心的一个超小型的原子弹引爆,周围是氘和氚的混合物,外壳用铍和铍合金作反射层和弹壳。内部还有超小型原子弹点火用的中子源、电子保险控制装置、弹道控制制导仪及弹翼。

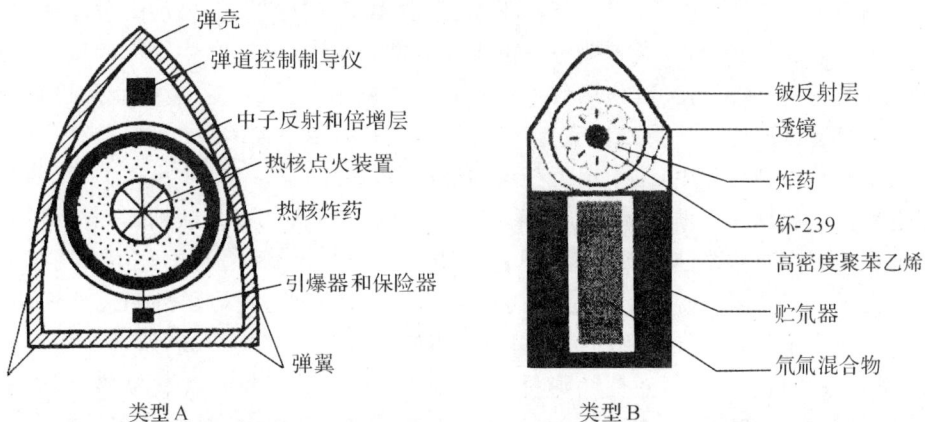

图 7-6　中子弹

此外,核武器还有利用核爆炸能量来加速核电磁脉冲效应的电磁脉冲弹,爆炸后产生的电磁波可烧毁电子设备,造成大范围的指挥、控制、通信系统瘫痪。伽马射线弹,爆炸后尽管各种效应不大,也不会使人立刻死去,但能造成放射性污染,迫使敌人离开。一种加强放射性污染的感生辐射弹,在一定时间和一定空间造成放射性污染,达到迟滞和杀伤敌人的目的。冲击波弹,是一种小型氢弹,采用慢化吸收中子技术,发生爆炸后,部队可迅速进入爆区投入战斗。三相弹,用中心的原子弹和外部的铀-238 反射层共同激发中间的热核材料,以得到大于氢弹的效力。用红汞(氧化汞锑)作为中子源的红汞核弹,其体积和重量较小,一般小型的红汞弹只有一个棒球大小,但爆炸当量可达万吨 TNT 以上。

根据 1968 年 6 月 12 日联合国通过的国际《不扩散核武器条约》(NPT,又称《防止核扩散条约》或《核不扩散条约》)规定,"有核武器国家系指在 1967 年 1 月 1 日前制造并爆炸核武器或其他核爆炸装置的国家",目前得到国际社会认可的有核国家是美国、俄罗斯、英国、法国和中国。根据《不扩散核武器条约》和 1996 年签署的《全面禁止核试验条约》(CNTBT),其他国家都是不允许试验和持有核武器的。1996 年冷战结束后,原先有核的国家如白俄罗斯、乌克兰、哈萨克斯坦、南非等都主动放弃现有核武器及核武器发展计划,成为无核国家。利比亚在美国的压力下放弃了核计划,把相关资料和离心机运往美国。世界上有 186 个国家已经签署了《不扩散核武器条约》,149 个国家在《全面禁止核试验条约》上签字,但是印度、巴基斯坦、朝鲜、伊朗等国拒绝签署上述协议,千方百计谋求核武器,成为"核门槛"国家,严重破坏了这个国际核不扩散规则。印度、巴基斯坦、朝鲜先后进行了核爆炸试验。以色列和日本虽未公开进行核爆试验,但以色列是公认的具有核武器的国家,而日本则完全具备生产核武器的技术条件。中国签署了与防核扩散相关的所有国际条约,1984 年加入国际原子能机构,1992 年又加入《不扩散核武器条约》。1996 年,中国成为《全面禁止核试验条约》的首批签约国。1998 年,中国签署关于加强国际原子能机构保障监督的附加议定书,并于 2002 年年初正式完成该附加议定书生效的国内法律程序,成为第一个完成上述程序的核武器国家。

7.2.7 核动力装置

舰船用核动力装置主要用于核潜艇、驱逐舰、巡洋舰、航空母舰、核动力破冰船、核动力运输船和客货船、核动力海洋考查船等。由于反应堆功率大,可以产生很大的动力,不需要大量燃料储备(一次装料可连续使用数年)、有效载重量提高、不需要空气助燃、可减免蓄电池、无排烟问题、续航能力只受人员耐力和给养的限制、采用闭式核系统无污染等。

在众多核反应堆堆型中,压水堆由于结构简单、体积小、部件紧凑、操作灵活,是舰船动力的首选堆型。船用压水堆的燃料元件采用 20%～90%的高浓度片状铀-235 元件,片状元件放热面积大,体积小,堆芯非常紧凑,单位体积输出功率大,后期的改进还采用了冷却水自然循环方式,取消了一回路主泵,使动力回路系统更加紧凑,反应堆外壳尺寸缩小,适用于潜艇等空间有限的系统。高浓缩铀燃料也使得建造和运行费用提高,所以在空间允许的情况下,可以采用按正方形或正三角形排列的 3%～7%的低浓度二氧化铀棒束,立式筒形反应堆压力容器,即与陆基核电站大致相同的分散型船用压水堆结构,二回路系统与设备和常规船舶蒸汽动力装置类似。

一体化压水堆采用低浓缩铀,它将一回路系统的蒸汽发生器、主冷却剂泵集中布置在反应堆压力容器内,堆芯设在压力容器的下部,上部设置蒸汽发生器,主泵置于侧面。其优点是设备更为紧凑,反应堆尺寸小,舰船更加机动灵活,回路简单,减少了一回路压力边界发生破口的概率,提高了安全性能。

船用核动力装置主要由反应堆、稳压器、主泵、蒸汽发生器、汽轮机、冷凝器等组成,如图 7-7 和图 7-8 所示。反应堆、稳压器、主泵和蒸汽发生器布置在堆舱内,汽轮机、冷凝器等布置在机舱内。反应堆堆芯、主泵、稳压器、蒸汽发生器组成的循环系统叫一回路,汽轮机、冷凝器等组成的循环系统叫二回路。反应堆堆芯发生链式核裂变反应释放出的热量由一回路的冷却剂载出,通过蒸汽发生器使二回路的水产生蒸汽,推动汽轮机带动螺旋桨做功,驱动舰船前进。

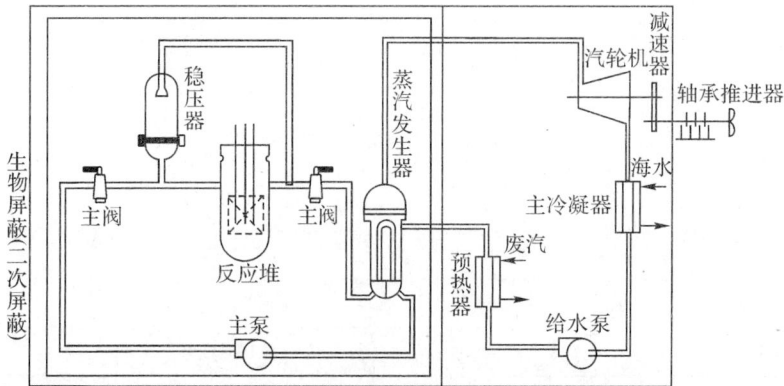

图 7-7　船用核动力系统

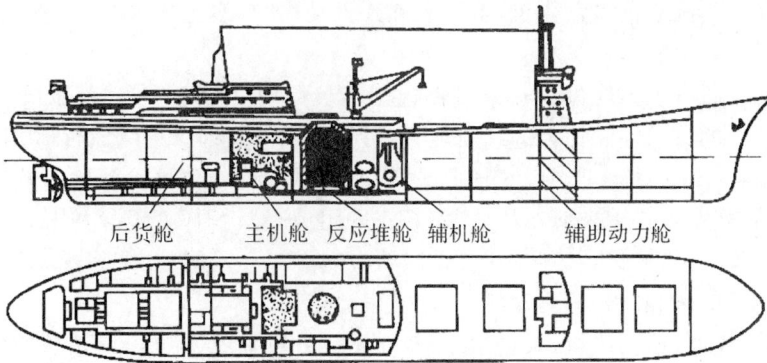

图 7-8　核动力船

舰船核动力装置很早就开始投入应用,表 7-2 所示为三艘早期核动力商船的主要参数。

表 7 - 2   核动力商船的主要参数

主要参数	美国萨凡娜号	德国奥托·哈恩号	日本陆奥号
类型	试验性客货船	试验性矿石船	试验性货船
核反应堆形式	分离式压水堆	紧凑型压水堆	分离式压水堆
核反应堆台数	1	1	1
热功率(MW)	80	38	36
燃料棒包壳	不锈钢	锆合金和不锈钢	不锈钢
铀-235 浓缩度	4.2%和4.6%	3.5%和6.6%	3.2%和4.4%
铀-235 装料(kg)	331	94	96.4
轴马力×轴数	20000×1	10000×1	9000×1
船长(m)	181.6	171.8	130.0
船宽(m)	23.8	23.4	19.0
吃水深度(m)	9.0	9.2	6.9
航速(节)	20.25	15.75	16.5
满载排水量(t)	22170	25182	16383
建成日期	1962.5.1	1968.12.17	1974.8
退役时间	1972	1979	1992

1954 年 1 月 24 日,世界上第一艘核动力潜艇——美国的"鹦鹉螺号"首次试航成功,开创了潜艇和舰船动力的新时代。1957 年,苏联制造出第一艘核动力破冰船"列宁号",用压水堆产生的高压蒸汽来推动汽轮机,带动螺旋桨推动船只,装上 10kg 的铀燃料就可以在远离港口的冰封海域常年作业。

世界上第一艘核动力航母——美国的"企业号"于 1961 年 11 月建成服役,核动力装置使航母具有很大的灵活性和惊人的续航能力,更换一次燃料即可连续航行 10 年。中国研制的第一艘核潜艇于 1970 年 12 月 26 日下水,1971 年 4 月做全舰联合实验,1974 年 8 月 1 日命名为"长征一号",正式编入海军战斗序列,它采用 1 座 90MW 的压水堆核动力系统,使用单轴涡轮电力推进。1975 年 5 月,第二代核动力航母——美国的"尼米兹号"建成服役,舰上装有 2 座核反应堆和 4 台蒸汽轮机,一次装料可使用 13 年。

此外,宇宙飞船、航天飞机、人造卫星、空间站等各种航天器也可以用核能作为动力,如热核火箭、核电火箭、光子火箭、核动力卫星、空间站核电源等。尤其在外太空探测中,远离太阳,用太阳能作为电源供应是不现实的,因此最好是采用核电。美国在"海盗号"探测器,"先驱者"10 号、11 号探测器,木星、土星探测器中都采用了放射性同位素温差电源。

7.2.8 微型核电站——核电池和小型堆

微型能量转换系统一般有静态和动态两种。核电池是静态能量转换系统,一般使用热电偶或热离子换能。热电偶式换能是将两种不同的半导体材料连成回路,接头间的温差在回路中产生电流,这种形式使用较多;热离子换能系统由两块平行平板组成,板间间隙0.2mm,充满金属蒸气,当一块板受热时电子通过金属蒸气层飞往另一块板产生电流。动态能量转换系统则是利用热源加热工质并使其推动汽轮机或燃气轮机发电系统发电,如小型或微型核电站,又称小型堆。

1. 核电池

放射性同位素,如^{90}Sr(半衰期 28 年,β 衰变)、^{238}Pu(半衰期 90 年,α 衰变)等,在衰变发出射线的过程中会放出衰变热,通过热电转换系统将这些热能转变成电能,所以又称"放射性同位素电池"。这种电池体积小、重量轻、性能稳定、无污染、无需看管、使用寿命可达几十年、不受环境(如温度、化学反应、压力、电磁场等)影响,可以在很大的温度范围和恶劣的环境中工作,目前功率只有几十至几千瓦,可以适用于生物、医学、气象、宇航等领域,目前已经成功在海洋灯塔、宇宙飞船,以及各种气象、通信和侦察卫星中得到应用。

核电池研究始于 20 世纪 50 年代,美国自 1961 年以来已有 22 个航天器装有 39 个核电源,其中 38 个是放射性同位素电池,所有深空飞行器都采用了^{238}Pu电池。美国密苏里大学计算机工程系教授研发出的核电池只略大于 1 美分硬币(直径 1.95cm,厚 1.55mm),其电力是普通化学电池的 100 万倍,可以用于微型机电系统或者纳米级机电系统。

核电池一般呈圆柱形,也可以做成其他形状,如图 7-9 所示,中心处放置放射性同位素热源(如采用钚-238、锶-90、钴-60 或铯-137 等),里层是能量转换系统(用热电偶、热离子换能器或其他原理的热电转换系统),中间层是辐射屏蔽层(α 放射源可以省略这一层),外层是薄壁的金属外壳(起保护和散热作用)。

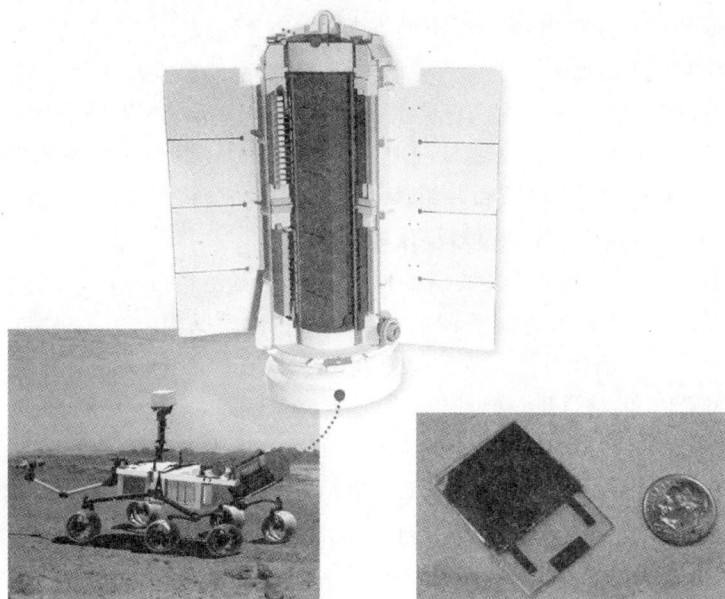

(a) 用于"嫦娥三号"的核电池　　　(b) 钱币大小的核电池

图 7-9　各种核电池

核电池按能量转换机制还可分为直接转换式和间接转换式。直接转换式核电池包括直接充电式核电池和气体电离式核电池,一般应用较少。间接转换式核电池有很多种类,包括辐射伏特效应能量转换核电池、荧光体光电式核电池、热致光电式核电池、温差式核电池、热离子发射式核电池、电磁辐射能量转换核电池和热机转换核电池等,目前应用最广泛的是温差式核电池和热机转换核电池。

核电池按提供的电压高低,可分为高电压型(几百至几千伏)和低电压型(几十毫伏到1伏)两类。高电压型核电池以含有 β 射线源(锶-90 或氚)的物质制成发射极,周围用涂有薄碳层的镍制成收集电极,中间是真空或固体介质。以氚为放射源的核电池,直径为9.5mm,长度为 13.5mm,电压 500V 时电流为 160pA,12 年衰降 50%(若用锶-90,25 年衰降 50%)。低电压型核电池又分为温差电堆型、气体电离型和荧光-光电型三种。温差电堆型核电池的原理同以放射性同位素为热源的温差发电器相同,故又称同位素温差发电器。气体电离型核电池是利用放射源使两种不同逸出功的电极材料间的气体电离,再由两极收集载流子而获得电能,这种电池有较高的功率。荧光-光电型核电池利用放射性同位素衰变时产生的射线激发荧光材料发光,再使用光电转换板(太阳能电池板)将荧光转化为电力,这种电池效率较低。

核电池已成功地用作航天器电源、心脏起搏器电源和一些特殊军事用途。1969 年 7 月 21 日,人类第一次成功地登上月球,在"阿波罗 11 号"飞船上安装了 2 个 15W 的钚-238 放射性同位素发热器,主要供飞船在月面上过夜时取暖用。1969 年 11 月,"阿波罗 12 号"飞船上开始使用放射性同位素电池 SNAP-27A,该电池用钚-238 作燃料,设计输出电功率63.5W,实际连续供电 70W 以上,整个装置重量为 31kg;1970 年发射的"阿波罗 14 号"以及后面的 15 号、16 号、17 号等飞船上都相继安装了 SNAP-27A。1976 年,火星的卫星飞船"海盗号"在火星表面成功地进行了无人着陆,在这个卫星船上安置了 2 个 35W 的放射性同位素电池。在探查木星的"先驱号"卫星上面也装置了 4 个 30W 的放射性同位素电池。2012 年 8 月 7 日,美国"好奇号"火星车抵达火星,其动力由一台多任务放射性同位素电池提供,它由一个装填钚-238 的热源和一组固体热电偶组成,将钚-238 产生的热能转化为电力,核电池寿命可达 14 年,为各种仪器提供能量。

1971 年 3 月 12 日,中国第一块放射性同位素电池诞生,它以钋-210 为燃料,输出电功率为 1.4W,热功率 35.5W,并进行了模拟太空应用的地面试验。2006 年,中国研制出第一颗钚-238 同位素的微型辐伏电池。中国探月工程二期在"嫦娥三号"着陆器和"玉兔号"巡视器上都使用了 ^{238}Pu 提供热量,帮助月球车过冬,在月球表面 $-180 \sim -150℃$ 的低温下保护各种设备的安全,其能量转换效率为 2.3%,可持续工作 30 年。

心脏起搏器用的核电池重量仅 40g,体积很小,寿命可达 10 年,使病人免除为更换电池经常做开胸手术的痛苦。核电池免维护、长寿命,可以在极地、海岛、高山、沙漠、深海等条件恶劣、交通不便的地方使用,如自动无人气象站、浮标和灯塔、地震观察站、飞机导航信标、微波通信中继站等。在深海里,无法使用太阳能电池,而燃料电池和化学电池等的使用寿命太短,因此核电池可以用作水下监听器和海底电缆中继站的电源,用来监听敌潜水艇的活动和通信。电动汽车是一种环保型汽车,但目前使用的蓄电池体积太大、重量很重,并且存在充电后使用时间短和电池寿命短等问题,因此,有研究者大胆地提出使用核电池的设想,成功的话将使电动汽车的应用如虎添翼。目前,核电池也为微型机电系统和纳米级机电系统找到了合适的能量来源。

2. 小型堆

国际原子能机构(IAEA)将小型核反应堆定义为发电功率小于 300MW$_e$ 的核反应堆动力装置,简称小型堆。随着全球核电的发展,越来越多的国家开始关注小型堆的研发和应用,用以实现热电联产、气电联产、海水淡化、区域分布式能源等,而且小型堆相对比较经济、灵活,是非常好的清洁能源,也是目前核电项目里安全性能最高的能源,有着很好的发展前景。表 7 - 3 为目前全球小型堆研发现状。

表 7 - 3　全球小型堆研发现状

型号	堆型	国家	电功率 (MW$_e$)	装置配置
KLT-40S	压水堆	俄罗斯	2×35	双机组船舶安装装置
VBER-300	压水堆	哈萨克斯坦、俄罗斯	302	单模块或双机组陆基或船舶安装装置
ABV	压水堆	俄罗斯	2×7.9	双机组陆基或船舶安装装置
CAREM-25	压水堆	阿根廷	27	单模块陆基装置
SMART	压水堆	韩国	90	单模块陆基装置
NuScale	压水堆	美国	12×45	12 个模块陆基装置
mPower	压水堆	美国	180	多模块陆基装置
西屋 SMR	压水堆	美国	>225	—
ACP100	压水堆	中国	100	双模块陆基装置
HTR-PM	高温气冷堆	中国	2×105	2 个模块陆基装置
AHWR	先进重水堆	印度	300	单模块陆基装置
SVBR-100	Pb-Bi 冷快堆	俄罗斯	101.5	单模块或多模块陆基或船舶安装装置
新海波龙 核电模块	Pb-Bi 冷快堆	美国	25	单模块或多模块陆基装置
4S	Na 冷快堆	日本	10	单模块陆基装置

2008 年年底,美国洛斯·阿拉莫斯国家实验室提出在 5 年内推出一种直径仅为几米、可用卡车运输的微型核电站,可作为社区的分布式供电系统和月球或火星工作基地的长效供电站。这种微型高功率空间核反应堆是一种不含武器级铀燃料的不可拆卸反应堆,在工厂中密封好后被浇筑在混凝土内并埋入地下,每隔 7~10 年对它补充一次燃料,每个微型核电站可为 2 万用户供电,使用寿命 50 年。这种微型核电站每座的售价大约是 2500 万美元,对一个有 1 万用户的社区来说,每家只需出资 250 美元。其他公司也正在设计类似的微型反应堆。如日本东芝公司一直在试验一座大约是 6m×2m 的 200kW 反应堆。这种反应堆可为较少住户提供较长时间的能量,例如它们可为一座建筑提供长达 40 年的能源。

2016 年 4 月 19 日,中陕核工业集团公司与中核集团下属的中核新能源公司,就共同推进陕西省及西北地区小型多功能模块式反应堆(小型堆)核电项目建设签署了合作框架协议。在陕西省内及西北地区开展核电小型堆项目的前期选址、初步可行性研究等工作,争取将陕西核电建设项目列入国家核电发展规划,在陕西省内开展小型堆示范工程建设。

图 7-10　漂浮核电站

2016 年 4 月,中核集团自主设计研发的多用途模块化小型堆玲珑一号(ACP100)成为世界首个通过国际原子能机构(IAEA)安全审查的小型堆。反应堆包含 57 根燃料棒、每根长 2.15m,具有 287℃的蒸汽发生器的蒸汽供应系统,设计热功率 310MW$_t$、电功率 100MW$_e$,全寿命 60 年,燃料补充周期 24 个月,拥有一体化、非能动、模块化等先进革新型技术,具备热电联供能力。

目前,中广核集团也正在研制陆上小型堆 ACPR100 技术,单堆热功率为 450MW$_t$、电功率 100MW$_e$,可作为百万千瓦级大型核电机组的补充,也可以推广应用到大型工业园区、偏远山区等地。

海洋核动力平台是海上浮动式小型核电站,又称为漂浮核电站(见图 7-10),是小型核反应堆与船舶工程的有机结合,可为海洋石油开采和偏远岛屿提供安全、有效的能源供给,也可用于大功率船舶和海水淡化领域。表 7-4 对比了海上发电站几种发电方式的特点。

表 7-4　海上发电站几种发电方式对比

对比项目	漂浮核电站	柴油发电机	原油发电机	燃气透平发电
单机功率(MW)	25~100	1.0~1.6	5~8	3~20
发电机结构形式	离心式	往复式	往复式	离心式
操作维护工作量	较小	较大	较大	较小
技术可靠性	单项成熟,集成	应用广泛	应用广泛	应用广泛
环保性	清洁	产生温室气体	产生温室气体	较清洁
燃料成本	较低	很高	较高	较高

目前,全球唯一的海上核动力平台是俄罗斯的"阿卡德米克-罗蒙诺索夫号"(Akademik Lomonosov),它有 2 座电功率为 35MW$_e$、采用类似于船舶动力的核反应堆(KLT-40S 核反应堆),安装在一艘长 144m、宽 30m 的港口驳船上,反应堆使用寿命为 38 年,每 12 年加载一次核燃料,可生产 70MW$_e$ 的电力或 300MW$_t$ 的热能,可以为 20 万人口的城市提供充足的电力,解决靠近海边的俄罗斯偏远地区的缺电和供热问题。若经过适当的重新设置,变成一座海水淡化处理厂,则每天可以生产淡水(2~4)×10^5 m^3。这是世界上首个漂浮核电站,2009 年 5 月由圣彼得堡波罗的海造船厂(具备丰富的核动力破冰船建造经验)开工建造,总造价为 3.50 亿~5.25 亿美元,投入运营后,每年可节省 20 万吨煤和 10 万吨取暖燃油,每年减排二氧化碳约 35 万吨、二氧化硫约 1750 吨、一氧化氮约 1000 吨、飘尘约 100 吨,可以极大地降低海域污染物的排放,缓解环境压力。俄罗斯政府计划要建造 7 座类似的漂

浮核电站。

海上漂浮核电站的设想最早起源于美国。1963 年,美国军方为了给部署在巴拿马运河附近的军事基地供电,将一个反应堆热功率 10MW,的 MH-1A 小型压水堆安装在一艘第二次世界大战时的船只上,命名为"吉尔吉斯号",于 1967 年完工后服役,1976 年随美国军事核能计划的停止而同期宣布退役。后来,美国海上电力系统公司与西屋电气公司先后设计和计划过漂浮式核电站的建造,均由于石油危机和国家能源政策的变化而搁浅。

2014 年美国麻省理工学院提出了一种圆筒形海上浮动式核电站概念,将 200MW 或更大的核反应堆安装在圆柱形漂浮式平台上,以此避免地震和海啸的影响,漂浮电站通过海底电缆向 8~11km 外的陆地输送电力。

法国 DCNS 集团(法国国有船舶制造企业)联合法国核反应堆制造企业阿海珐集团(Areva)等,共同开发水下浮动式核电站(Flexblue)。它是一个直径 12~15m、长约 100m、重约 12000t 的圆柱形,安装在水下 60~100m 深的平整海床上,内部由小型核反应堆、蒸汽轮机交流发电机组、电气设备组成,通过模块化组合,安全性与第三代陆上核电站相当,功率可达 50~250MW,电力也是通过海底电缆向岸上输送。

中国有很长的海岸线,有大量海岛,中国经济正从陆地向海洋经济发展,提出了建设海洋强国的号召。海上电力平台不但能够提供电力,还可以供应淡水。2016 年 1 月,中广核集团申报的 ACPR50S 海洋核动力平台(见图 7-11)被纳入能源科技创新"十三五"规划。ACPR50S 是我国自主研发、自主设计的海上小型堆技术,单堆热功率为 200MW,,输出电功率 60MW 左右,换料周期 30 个月,可为海上油气田开采、海岛开发等供电、供热,并为海水淡化提供可靠、稳定的电力。目前正在开展小型堆示范项目的初步设计工作,2016 年 11 月 4 日,中广核海上小型反应堆 ACPR50S 实验堆正式启动建设。

图 7-11　中国 ACPR50S 海洋核动力平台

重要大事记

1896 年　贝克勒尔发现了铀元素的天然放射性,因此获 1903 年诺贝尔物理学奖。

1898 年　居里夫妇发现了钋,因放射性研究获 1903 年诺贝尔物理学奖。

1899 年　居里夫妇发现了镭,居里夫人因此获 1911 年诺贝尔化学奖。

1903 年　卢瑟福认识到放射性的本质是元素的衰变,因此获 1908 年诺贝尔化学奖。

1909 年　卢瑟福提出原子结构的行星模型。

1910 年　索迪提出"同性素"概念,因此获 1921 年诺贝尔化学奖。

1923 年　赫维西创立放射性示踪技术,获 1943 年诺贝尔化学奖。

1931 年　尤里发现氢的同位素氘,获 1934 年诺贝尔化学奖。

1932 年　科克罗夫特和瓦尔顿实现人工加速粒子产生核衰变,获 1951 年诺贝尔物理学奖。

1933 年　费米解释了 β 衰变。

1934 年　约里奥-居里夫妇发现人工放射性,获 1935 年诺贝尔化学奖。

1934 年　费米用中子轰击核素,发现了 37 种新的人工放射性元素,获 1938 年诺贝尔物理学奖。

1938 年　哈恩和斯特拉斯曼发现了核裂变,哈恩因此获 1944 年诺贝尔化学奖。

1941 年　西博格发现了钚,以后又发现了多个新的超铀元素,与麦克米伦共获 1951 年诺贝尔化学奖。

1941 年　美国的"曼哈顿计划"开始,历时 5 年。

1942 年　世界上第一座原子核反应堆开始运行。

1945 年　第一颗原子弹试验成功。

1947 年　利比发明放射性年代测定技术,获 1960 年诺贝尔化学奖。

1949 年　格佩特-梅耶和延森同时提出原子核的壳层模型,因此共获 1963 年诺贝尔物理学奖。

1952 年　第一颗氢弹试验成功。

1953 年　奥格·玻尔和莫特森提出原子核的集体模型,因此与雷恩沃特共获 1975 年诺贝尔物理学奖。

1954 年　霍夫施塔特发现核子的内部结构,获 1961 年诺贝尔物理学奖。

1954 年　世界上第一座试验性核电厂建成并投入运行。

1961 年　美国在航天器上使用了同位素核电池,所有深空飞行器都采用了 ^{238}Pu 电池。

1964 年　中国成功爆炸了第一颗原子弹。

1970 年　中国第一艘核潜艇下水。

1975 年　中国的第一台小型托卡马克 CT-6 由中国科学院物理研究所投入运行。

1979 年　美国三哩岛核电站发生事故。

1984年　中国加入"国际原子能机构"。中国建成一台中型的受控核聚变实验装置——中国环流器1号(HL-1)。

1985年　中国第一座核电站——秦山核电站动工兴建,1991年并网发电,结束了中国内地的无核电历史。

1986年　切尔诺贝利核电站发生严重的核泄漏事故。

1986年　美国普林斯顿大学的TFTR实验装置上成功进行了20keV的启动放电实验,这个能量超过了聚变堆需要的"点火"要求。

1991年　建在英国卡拉姆的JET装置(欧洲联合环)上成功进行了首次氘-氚受控核聚变反应,反应温度达到了3亿度,反应持续1.3s,释放能量1.7MW。

1993年　美国普林斯顿大学托卡马克装置创造了受控核聚变反应能量功率5.6MW的世界纪录。

1999年　中国启动"973"计划项目"加速器驱动洁净核能系统的物理及技术基础研究"。

2002年　成都核工业西南物理研究院建成了中国环流器2号A(HL-2A)。

2003年　中国科学院合肥等离子体物理研究所宣布在HT-7上达到最高温度超过5000万度、等离子体放电时间达到63.95s。

2003年　重新启动ITER计划(国际聚变堆),中国也加入了该计划。

2004年　中国核电国产化标准堆型CNP1000型完成初步设计和审查。

2005年　中国原子能科学研究院建成世界首台ADS次临界反应堆实验平台"启明星1号"并开展实验研究。

2008年　国务院常务会议审查并原则通过了《大型先进压水堆核电站重大专项总体实施方案》。新开工8台压水堆机组,标志着我国核电产业进入快速发展的新阶段。

2008年　中国核电占全国电力装机总容量的1.3%,核电年发电量683.94亿千瓦时,占全国总发电量的2%左右。

2009年　浙江三门核电站一期主体工程开工,它是全球首台三代核电AP1000机组,也是我国三代核电自主化依托项目首台机组。

2009年　世界上最大的激光聚变装置——"国家点火装置(NIF)"在美国加利福尼亚州北部的劳伦斯·利弗莫尔国家实验室落成。

2009年　中国"超临界水冷堆(SCWR)技术研发(第一阶段)"项目立项。

2010年　中国实验快堆(CEFR)首次达到临界,2011年7月实现并网发电。

2010年　中国首台完全自主化的红沿河核电站1号机组核反应堆压力容器研制成功,标志着我国已具备百万千瓦级核岛主设备制造及提供成套装备的能力,达到国际先进水平。

2011年　中国科学院先导项目"加速器驱动的核废料嬗变次临界系统"和"未来先进核裂变能——钍基熔盐堆核能系统(TMSR)"战略性先导科技专项启动。

2012年　中国"全超导非圆截面托卡马克核聚变实验装置(EAST)"获得稳定重复超过30s的高约束等离子体放电和超过400s的2×10^7℃高参数偏滤器等离子体,是国际上最长时间的高约束等离子体放电和高温偏滤器等离子体放电。

2013年　"嫦娥三号"着陆器和"玉兔号"巡视器携带^{238}Pu热源在月球着陆,这是中国首次在空间使用同位素能源,为设备提供热量。

2015年　ADS强流质子超导直线加速器原型样机首次引出能量5MeV、流强10mA的脉冲束流。

2017年　600MW示范快堆项目在福建省霞浦核电站开工建设,2020年底快堆2号机组也相继开工,开创了示范快堆工程双机组同步建设新局面。

2018年　广东台山核电站1号机组并网发电成功,成为全球首台实现并网发电的EPR三代核电机组,并具备商运条件。

2018年　浙江三门核电站1号机组AP1000并网成功,各项技术指标均符合设计要求、机组状态控制良好。

2018年　国内首个浮动式核能示范项目开展前期工作,可为海滨城市、海岛、海上作业平台、极地或偏远地区提供清洁能源支撑,预计2021年首艘平台投运。

2019年　中国首座铅铋合金零功率反应堆——启明星Ⅲ号在中国原子能科学研究院实现首次临界。

2019年　中国首个商用核能供热项目——山东海阳核能供热项目一期工程第一阶段正式投用,2020年核示范工程二期开工仪式举行,标志着中国首个"零碳"供暖城市项目正式启动。

2020年　国际热核聚变实验堆(ITER)计划重大工程安装启动仪式在法国举行。

2020年　自主品牌"华龙一号"三代核电技术完成研发,全球首堆(福清核电站5号机组)成功并网,海外首堆(巴基斯坦卡拉奇核电站2号机组)开始装料。

2020年　中国具有完全自主知识产权的三代核电技术"国和一号"(CAP1400压水堆技术)完成研发。

2020年　中国自主设计建造的新一代"人造太阳"装置——中国环流器二号M装置(HL-2M)在成都建成并实现首次放电。

2021年　全球首个陆上商用多用途模块化小型堆"玲龙一号"(ACP100)项目在海南昌江核电站开工建设,标志着我国在模块化小型堆技术上走在了世界前列。

2021年　国家科技重大专项"国和一号"的综合智慧能源工程——"国和一号＋"在山东荣成开工建设。

2021年　全球首座第四代核电站华能石岛湾高温气冷堆核电站在山东荣成实现并网发电,2023年12月正式投入商业运行。

2022年　截至年底,我国大陆地区的在运、在建、已核准核电机组共有81台,总装机容量89.15GW。

2023年　中国自主三代核电"华龙一号"出口巴基斯坦的2台百万千瓦机组——卡拉奇K-2/K-3机组建成投产后全部交付巴基斯坦。

2023年　"国和一号"示范工程建设在山东威海有序推进,计划年底并网发电。

2023年　由我国自主设计和营运的第四代先进核能技术2MW$_1$液态燃料钍基熔盐实验堆6月7日获得国家核安全局颁发的运行许可证,该项目于2018年9月30日在甘肃武威开工,2021年主体工程建成并启动调试。

2023年　我国成功研制百瓦级核电池实验样机,并完成阶段性发电运行实验,标志着先进核能系统电池在技术集成研发方面取得里程碑式突破。

参考文献

[1] Tong L S，Weisman J. Thermal Analysis of Pressurized Water Reactors[M]. La Grange Park，Illinois：American Nuclear Society，1970：302.

[2] 埃尔-韦基尔.核反应堆热工学[M].北京：原子能出版社，1978：546.

[3] 布朗，麦克唐纳.原子弹秘史[M].董斯美，陈少衡，张金言，等译.北京：原子能出版社，1986：604.

[4] 陈听宽，章燕谋，温龙.新能源发电[M].北京：机械工业出版社，1985：1-88.

[5] 陈祖甲，殷雄.微粒爆惊雷——核能科技[M].北京：北京理工大学出版社，2002：246.

[6] 邓晓钦，帅震清.电离辐射、环境与人体健康[M].北京：中国原子能出版社，2015：182.

[7] 杜圣华，等.核电站[M].北京：原子能出版社，1992.

[8] 甘向阳，高祖瑛，张作义.先进堆严重事故对策[J].核动力工程，2000，21(1)：519-523.

[9] 郭景任，施工，赵兆颐，等.200MW 池式供热堆失水事故分析[J].核动力工程，2000，21(2)：141-145.

[10] 郭位.核电　雾霾　你——从福岛核事故细说能源、环保与工业安全[M].北京：北京大学出版社，2014：237.

[11] 胡济民.核裂变物理学[M].北京：北京大学出版社，1999：310.

[12] 华明川.田湾核电站工程概况和安全设计特点[J].核动力工程，2000，21(1)：30-33.

[13] 黄素逸.能源科学导论[M].北京：中国电力出版社，1999：164-180.

[14] 孔昭育，龚云峰.核电厂培训教程[M].北京：原子能出版社，1992：608.

[15] 李炳书.工程传热中的一些问题[M].北京：原子能出版社，2008：313.

[16] 刘洪涛，等.人类生存发展与核科学[M].北京：北京大学出版社，2001：234.

[17] 刘聚奎.压水堆堆芯设计特点及其演变[J].核动力工程，2000，21(1)：19-24.

[18] 刘庆成，贾宝山，万骏.核科学概论[M].哈尔滨：哈尔滨工程大学出版社，2005：298.

[19] 鲁志强，熊贤良.对我国核电产业发展战略和政策的建议[J].核动力工程，2000，21(1)：2-6.

[20] 马栩泉.核能开发与应用[M].北京：化学工业出版社，2005：413.

[21] 欧阳予.秦山核电站[M].杭州：浙江科技出版社，1992：172.

[22] 琼斯.核电厂安全传热[M].贺安全，译.北京：原子能出版社，1988：455.

[23] 邱励俭，王相綦，吴斌.核能物理与技术概论[M].合肥：中国科技大学出版社，2012：339.

[24] 沈增耀，罗守仁.巴基斯坦恰希玛核电厂设计[J].核动力工程，2000，21(1)：44-47.

[25] 宋健.现代科学技术基础知识[M].北京:科学出版社,1994:297-307.

[26] 屠传经,胡美丽.核电厂[M].杭州:浙江大学出版社,1991:225.

[27] 王大中,马昌文,董铎,等.自然循环一体化式低温供热堆[J].核动力工程,1989,9(1):1.

[28] 王淦昌.人造小太阳——受控惯性约束聚变[M].北京:清华大学出版社,2000:282.

[29] 王永庆,田里.200MW 核供热堆工业供汽的经济分析[J].核动力工程,2000,21(5):473-476.

[30] 吴明红,王传珊.核科学技术的历史、发展与未来[M].北京:科学出版社,2015:259.

[31] 吴宜灿,邱励俭.聚变中子源驱动的次临界清洁核能系统:聚变能技术的早期应用途径[J].核技术,2000,23(8):519-525.

[32] 吴宗鑫.我国高温气冷堆的发展[J].核动力工程,2000,21(1):39-43.

[33] 肖炳甲,邱励俭.混合堆作为一种新型洁净核能系统的概念研究[J].核科学与工程,1998,18(12).

[34] 肖刚,马强.海上核能利用与展望[M].武汉:武汉大学出版社,2015:216.

[35] 肖忠.秦山二期工程燃料组件 LOCA 和 SSE 下的事故分析[J].核动力工程,2000,21(6):511-514.

[36] 谢仲生.关于 PWR 及 CANDU 堆先进燃料管理策略的研究[J].核动力工程,2000,21(1):56-60.

[37] 徐銤.我国的快堆技术发展和实验快堆[J].核动力工程,2000,21(1):34-38.

[38] 许连义.中国核电发展的新篇章[J].动力工程,1997,17(5):7-10.

[39] 于平安,朱瑞安,喻真烷,等.核反应堆热工分析[M].北京:原子能出版社,1986:441.

[40] 张富源,张森如,夏祥贵,等.自主化 1000MW 级压水堆核电站核蒸供应系统概念设计[J].核动力工程,2000,21(1):25-29.

[41] 张建民.核反应堆控制[M].西安:西安交通大学出版社,2002:272.

[42] 赵兆颐,朱瑞安.反应堆热工流体力学[M].北京:清华大学出版社,1992:335.

[43] 郑仁蓉.认识原子核[M].上海:上海科技教育出版社,2001:147.

[44] 郑文祥,董铎,张达芳.摩洛哥坦坦地区核能海水淡化示范项目[J].核动力工程,2000,21(1):48-51.

[45] 中国核学会.核科学技术学科发展报告(2014—2015)[M].北京:中国科学技术出版社,2016:293.

[46] 重庆大学热力发电厂教研组.热力发电厂[M].北京:电力工业出版社,1981:252-260.

[47] 周展麟,张一心.广东核电的现状与发展战略[J].核动力工程,2000,21(1):10-14.